U0285544

住房和城乡建设部"十四五"规划教材
职业教育本科土建类专业融媒体系列教材

工程地质

曾裕平　董思萌　陈思娇　主　编
肖　进　主　审

中国建筑工业出版社

图书在版编目（CIP）数据

工程地质/曾裕平，董思萌，陈思娇主编.—北京：中国建筑工业出版社，2024.9.—（住房和城乡建设部"十四五"规划教材）（职业教育本科土建类专业融媒体系列教材）.—ISBN 978-7-112-29927-0

Ⅰ.P642

中国国家版本馆 CIP 数据核字第 2024XK9471 号

本书是根据高等职业教育专业基础课程工程地质教学要求及人才培养目标，结合工程地质与其密切相关专业的生产需要，按照国家颁布的新规范、新标准、新技术编写而成。

全书内容共有九个模块，包括绪论、矿物与岩石、地质年代及地质构造、岩体及其工程地质问题、地形地貌及第四纪松散沉积物、地表水和地下水的地质作用、不良地质作用及防灾减灾、工程地质勘察、室内矿物岩石鉴定实验。为了厘清教学思路和帮助学者学习，各章节均有模块导读、思政故事、模块小结与课后习题等内容。

本书既可作为高等职业院校建筑工程技术、铁道工程技术、岩土工程技术、隧道（盾构）工程技术、市政交通与桥梁工程、道路工程、水利与水电工程等相关专业的教学用书，也可作为相关技术人员的参考用书。

为了便于本课程教学，作者自制免费课件资源，索取方式为：1. 邮箱：jckj@cabp.com.cn；2. 电话：（010）58337285；3. QQ服务群：472187676。

责任编辑：司 汉 李 阳
责任校对：张 颖

住房和城乡建设部"十四五"规划教材
职业教育本科土建类专业融媒体系列教材

工程地质

曾裕平 董思萌 陈思娇 主 编
肖 进 主 审

*

中国建筑工业出版社出版、发行（北京海淀三里河路9号）
各地新华书店、建筑书店经销
北京龙达新润科技有限公司制版
北京圣夫亚美印刷有限公司印刷

*

开本：787毫米×1092毫米 1/16 印张：14¾ 字数：367千字
2024年9月第一版 2024年9月第一次印刷
定价：**46.00**元（赠教师课件）
ISBN 978-7-112-29927-0
（42838）

教材编审委员会

主　编：

曾裕平　四川建筑职业技术学院

董思萌　四川建筑职业技术学院

陈思娇　四川建筑职业技术学院

副主编：

王　霜　南京铁道职业技术学院

赵正宝　四川水利职业技术学院

豆廷荣　四川省德阳地质工程勘察院有限公司

参　编：

邹　立　四川水利职业技术学院

文联勇　中国电建集团成都勘测设计研究院有限公司

龙　杰　四川省德阳地质工程勘察院有限公司

主　审：

肖　进　四川建筑职业技术学院

出版说明

党和国家高度重视教材建设。2016年，中办国办印发了《关于加强和改进新形势下大中小学教材建设的意见》，提出要健全国家教材制度。2019年12月，教育部牵头制定了《普通高等学校教材管理办法》和《职业院校教材管理办法》，旨在全面加强党的领导，切实提高教材建设的科学化水平，打造精品教材。住房和城乡建设部历来重视土建类学科专业教材建设，从"九五"开始组织部级规划教材立项工作，经过近30年的不断建设，规划教材提升了住房和城乡建设行业教材质量和认可度，出版了一系列精品教材，有效促进了行业部门引导专业教育，推动了行业高质量发展。

为进一步加强高等教育、职业教育住房和城乡建设领域学科专业教材建设工作，提高住房和城乡建设行业人才培养质量，2020年12月，住房和城乡建设部办公厅印发《关于申报高等教育职业教育住房和城乡建设领域学科专业"十四五"规划教材的通知》（建办人函〔2020〕656号），开展了住房和城乡建设部"十四五"规划教材选题的申报工作。经过专家评审和部人事司审核，512项选题列入住房和城乡建设领域学科专业"十四五"规划教材（简称规划教材）。2021年9月，住房和城乡建设部印发了《高等教育职业教育住房和城乡建设领域学科专业"十四五"规划教材选题的通知》（建人函〔2021〕36号）。为做好"十四五"规划教材的编写、审核、出版等工作，《通知》要求：（1）规划教材的编著者应依据《住房和城乡建设领域学科专业"十四五"规划教材申请书》（简称《申请书》）中的立项目标、申报依据、工作安排及进度，按时编写出高质量的教材；（2）规划教材编著者所在单位应履行《申请书》中的学校保证计划实施的主要条件，支持编著者按计划完成书稿编写工作；（3）高等学校土建类专业课程教材与教学资源专家委员会、全国住房和城乡建设职业教育教学指导委员会、住房和城乡建设部中等职业教育专业指导委员会应做好规划教材的指导、协调和审稿等工作，保证编写质量；（4）规划教材出版单位应积极配合，做好编辑、出版、发行等工作；（5）规划教材封面和书脊应标注"住房和城乡建设部'十四五'规划教材"字样和统一标识；（6）规划教材应在"十四五"期间完成出版，逾期不能完成的，不再作为《住房和城乡建设领域学科专业"十四五"规划教材》。

住房和城乡建设领域学科专业"十四五"规划教材的特点，一是重点以修订教育部、住房和城乡建设部"十二五""十三五"规划教材为主；二是严格按照专业标准规范要求编写，体现新发展理念；三是系列教材具有明显特点，满足不同层次和类型的学校专业教学要求；四是配备了数字资源，适应现代化教学的要求。规划教材的出版凝聚了作者、主审及编辑的心血，得到了有关院校、出版单位的大力支持，教材建设管理过程有严格保障。希望广大院校及各专业师生在选用、使用过程中，对规划教材的编写、出版质量进行反馈，以促进规划教材建设质量不断提高。

住房和城乡建设部"十四五"规划教材办公室
2021年11月

前　言

　　本书为住房和城乡建设部"十四五"规划教材，行业的快速发展以及信息化与新技术的普及应用孕育了本教材的诞生。本书主要根据高等职业教育工程地质专业基础课程的教学要求和新规范、新标准、新技术、新工艺等要求进行编写。编写时遵循由浅入深、循序渐进、层次分明、重点突出、理论联系实际的思路，融入工程地质行业职业标准、最新技术规范、土木工程领域"四新"技术等内容，充分反映国内外近年来关于工程地质的最新研究成果和发展水平，按照政治可靠、知识够用、理实一体、部分拓展的原则，力求更好、更高、更全地培养工程地质及其相关领域的高素质技术技能人才。

　　本书内容的选定以专业能力培养为导向，满足后续课程学习和职业发展为基本要求，主要选取了矿物与岩石、地质年代及地质构造、岩体及其工程地质问题、地形地貌及第四纪松散沉积物、地表水和地下水的地质作用、不良地质作用及防灾减灾、工程地质勘察、室内矿物岩石鉴定实验的基本内容。本教材教学按48学时考虑，其中理论42学时，试验6学时，1周工程地质野外实习。各章建议分配学时为：模块1～模块4和模块9为工程地质基础部分，建议分配26学时，包括3次6学时的岩石鉴定实验；模块5～模块8为岩体工程地质问题、地形地貌、不良地质等内容，建议分配22学时。鉴于各学校学生素质参差不齐，可根据本校实际情况，对部分教学内容进行取舍，有条件的学校也可增加学时。

　　全书内容分为九个模块，包括五部分：工程地质基础知识、地形地貌、水的地质作用、不良地质作用及工程地质勘察。第一部分为工程地质基础知识，包括模块1、模块2、模块3、模块4和模块9，主要介绍工程地质研究的内容和任务、主要造岩矿物与三大类岩石、地质年代确定和地质构造及区域稳定性、岩体及其稳定性、造岩矿物及三大类岩石的肉眼鉴定等相关内容；第二部分为地形地貌，包括模块5，主要介绍地貌类型及松散沉积物工程地质性质等相关内容；第三部分为水的地质作用，包括模块6，主要介绍地表水和地下水的地质作用等相关内容；第四部分为不良地质作用，包括模块7，主要介绍滑坡、崩塌、泥石流和岩溶及防治等相关内容；第五部分为工程地质勘察，包括模块8，主要介绍工程地质勘察各阶段内容及手段以及各类土木工程勘察的问题、基本内容及要求等相关内容。

　　本书的主要特色有：一是融入思政内容，注重政治立场、政治方向、政治标准。每个章节均融入了思政元素和思政案例，大力弘扬努力学习、科技强国、攀登高峰的思想；二是坚持"实用为主、够用为度"的基本原则，并丰富其内涵，为突出实用性，本书以"围绕问题、评述举例"的思路来强化课程知识体系的系统性、完整性；三是讲透基本概念与经典理论，突出重要原理在知识体系中的支撑作用；四是特别注重趣味性，为激发学生学习兴趣，深刻理解工程地质的基本概念、原理，本书尽可能引入工程实例，引发学生思考和自学的兴趣；五是注重知识的拓展，考虑到近年来高等职业土建类生源质量逐渐提高，基于此，在实用的前提下，对理论部分的深浅进行了一定调整，以利于学生将来的可持续发展；六是注重知识的巩固，在本书编写中引入了足量的思考题、工程分析等内容来巩固知识。同时，为了满足多媒体教学需要，本书配套开发了微课视频、教学 PPT、课后习题参考答案、思政案例、延伸阅读资料等数字资源，以方便教学。

本书的编写团队包括职业院校一线教师，以及勘察设计研究院专业技术人员。他们政治立场坚定，熟悉教育教学规律，谙悉行业发展前沿知识与技术。本书由曾裕平、董思萌和陈思娇担任主编，王霜、赵正宝、豆廷荣担任副主编，邹立、文联勇、龙杰进行了参编工作，肖进主审。编写人员分工如下：模块 1 由龙杰编写，模块 2 由董思萌编写，模块 3 和模块 7 由曾裕平编写，模块 4 由豆廷荣编写，模块 5 由陈思娇编写，模块 6 由文联勇编写，模块 8 由王霜编写，模块 9 由赵正宝和邹立编写。全书由曾裕平统稿定稿。

本书在编写过程中参考了国内外同行学者和同类教材的相关资料，在此表示深深的谢意！同时对为本书的出版付出艰辛劳动的编辑们表示衷心感谢！修订过程中我们广泛征求了一线师生和企业人员的意见，在一线教师和企业技术人员审读、试用后修改完善成稿，在此一并表达谢意！由于编者水平有限，书中难免有不妥之处，恳请读者批评指正。

目　录

模块 1

绪　　论

　　土木建筑工程，无论房建、道路、桥隧还是水利等工程，在建设初期首要考虑的是地质问题。工程建设项目前期所进行的工程地质工作就是查明各类工程建设场区的地质条件，对其地质问题进行综合评价，分析、预测在工程建筑作用下，地质条件可能出现的变化和作用，选择最优场地，并提出解决不良地质问题的工程措施，为保证工程的合理设计、顺利施工及正常使用提供可靠的科学依据。所以，工程地质工作就是调查、研究和解决与各类工程建筑有关的地质问题，是工程质量安全的关键环节，直接影响着人民的生命和财产安全。本模块内容将学习工程地质的起源与发展、工程地质的研究内容和任务、工程地质的研究方法。以下为本课程的学习要求：

　　● **基本要求**　通过本模块学习，应理解工程地质的概念；清楚工程地质的研究对象；了解工程地质的发展历程；掌握工程地质的学习方法。

　　● **重点**　工程地质的研究内容；工程地质的研究任务。

　　● **难点**　工程地质的研究方法。

　　● **思政元素**　（1）地质工作的重要性；（2）吃苦耐劳和坚韧不拔的工匠品质；（3）不忘初心，方得始终的拼搏精神。

2006 年 1 月，湖北省境内，全长近 8000m，最大埋深约 660m 的一条在建隧道出口段施工时发生突水、突泥事件，突水总量约每昼夜 18 万 m^3。在抢险抽水时又多次发生突水事故，共造成 10 人死亡、1 人失踪，如图 1.1 所示。调查发现，事故发生的主要原因是工程地质勘察深度不够，设计方案不合理。隧道穿越的灰岩地层占隧道总长的 94%，区域内岩溶强烈发育，洞内漏斗、落水洞、暗河十分普遍，岩溶水系极为复杂，但地质勘察深度不够，对隧道通过区的岩溶范围、规模、充填物、富水程度判识不清，揭露地质情况后又未能及时修正，导致隧道线位选择不合理，没有尽可能绕避不良地质地段。

图 1.1　湖北省境内某隧道突水、突泥事故

类似的事故案例发生有不少：如 2008 年 11 月发生的某地铁基坑坍塌事故；2018 年 1 月某地铁隧道塌方事故；2018 年 2 月某在建轨道交通隧道坍塌重大事故；2019 年 12 月某地铁线路发生地面塌陷；以及其他诸如"马路瞬间消失""路面突然塌陷""汽车被马路咬住"等现象不胜枚举。

这些工程案例表明，工程项目建设前期如果不进行工程地质勘察或进行不深入、勘察不准确、安全对策措施不充分，轻则延误工期，增加工程造价，重则造成经济损失和人员伤亡，更甚者发生如水坝、尾矿库溃坝等事故，会造成重大人员伤亡，恶化生态环境。反之，如果在工程项目建设前期进行充分的工程地质勘察工作，首先能从场址选择上避开不良地质环境条件，防止出现决策失误；其次能预测潜在的不良地质现象，提出应对处理措施以供后期设计和施工参考，做到及早防范，避免发生重大工程安全事故。

工程地质作为一门与工程建设紧密相关的地球科学，是在 20 世纪才建立和发展起来的。工程地质专业在工程建设中具有的地位十分重要，对地质环境的保护发挥着指导作用，工程地质工作的好坏，对工程方案的决策和工程建设的顺利进行起着关键性作用。

任务 1.1　工程地质的起源与发展

工程地质是研究人类工程建设活动与自然地质环境相互作用和相互影响的一门地球科学，它的研究对象是地质环境与工程建筑，二者是相互制约、相互作用的关系；以及由此而产生的地质问题，包括对工程建筑有影响的工程地质问题和对地质环境有影响的环境地质问题。工程地质的任务是为各类工程建筑的规划、设计、施工提供地质依据，以便从地质上保证工程建筑的安全可靠、经济合理、使用方便、运行顺利。20 世纪初，为了适应兴建各种工厂、水坝、铁路、运河等工程建设的需要，地质学家开始介入解决工程建设中与地质有关的工程问题，不断进行着艰苦的工程实践和开拓性的理论探索，首次出版了《工程地质学》专著，工程地质开始成为地球科学的一个独立分支学科，工程地质勘察则成为工程建设中不可缺少的一个重要组成部分。第二次世界大战以后，全世界有了一个较为稳定的和平环境，工程建设的发展十分迅速，工程地质在这个阶段迅速成长起来。经过半个多世纪的工程实践和理论探索，工程地质大为长进，内涵和外延都焕然一新，成为现代科学技术行列中的重要分支学科。

工程地质勘察技术近几十年来有了长足的进展。测量、物探、钻探、试验等新设备、新技术、新方法、新手段不断推陈出新，为工程地质提供了强有力的技术依托，工程地质分析从定性到定量就成为可能，定量分析的新理论也层出不穷。

计算机技术的发展对工程地质来说是一场真正的技术革命，从外业资料收集到内业资料整理的工作程序、工作方法、产品成果等均与传统的工程地质有较大差异，应用前景十分广阔。工程地质计算机应用主要包括六大课题：①数值计算；②制图；③数据库；④文档管理；⑤专家系统；⑥网络系统。这六大课题既是多年来本专业计算机应用的实践，也是今后将继续探讨的主要课题，在实践中将赋予新的内涵。由水利部水利水电规划设计总院与国家电力公司水电水利规划设计总院共同成立的"工程地质计算机应用技术协作网"，对工程地质技术进步起到了积极的推动作用。

我国的工程地质事业在新中国成立前基本上是空白，中华人民共和国成立后才有了较大的进步和发展。20 世纪 50 年代初开始引进苏联工程地质学理论和方法，走过了我们自己的工程实践和理论创新的辉煌历程，形成了具有自己特色的工程地质学体系。20 世纪60 年代，工程地质的实践积累了大量资料和一定的实际经验，学科进入独立发展阶段，各建设部门制定自己的勘察规范，以山区工程建设为主，对工程地质提出更高的要求，岩土测试技术提高，定量评价有所发展。到了以经济建设为中心和改革开放的年代，各方面的建设蓬勃发展，工程地质在以往基础上取得了重大发展。勘察质量提高，新的勘察规范制定，向着工程领域拓展，承担勘测、工程处理的系列工作。新型、巨型工程向工程地质勘察提出了新的要求。科学研究工作取得丰硕成果，创立了自己的新理论，引入有关科学的新理论、新方法；学术活动频繁。

目前，工程地质专业学科的内涵已经远远超出了传统工程地质定性描述和定性评价的范畴，发展成为集多种勘探手段去获取基础性地质资料，并对这些资料进行归类汇总、整理分析、定性评价、定量评价、预测预报、防治建议等既特殊又复杂的综合性专业。工程地质在任何一项工程的设计中都具有重要位置，无数重大工程成败的实例足以证明工程地质在工程建设中的权威性。

任务 1.2　工程地质的研究内容和任务

1.2.1　工程地质的研究内容

一般认为，工程地质的研究内容由以下四个基本部分组成：

（1）岩土体的分布规律及其工程地质性质研究。地球上任何类型的建筑物均离不开岩土体，无论是分析工程地质条件，或是评价工程地质问题，都需要研究岩土成分、组织结构、物理、化学与力学性质及其对建筑工程稳定性的影响，进而对岩土以工程地质分类，提出改良岩土的建筑性能的方法。

（2）不良地质现象及其防治研究。地壳表层由于受到地球内、外力作用以及人类工程活动等各种自然应力的影响，导致自然环境平衡破坏，引发崩塌、滑坡、泥石流及地震等灾害。运用地质学的基本原理去分析、研究工程动力地质作用或现象的形成机制、规模、分布和发展演化规律，以及所产生的有关工程地质问题，对它们进行定性评价和定量评价，以进行有效的防治、改造。

（3）工程地质勘察理论和技术方法研究。查清各种不同类型的建筑场地的工程地质条件，分析预测不良地质作用，评价工程地质问题，为建筑物设计、施工、运营单位提供可靠的地质资料，首先就必须进行工程地质勘察。随着国民经济的发展，诸如跨流域的南水北调工程、大型水电站、深部采矿、超高层建筑、海峡隧道等大型工程、特大型工程越来越多，客观上要求地质人员研究勘察技术，发展勘察理论，研制勘探设备，创新工艺方法。

（4）区域工程地质研究。不同地域由于自然地质条件不同，工程地质条件也不相同。区域工程地质研究就是认识并掌握广大地域工程地质条件的形成和分布规律，预测人类工程活动对其影响而产生的变化，作出区域稳定性评价，进行工程地质分区和编图，为工程规划设计提供地质依据。

可以说，工程地质是一门应用性非常强的地质科学，它在工程建设中的地位相当重要，服务对象非常广泛，所研究的内容也是十分丰富的。

1.2.2　工程地质的研究任务

工程地质是为工程建设服务的。通过勘察和分析研究地质情况，阐明建筑地区的工程地质条件，指出并解决以前存在的工程地质问题，为建筑物的设计、施工以至运营提供所需的地质资料。它的主要任务有：①阐明建筑地区的工程地质条件，分析利弊；②定性和定量评价建筑物的工程地质问题；③对建筑物进行择优选址；④研究工程建筑物对地质环境的影响及演化，提出合理的保护建议；⑤根据工程地质条件，提出建筑物类型、规模、结构和施工方法的合理建议，以及应注意的地质要求；⑥为拟定改善和防治不良地质作用的措施方案提供地质依据。

可见，工程地质是调查、研究、解决与人类活动及各类工程建筑有关的地质问题的科学，工程地质工作是工程建设的基础工作。

任务 1.3　工程地质的研究方法

工程地质的工作方法与其研究内容相适应，主要有自然历史分析法、数学力学分析法、模型模拟试验法和工程地质类比法等。

（1）自然历史分析法

自然历史分析法是工程地质工作最基本的一种研究方法。作为工程地质的研究对象，地质体和各种地质现象是在自然历史的地质变化过程中形成的，而且随着所处条件的变化，还在不断发展演化着。所以对动力地质作用或建筑物场地进行工程地质研究时，首先要做好基础地质工作，查明自然历史条件下的地质条件和各种地质现象以及它们之间的关系，预测其发展演化的趋势，只有这样，才能真正查明所研究地区的工程地质条件，并为进一步研究工程地质问题奠定基础。

（2）数学力学分析法

数学力学分析法就是根据所确定的边界条件和计算参数，运用理论公式或经验公式，对某一工程地质问题进行定量计算。随着现代电子计算技术的发展，各种数学、力学计算模型越来越多地运用于工程地质领域。以弹塑性力学为理论基础的有限单元法和研究非连续介质的离散单元法也日益广泛地应用于斜坡稳定性、坝基抗滑稳定性、地面沉降及水库诱发地震等方面的分析计算，在计算岩土体的非均一、非线性、非连续等复杂课题时更显示其优越性。此外，模糊数学、数量化方法、灰色理论、逻辑信息法等的引入，也为工程地质定量评价开辟了新的途径。

（3）模型模拟试验法

模型模拟试验法是帮助人们探索自然地质作用规律，揭示工程动力地质作用或工程地质问题发生的力学机制、发展演化过程的有力工具。在工程地质中常用的模型试验有：地表水和地下水渗流作用、斜坡稳定、地基稳定、水工建筑物抗滑稳定，以及地下硐室围岩稳定等工程岩土体稳定性试验等。常用的模拟试验有：光测弹性模拟试验、光测塑性模拟试验，以及模拟地下水渗流的电网络模拟试验等。

（4）工程地质类比法

工程地质类比法是将已有建筑物工程地质问题的评价经验运用到自然地质条件大致相同的拟建同类建筑物中的工作方法。这种方法的基础是相似性，即自然地质条件、建筑物的建造方式、所预测的工程地质问题都应大致相同或相似。由于自然地质条件等不可能完全相同，类比时又易把条件加以简化，所以这种方法较为粗略，一般适用于小型工程或初步评价。

任务 1.4　本课程的学习要求

工程地质作为一门专业基础课，为专业课程的学习提供了必要的工程地质基础知识。通过学习可以使学生了解工程建设中的工程地质现象和问题，掌握这些现象和问题对工程设计、施工和运营各阶段的影响；了解工程地质勘察内容与要点，合理利用勘察成果分析解决设计和施工中的问题，为今后从事实际工作打下地质基础。在学习本课程后应达到以下基本要求。

（1）能够根据地质资料在野外辨认常见的岩石，了解其主要的工程性质；

（2）能辨认基本的地质构造类型及较明显的、简单的地质灾害现象，并能根据勘察数据和资料，确定有关的防治措施；

（3）掌握工程地质的基本理论和知识，正确运用工程地质勘察资料进行工程建设的设计和施工；

（4）了解工程建设中的工程地质问题，在工程设计、施工、运营过程中解决实际的工程地质问题；

（5）熟悉工程地质勘察主要内容、不同阶段勘察的要点；学会阅读和分析常用的工程地质及水文地质资料、地质勘察报告书及地质图等。

工程地质是一门理论性与实践性都很强的学科。要学好这门课程，首先要牢固掌握基本概念、基本理论，在此基础上重视工程实践的应用。在教学中应运用辩证唯物主义观点，由浅入深、循序渐进，尽量采用现代化教学手段进行。为了增强感性认识，需加强实践性教学，适当安排试验课和野外地质实习。以巩固和印证课堂所学的理论知识，提高学生实际动手能力。通过理论与实践的紧密结合，为完成土木建筑工程勘测、设计和施工打下工程地质方面的坚实基础。

思政故事

地质工作在基础工程中的支撑作用

改革开放以来，我国在交通、能源、水利、海洋等领域的重大工程与基础设施建设力度不断加大，屡创奇迹。

地质工作不仅争当规划建设的开路先锋，还为安全运营保驾护航，在重大工程与基础设施的规划选址选线、优化建设方案、工程勘察施工等方面，发挥了基础性、先行性支撑作用。无论铁路、公路、隧道、输油气管线、输水管道，还是机场、港口、桥梁、核电站、水库大坝等，都有地质工作者的贡献。比如，地质工作有力支撑服务了三峡工程规划建设全过程，在大坝选址、百万移民迁建城镇选址、千里库岸防护、库区生命安全和三峡航道安全等方面发挥了关键作用；又如，针对青藏铁路穿越强烈活动断层和高寒冻土区的特殊复杂地质条件，地质工作提供了线路优化和路基改造工程技术方案；再如，通过区域地壳稳定评价，为广东大亚湾、浙江秦山等核电站选址甄选出适宜建设的"安全岛"；还如，地质工作有效处置了港珠澳大桥、杭州湾跨海大桥选线建设遇到的海底隧道突水突泥、浅层气溢出、潮流侵蚀等工程地质问题。据不完全统计，地质工作为我国13万公里高速公路、3万公里高速铁路、40多个亿吨级港口以及西气东输、南水北调、"天眼" FAST工程等国家超级工程规划建设与安全运行提供了基础保障。

模块小结

工程地质是地质学的分支学科，主要研究工程活动与地质环境之间的相互作用。它把地质学理论与方法应用于工程活动实践，通过工程地质调查及理论的综合研究，对工程区域的工程地质条件进行评价，解决与工程活动有关的工程地质问题，预测工程区域内各种工程地质问题的发生与发展规律，并提出其改善和防治的技术措施，为工程活动的规划、设计、施工、运营及维护提供所必需的地质技术资料。本模块内容介绍了工程地质的起源和新技术的发展，阐述了工程地质的研究内容，包括：岩土体的分布规律及其工程地质性质研究，不良地质现象及其防治研究，工程地质勘察理论和技术方法研究，区域工程地质研究。对工程地质的主要任务进行了说明，主要为：①阐明建筑地区的工程地质条件，分析利弊；②定性和定量评价建筑物的工程地质问题；③对建筑物进行择优选址；④研究工程建筑物对地质环境的影响及演化，提出合理的保护建议；⑤根据工程地质条件，提出建筑物类型、规模、结构和施工方法的合理建议，以及应注意的地质要求；⑥为拟定改善和防治不良地质作用的措施方案提供地质依据。最后提出了工程地质的研究方法：自然历史分析法，数学力学分析法，模型模拟试验法，工程地质类比法。

思考题

1. 什么是工程地质？
2. 试举例说明地质条件与人类工程活动之间的关系。
3. 什么是工程地质条件？
4. 工程地质的研究内容是什么？
5. 工程地质的研究任务是什么？
6. 试述本门课程的学习要求。

矿物与岩石

　　矿物与岩石是学习和掌握地质知识的基础。地球具有圈层构造，圈层构造的最表层为地壳，岩石是组成地壳的主要部分，而矿物是组成岩石的主要成分。本模块内容由地球构造入手，讲述矿物的基本知识，阐述三大岩类的矿物成分、结构和构造特征。掌握这些基本知识，为后续学习地质构造、岩体质量等知识打下基础。

　　● **基本要求**　通过本模块学习，应掌握矿物的概念、性质，三大岩类的概念、成因，岩石的工程性质。

　　● **重点**　常见的造岩矿物，三大岩类的分类、结构与构造特征。

　　● **难点**　常见造岩矿物的鉴别特征，常见三大岩类的鉴别特征。

　　● **思政元素**　（1）热爱地质、热爱矿藏；（2）一丝不苟的钻研精神；（3）无私奉献的家国情怀。

任务 2.1　地球的认知

1. 地球的构造

地球是一个具有圈层构造的旋转椭球体。它的外部被大气圈、水圈、生物圈所包围，内部由地壳（陆壳和洋壳）、地幔（上地幔和下地幔）、地核（内地核和外地核）组成，如图 2.1 所示。地壳的厚度很不均匀，各地有很大差异。位于大陆的地壳（陆壳）厚度大，平均约 35km，位于大洋底部的大洋地壳（洋壳）厚度小，平均 6～8km。组成地壳的基本物质是由各种化学元素化合而成，其中以氧、硅、铝、铁、钙、钠、钾、镁、钛为主，这 9 种元素占地壳总质量的 99.96%。

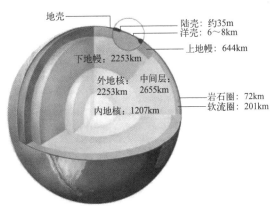

图 2.1　地球内部构造

2. 地球的动力地质作用

地球的动力地质作用包括内动力地质作用和外动力地质作用，是引起地壳及其表面形态发生变化的主要原因。地球的内动力地质作用能量来源于地球本身，主要是地球内部的热能，表现形式有地壳运动、岩浆活动、变质作用等；而外动力地质作用能量来源于地球外部，主要是太阳能、风能、水能等，表现形式有风化、侵蚀、搬运、沉积和固结成岩等。内、外动力地质作用是同时起作用的，其中内动力地质作用使地表隆起或凹陷，形成高山或盆地；外动力地质作用则把高山削低，把盆地填平，即削高填低，使地表趋于平坦。在内外动力地质作用下，形成了地表高低起伏的地表形态，并由此分异产生了各种不同的自然环境特征。

任务 2.2　矿物

1. 矿物概述

地壳是由岩石构成的，而岩石又是由矿物组成的，矿物乃是在地球内外动力地质作用下，元素结合一定的地质条件聚集形成的化合物。不同成因岩石的形成条件、矿物成分、结构和构造各不相同，因而它们的物理力学性质也就不一样。因此，必须对组成地壳的主要矿物和常见岩石以及它们的工程地质性质等方面进行研究，以指导工程建设。

矿物是由地质作用形成的具有一定物理性质和化学成分的自然元素或化合物，是组成岩石的基本单位。自然界产出的矿物已知有 3000 多种，但组成岩石的主要矿物仅有 30 多种，最常见的有石英、斜长石、正长石、白云母、黑云母、角闪石、辉石、方解石、白云石、高岭石、绿泥石、石膏、赤铁矿、黄铁矿等，以下列出了上述几种矿物的形态，如图2.2所示。这些组成岩石主要成分的矿物称为造岩矿物。

(a) 石英

(b) 方解石

(c) 正长石

(d) 斜长石

13mm

(e) 云母

(f) 黄铁矿

(g) 石膏

(h) 高岭石

图 2.2　几种矿物的形态

矿物的基本存在形式有三种：气态、液态和固态。如天然气是气态矿物，石油和天然汞是液态矿物，绝大多数的矿物都以固态形式存在，石英是自然界中最多的矿物。固体矿物绝大部分是结晶质，具有确定的内部结构，即内部的原子或离子在三维空间呈周期性重复排列，常形成具有规则几何外形的晶体，如食盐晶体呈点格阵状。但岩石中大多数为矿物结晶时，会受到许多条件和因素的限制，晶体常呈不规则形状。

2. 矿物的形态

矿物的形态是指矿物的单体和同种矿物集合体的形态，可分为矿物单体形态和矿物集合体形态。

矿物单体形态有：柱状（正长石）、板状（斜长石）、片状（云母）、菱面体（方解石）、纤维状（石膏）。

矿物集合体形态：由于生长空间的局限，矿物晶体往往不能发育成完美形态，它们常常挤在一起以集合体产出。矿物集合体形态取决于单体的形态和它们的集合方式，如粒状（橄榄石）、土状（高岭石）、鳞片状（绿泥石）、晶簇状（石英）、钟乳状（方解石）、纤维状（石膏）。

以下列出了一些常见矿物晶体形态，如图 2.3 所示。

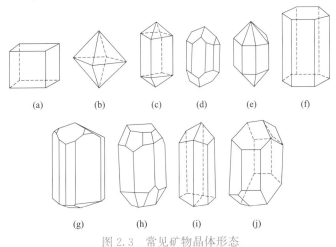

图 2.3　常见矿物晶体形态

（a）和（b）等轴晶系（萤石）；（c）和（d）四方晶系（锆石）；（e）和（f）六方晶系（绿柱石）；（g）三方晶系（电气石）；（h）正交晶系（橄榄石）；（i）单斜晶系（角闪石）；（j）三斜晶系（钠长石）

（1）等轴晶系的三个轴长度一样，且互相垂直，对称性最强。

（2）四方晶系的三个晶轴相互垂直，其中两个水平轴（x 轴、y 轴）长度一样，但 z 轴的长度可长可短。

（3）三方/六方晶系的晶轴有四根，即一根竖直轴（z 轴），三根水平横轴（x、y、u 轴）。竖轴与三根横轴的交角皆为 $90°$ 垂直，三根横轴间的夹角为 $120°$（六方晶系为 $60°$，也可说成三横轴前端交角 $120°$）。

（4）正交晶系晶体中的三根轴的长短完全不相等，它们的交角仍然是互为 $90°$ 垂直。

（5）单斜晶系晶体中的三根晶轴长短皆不一样，z 轴和 y 轴相互垂直 $90°$，x 轴与 y 轴垂直，但与 z 轴不垂直（x 轴与 z 轴的夹角是 β，$\beta > 90°$）。

（6）三斜晶系的"三斜"，指的是三根晶轴的交角都不是 $90°$ 直角，它们所指向的三对晶面全是钝角和锐角构成的平行四边形（菱形），相互间没有垂直交角。

3. 矿物的物理性质

矿物的物理性质主要包括颜色、条痕、光泽、透明度、硬度、解理与断口等。

1）颜色

矿物的颜色是指矿物对可见光波的吸收和反射的物理性能，是矿物最直观的一种性质，有自色、他色和假色。

（1）自色：是矿物本身固有的颜色。

（2）他色：是矿物混入了某些杂质所引起的，与矿物的本身性质无关。

（3）假色：是矿物内部裂隙或表面氧化膜对光的折射、散射形成的颜色。

2）条痕

条痕是矿物粉末的颜色，通常将矿物在无釉白色瓷板上擦划后进行观察。它对某些金属矿物具有重要的鉴定意义。

3）光泽

光泽是矿物表面对可见光的反射能力，可分为金属光泽、半金属光泽和非金属光泽。

（1）金属光泽：矿物平滑表面反射光强烈闪耀，如黄铁矿、黄铜矿。

（2）半金属光泽：矿物表面反射光较强，如赤铁矿、磁铁矿。

（3）非金属光泽：透明和半透明矿物表现的光泽，如玻璃光泽（长石、方解石），油脂光泽（石英），珍珠光泽（云母），丝绢光泽（石棉），金刚光泽（金刚石）。

4）透明度

透明度是矿物容许可见光波透过的程度，一般以 0.03mm 厚的矿物薄片透过光的程度为标准划分为透明、半透明、不透明三个级别。实际工作中常根据透明度与其他光学性质之间的关系判断矿物的透明度。

5）硬度

硬度是矿物抵抗外力刻划的能力。

野外工作中人们常用指甲和小刀来判断矿物的硬度，并将其分为三级：软矿物（指甲能刻划），中等硬度矿物（硬度介于指甲与小刀之间），硬矿物（小刀不能刻划）。

矿物学中常用摩氏硬度表来确定矿物的硬度，并将矿物的硬度分为十级，分别设立十种硬度不同的矿物代表，该硬度为相对硬度，见表 2.1。

摩氏硬度表

表 2.1

相对硬度	矿物名称	特征
1	滑石	触摸手感润滑
2	石膏	指甲能划动
3	方解石	硬币能划动
4	萤石	手工刀能划动
5	磷灰石	玻璃能划动
6	正长石	钢刀能划动
7	石英	跟瓷器的硬度相当
8	黄玉	能被刚玉划动
9	刚玉	能被金刚石划动
10	金刚石	相对硬度最大

6）解理与断口

解理是指矿物受打击后常沿一定方向裂开，并形成光滑平面的性质。可分为极完全、完全、中等和不完全解理；也可根据解理面方向的数目多少，分为一组解理（云母）、两组解理（长石）、三组解理（方解石）。断口是矿物在外力打击下，沿任意方向发生的不规则裂口。常见的断口有贝壳状断口、参差状断口、锯齿状断口和平坦状断口。

2-1

常见矿物的鉴定特征

7）其他性质

矿物还具有磁性、电性、放射性、发光性等。比如磁铁矿有磁性，石墨导电，石棉绝缘，萤石发光，自然硫可燃烧，云母有弹性，绿泥石有挠性，自然金、银、铜有延展性等。

以下列出了几种常见造岩矿物及其物理性质，见表2.2。

常见造岩矿物及其物理性质　　　　　　　　　　表 2.2

矿物名称	化学成分	形状	颜色	条痕	光泽	硬度	解理与断口
石英	SiO_2	粒状、六方棱柱状或呈晶簇	乳白色或无色及其他颜色	无	玻璃或油脂	7	贝壳状断口
正长石	$KAlSi_3O_8$	板状、短柱状	肉红色	无	玻璃	6	两组中等解理正交
斜长石	$(Na,Ca)[AlSi_3O_8]$	板状、柱状	（灰）白色	白色	玻璃	6	两组中等解理($86°$)
白云母	$KAl_2[AlSi_3O_{10}](OH,F)_2$	片状、鳞片状	无色	无	珍珠	$2\sim3$	一组完全解理
黑云母	$K(Mg,Fe)_3[AlSi_3O_{10}](OH,F)_2$	片状、鳞片状	黑或棕色	无	珍珠	$2\sim3$	一组完全解理
角闪石	$NaCa_2(Mg,Fe^{2+})_4(Al,Fe^{3+})[Si,Al)_4O_{11}]_2(OH)_2$	长柱状	绿黑色	淡绿	玻璃	6	两组中等解理($86°$)锯齿状断口
辉石	$(Ca,Mg,Fe,Al)[(Si,Al)_2O_6]$	短柱状	绿黑至黑色	灰绿	玻璃	$5\sim6$	三组中等解理($86°$)平坦状断口
橄榄石	$(Mg,Fe)_2SiO_4$	粒状	橄榄绿	无	玻璃	$6\sim7$	贝壳状断口
方解石	$CaCO_3$	菱面体、粒状	无色	无	玻璃	3	三组完全解理
白云石	$CaCO_3 \cdot MgCO_3$	粒状、块状	白带灰色	白	玻璃至珍珠	$3\sim4$	三组完全解理
石膏	$CaSO_4 \cdot 2H_2O$	纤维状、板状	白色	白	丝绢	2	三组完全解理

任务2.3　岩石

岩石是地质作用的产物及地壳的基本组成物质，由一种或多种矿物组成的具有一定规律的集合体，如花岗岩是由石英、正长石、黑云母等多种矿物组成的。

按其成因可将地壳的岩石分为三大类：岩浆岩、沉积岩和变质岩。

13

1. 岩浆岩

岩浆岩是由岩浆冷凝固结而形成的岩石,又叫火成岩。

依冷凝时距地表的深度,可将岩浆岩分为深成岩、浅成岩和喷出岩。

(1)深成岩:岩浆侵入地壳某深处(距地表约3km)冷凝而成的岩石。由于岩浆压力和温度较高,温度降低缓慢,组成岩石的矿物结晶良好。

(2)浅成岩:岩浆沿地壳裂缝上升距地表较浅处冷凝而成的岩石。由于岩浆压力小,温度降低较快,组成岩石的矿物结晶较细小。

(3)喷出岩:火山喷发时岩浆沿地表裂缝一直上升喷出地表,对地表产生的一切影响叫火山作用,形成的岩石叫喷出岩。在地表的条件下,温度降低迅速,矿物来不及结晶或结晶较差,肉眼不易看清楚。

岩浆岩的产状是反映岩体空间位置与围岩的相互关系及其形态特征,是岩浆岩呈现的面貌。由于岩浆本身成分的不同,受地质条件的影响,岩浆岩的产状大致有下列几种,如图2.4所示。

(1)岩基:深成巨大的侵入岩体,范围很大,一般大于$60km^2$,常与硅铝层连在一起,形状不规则,表面起伏不平。岩基基底一般埋藏很深,基顶露出地面大小决定于当地的剥蚀深度。

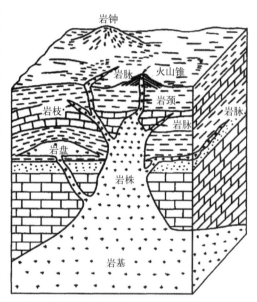

图2.4 岩浆岩的产状

(2)岩株:与围岩接触较陡,面积达几平方千米或几十平方千米,其下部与岩基相连,比岩基小。

(3)岩盘:岩浆冷凝成为上凸下平呈透镜状的侵入岩体,底部通过颈体和更大的侵入体连通,直径可大至几千米。

(4)岩脉:沿围岩裂隙冷凝成的狭长形的岩浆体,与围岩成层方向相交成垂直或近于垂直。另外,垂直或大致垂直于地面者,称为岩墙。

1)岩浆岩的矿物成分

岩浆岩主要化学元素有O、Si、Al、Fe、Ca、Na、K、Mg、Ti等9种,占99%以上。主要矿物成分是SiO_2,还有一部分金属硫化物、氧化物及挥发性物质,其中,对岩石的矿物成分影响最大的是SiO_2。

按SiO_2含量岩浆岩可划分为:

超基性岩(<45%);基性岩(45%~52%);中性岩(52%~65%);酸性岩(>65%)

按矿物颜色和化学成分可分为:

浅色矿物,富含硅、铝成分,如正长石、斜长石、石英、白云母等;深色矿物,富含铁、镁物质,如黑云母、辉石、角闪石、橄榄石等。

2）岩浆岩的结构

岩浆岩的结构主要是指组成岩浆岩的结晶程度、矿物颗粒大小、形状特征以及这些物质彼此之间的相互关系等所反映出来的特征。具体的岩浆岩的结构特征与分类如下：

（1）按岩石的结晶程度分类

岩石的结晶程度是指岩石中结晶物质和非结晶玻璃物质的含量比例。根据岩石的结晶程度可将岩浆岩的结构分为三类，如图 2.5 所示。

①全晶质结构。岩石全部由矿物晶体所组成，常见于深成岩，如花岗岩。

②玻璃质结构。岩石全部由玻璃质组成，主要分布于喷出岩，如黑曜岩。

③半晶质结构。岩石中既有矿物晶体，又有玻璃质，常见于喷出岩，如流纹岩。

（2）按晶粒的绝对大小分类

①显晶质结构。矿物颗粒用肉眼就可以分辨，常见于深成岩，如花岗岩。

②隐晶质结构。矿物颗粒非常细小，肉眼不可分辨，显微镜下可分辨，常见于浅成岩和喷出岩。

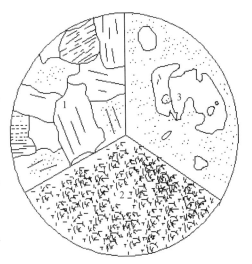

图 2.5　根据岩石的结晶程度划分的三种结构
1—全晶质结构；2—玻璃质结构；3—半晶质结构

③非晶质结构。即不结晶的玻璃质，在显微镜下也观察不到矿物晶粒，常见于火山熔岩。

（3）按晶粒的相对大小分类

①等粒结构。岩石中的矿物全部为显晶质，呈粒状，且主要矿物颗粒大小近似相等的结构。等粒结构是深成岩特有的结构。按矿物结晶颗粒细分为：粗粒结构（晶粒直径＞5mm）、中粒结构（晶粒直径为 1～5mm）、细粒结构（晶粒直径＜1mm）。

②不等粒结构。组成岩的主要矿物结晶颗粒大小不等，相差悬殊。多见于深成侵入岩边部或浅成侵入岩中。不等粒结构中的斑状结构和似斑状结构是指岩石中较大的矿物晶体被细小晶粒或隐晶质、玻璃质矿物所包围的一种结构。较大的晶体矿物称为斑晶，细小的晶粒或隐晶质、玻璃质称为基质。若基质由显晶质物质组成时则形成似斑状结构，多见于深成侵入体的边缘或浅成岩中；若基质为隐晶质或玻璃质组成时则称为斑状结构，斑状结构是浅成岩或喷出岩的重要特征。

3）岩浆岩的构造

岩浆岩的构造是指岩石中各种矿物集合体在空间排列及充填方式上所表现出来的特征。常见的构造形式有以下几种：

（1）块状构造。矿物在岩石中的排列无一定次序、无一定方向，不具有任何特殊形状的均匀块体，这是大部分侵入岩所具有的构造。

（2）流纹状构造。在喷出岩中由不同颜色的矿物、玻璃质和拉长气孔等沿一定方向排列，表现出熔岩流动的状态。

（3）气孔及杏仁状构造。当熔岩喷出时，由于温度和压力骤然降低，岩浆中大量挥发性气体被包裹于冷凝的玻璃质中，随着气体逐渐逸出，形成各种大小和数量不同的孔洞，称为气孔构造。有的岩石气孔极多，以致岩石呈泡沫状块体，如浮石。如果气孔孔洞被后期次生矿物方解石、蛋白石等充填，形如杏仁，则称为杏仁状构造。

4）岩浆岩的分类

依据岩浆岩化学成分、矿物成分、颜色等进行分类，见表2.3。

岩浆岩的分类　　表2.3

化学成分		含Si、Al为主			含Fe、Mg为主	产状
酸基性		酸性	中性	基性	超基性	
颜色		浅色(浅灰、浅红、红色、黄色)		深色(深灰、绿色、黑色)		
矿物成分		含正长石		含斜长石	不含长石	
成因和结构		石英 云母 角闪石	黑云母 角闪石 辉石	角闪石 辉石 黑云母	辉石 角闪石 橄榄石	辉石 橄榄石 角闪石	
深成的	等粒状，有时为斑状，所有矿物皆能用肉眼鉴别	花岗岩	正长岩	闪长岩	辉长岩	橄榄岩 辉岩	岩基 岩株
浅成的	斑状(斑晶较大且可分辨出矿物名称)	花岗斑岩	正长斑岩	玢岩	辉绿岩	苦橄玢岩 (少见)	岩脉岩 枝岩盘
喷出的	玻璃状，有时为细粒斑状，矿物难以用肉眼鉴别	流纹岩	粗面岩	安山岩	玄武岩	苦橄岩(少见) 金伯利岩	熔岩流
	玻璃状或碎屑状	黑曜岩、浮石、火山凝灰岩、火山碎屑岩、火山玻璃					火山喷出 的堆积物

5）常见岩浆岩及其特征

（1）花岗岩。多呈肉红色、灰色，风化面呈黄色；矿物成分以石英和正长石为主，含有少量黑云母、角闪石和其他矿物；等粒结构、块状构造，产状多为基岩、岩株和岩盘等；色美质坚，是良好的建筑石料（图2.6）。

2-2

常见岩浆岩的
鉴定特征

（2）闪长岩。灰白、深灰、灰绿色；主要矿物成分为斜长石、角闪石，其次有辉石、云母等，暗色矿物占35%；等粒结构、块状构造；分布广泛，多为小型侵入体、岩盘或岩墙等产出；结构致密，强度高，是良好的建筑石料（图2.7）。

图2.6　花岗岩

图2.7　闪长岩

（3）辉长岩。灰黑至暗绿色；主要矿物为辉石、斜长石，次要矿物有角闪石、橄榄石；等粒结构，块状构造；常呈岩盆、岩株、岩床等产出；抗风化能力强，具有很高的强度（图 2.8）。

（4）玄武岩。黑色、褐色或深灰色；主要矿物为辉石、斜长石，次要矿物有角闪石、橄榄石；呈隐晶质细粒或斑状结构，具气孔或杏仁状构造；常呈大面积熔岩流产出；岩石致密坚硬，抗磨蚀（图 2.9）。

图 2.8　辉长岩

图 2.9　玄武岩

6）岩浆岩的工程地质特征

地壳表层出露的岩浆岩以花岗岩和玄武岩的分布最广，但也有例外，如我国东南沿海浙、闽地区是以流纹岩分布较广泛。通常情况下，在岩浆岩中裂隙发育的部位或风化带内，可形成地下水储藏裂隙，尤其是玄武岩分布区，往往存在具有供水意义的地下水资源。

由于不同的生成条件，各种岩浆岩的结构、构造和矿物成分亦不相同，因而岩石的工程地质及水文地质性质也各有差异。

一般深成岩常形成岩基等大型侵入体，岩性往往较均一，以中、粗粒结构为主，致密坚硬，空隙率小，透水性弱，抗水性强，故深成岩体常被选为理想的建筑场地。深成岩具有结晶程度较好，晶粒粗大均匀，力学强度高，裂隙较不发育，一般岩体大、整体稳定性好等特点，故一般是良好的建筑物地基和天然建筑石材。但有些岩体风化层很厚，须采取处理措施。此外深成岩经过多期地壳变动影响，其完整性和均一性受到破坏，且有些节理被黏土矿物充填形成软弱夹层或泥化夹层。

浅成岩中细晶质和隐晶质结构的岩石透水性小、力学强度高、抗风化性能较深成岩强，通常也是较好的建筑地基。但斑状结构岩石的透水性和力学强度变化较大，特别是脉岩类，岩体小，且穿插于不同的岩石中，这些小型侵入体与围岩接触部位岩性不均一，节理发育，岩石破碎，风化蚀变严重，透水性增大，应进行充分调查和研究它的工程地质性质。

喷出岩一般原生节理发育，产状不规则，厚度变化大，岩性很不均一，因此强度较低，透水性强，抗风化能力差。但对于节理不发育、颗粒细或呈致密状的喷出岩，则强度高，抗风化能力强，也属于良好建筑物地基。应注意的是其中常常具有气孔构造、流纹构造及发育有原生裂隙，透水性较大。此外，喷出岩多呈岩流状产出，岩体厚度小，岩相变化大，对地基的均一性和整体稳定性影响较大。

2. 沉积岩

沉积岩是由岩石、矿物在内外力作用下破碎成碎屑物质后，经流水、风吹和冰川等的搬运，堆积在大陆低洼地带或海洋，再经胶结、压密等成岩作用而形成的岩石，沉积岩的主要特征是具有层理。

1）沉积岩的物质组成

形成沉积岩的物质主要包括如下几类：

（1）碎屑物质。由先成岩石经物理风化作用产生的碎块状物质组成，其中大部分是化学性质比较稳定，难溶于水的原生矿物的碎屑，如石英、长石、白云母等；小部分则是岩石的碎屑。此外，还有其他方式生成的一些物质，如火山喷发产生的火山灰等。

（2）黏土矿物。主要是一些由含铝硅酸盐类矿物的岩石，经化学风化作用形成的次生矿物，如高岭石、微晶高岭石及水云母等。这类矿物的颗粒极细（粒径远小于 0.005mm），具有很强的亲水性、可塑性及膨胀性。

（3）化学沉积矿物。由纯化学作用或生物化学作用，从溶液中沉淀结晶产生的沉积矿物，如方解石、白云石、石膏、石盐、铁和锰的氧化物或氢氧化物等。

（4）有机质及生物残骸。由生物残骸或有机化学变化而成的物质，如贝壳、泥炭及其他有机质等。

在沉积岩的组成物质中，黏土矿物、方解石、白云石、有机质等，是沉积岩所特有的，是物质组成上区别于岩浆岩的一个重要特征。

2）沉积岩的结构

沉积岩的结构是指组成岩石的物质颗粒大小、形状及其组合关系，是沉积岩分类命名的重要依据。沉积岩具有碎屑结构、泥质结构、结晶结构和生物结构。

（1）碎屑结构

碎屑物质被胶结物粘结形成的结构，按碎屑颗粒的粒径大小划分为三种结构。

①砾状结构。碎屑粒径大于 2mm。碎屑形状经过长距离搬运可呈棱角状或浑圆状。

②砂质结构。碎屑粒径为 0.05～2mm，其中，0.5～2mm 为粗粒结构；0.25～0.5mm 为中粒结构；0.074～0.25mm 为细粒结构。

③粉砂质结构。碎屑粒径为 0.002～0.074mm。

（2）泥质结构

黏土矿物组成的岩石结构，是泥岩、页岩等黏土岩的主要结构，外观呈均匀致密的泥质状态，特点是手摸有滑感，用刀切呈平滑面，断口平坦。

（3）结晶结构

由化学沉淀或胶体重结晶形成，可分为鲕状、结核状、纤维状、致密块状和粒状结构等。

（4）生物结构

岩石以大部分或全部生物遗体或碎片所组成的结构。

3）沉积岩的构造

沉积岩的构造是指岩石各组成部分的空间分布和排列方式所呈现的特征。沉积岩具有层理构造、层面构造、化石构造和结核构造。

（1）层理构造

沉积岩在形成过程中由于沉积环境的改变，所引起沉积物质成分、颗粒大小、形状或颜色的变化而显示出成层的现象，分为水平层理、斜交层理和交错层理，如图 2.10（a、b、c）所示。层理构造是沉积岩最主要的构造特征，可反映沉积岩形成时的古地理环境的变化。如果岩层出现一侧逐渐变薄而消失，称为层的尖灭，若岩层两侧都尖灭则叫透镜体，如图 2.10（d）所示。

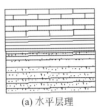 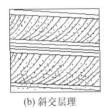 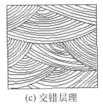 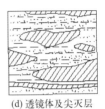

(a) 水平层理　　　　(b) 斜交层理　　　　(c) 交错层理　　　　(d) 透镜体及尖灭层

图 2.10　沉积岩层理构造

（2）层面构造

沉积岩的层面上常保留有形成时的风、流水等外力作用的痕迹，如波痕、雨痕、泥裂等，如图 2.11 所示。

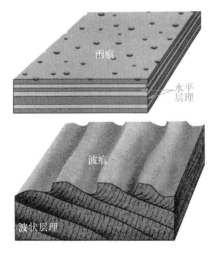 

图 2.11　沉积岩层面构造

（3）化石构造

经石化作用保存在沉积岩中的动植物遗骸和遗迹，如三叶虫、笔石、珊瑚等，如图 2.12（a）所示。

（4）结核构造

成分、结构、构造及颜色等与周围沉积物不同的、规模不大的团块体，如图 2.12（b）所示。

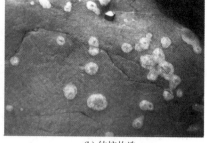

| (a) 化石构造 | (b) 结核构造 |

图 2.12 沉积岩化石和结核构造

4）沉积岩的分类

沉积岩按物质组成不同可以分为三大类：碎屑岩类、黏土岩类和化学生物岩类，见表 2.4。

沉积岩的分类简表 表 2.4

类型	岩石名称	结构	主要成分	其他特征
碎屑岩类	砾岩	砾状（粒径大于 2mm）	多为较坚硬岩石（石英岩、部分火成岩）和硬度较高矿物（如石英）的碎屑	直径大于 2mm 的砾石占 50% 以上，砾石多为球状、次球状，成分较复杂，岩石的颜色变化大（与胶结物有关），岩石中层理多不清楚
	角砾岩	角砾状（粒径大于 2mm）	成分复杂，变化较大	砾石多为棱角状，大小不等，形状各异，岩石厚度一般不大，且多不成层状
	砂岩	砂状（粒径 0.05～2mm）	多为耐风化的矿物，如石英、长石、白云母及部分碎屑	岩石外表为灰白、红色等浅色，由 50% 以上直径为 0.05～2mm 的砂粒组成，按颗粒大小还可以分为粗砂岩（0.5～2mm）、中砂岩（0.25～0.5mm）和细砂岩（0.05～0.25mm）；按岩石成分则可分为石英砂岩（含石英颗粒 90% 以上）、长石砂岩（含长石 25% 以上，并含石英颗粒）和硬砂岩（含 50% 左右的石英和长石颗粒，并含其他岩石碎屑）
	粉砂岩	砂状（粒径 0.005～0.05mm）	多为石英，次为长石、白云母，很少岩石碎屑	由 50% 以上粒径 0.005～0.05mm 的粉砂组成，常呈棱角状，胶结物以钙、铁质为主
黏土岩类	泥岩	泥质（粒径小于 0.005mm）	主要为粒径小于 0.005mm 的黏土矿物（肉眼不易确定），并含有其他矿物碎屑	厚层块状，固结程度较高，无清楚的层理，也可称为黏土岩
	页岩			具页片状层理或薄层状结构，颜色多变，因含有杂质可具不同名称，如钙质页岩、炭质页岩、铁质页岩等
化学生物岩类	石灰岩	隐晶质或结晶粒状	主要为方解石，并常混入白云石、黏土等杂质	多为浅色，因含杂质可有红、褐、灰、黑等颜色；性脆，遇冷稀盐酸可剧烈起泡；易被溶蚀形成各种喀斯特形态；按成因、结构的不同可有各种名称，如生物石灰岩、竹叶状石灰岩、鳞状石灰岩等
	白云岩	结晶粒状或隐晶质	主要为白云石，次为方解石和黏土矿物	多为淡黄、淡褐、白等浅色，遇稀盐酸不起泡或微弱起泡；风化面常有白云石粉末及纵横交错的刀砍状
	泥灰岩	微粒状或泥质	除方解石、白云石外，黏土矿物含量达 25%～50%	多为浅黄、浅绿、浅灰等浅色，岩石致密，遇冷稀盐酸起泡，且有泥质残余物出现，为石灰岩和黏土岩的过渡岩石

5）常见的沉积岩及其特征

（1）砾岩。砾状结构，由岩石碎屑或岩块组成，其中粒径大于 2mm 的占 50％以上。滚圆度较好的称为砾岩，带棱角的称为角砾岩。胶结物常为泥质、钙质、铁质和硅质，它们对砾岩的力学性质有较大影响（图 2.13）。

（2）砂岩。砂粒结构，粒径介于 0.05～2mm 之间的碎屑超过 50％。矿物成分复杂，按其主要矿物成分可分为石英砂岩、长石砂岩和岩屑砂岩（图 2.14）。

2-3

常见沉积岩的鉴定特征

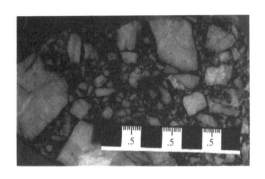

图 2.13　砾岩

图 2.14　砂岩

（3）石英砂岩。石英含量在 90％以上，一般硅质胶结，颜色浅，质地坚硬，抗风化能力强（图 2.15）。

（4）页岩。是由黏土脱水胶结而成，成分以黏土矿物为主，含有少量石英、云母、长石等，性质与胶结物有关，除硅质页岩外，其余岩性软弱，易风化成薄片、遇水易软化（图 2.16）。

图 2.15　石英砂岩

图 2.16　页岩

（5）石灰岩。主要化学成分为碳酸钙，矿物成分以细小结晶的方解石为主，常含少量白云石、黏土等。颜色以灰色为主，质纯灰岩呈白色致密状、鲕状、竹叶状等结构，具有可溶性，易形成岩溶，岩性均一，易于开采（图 2.17）。

（6）白云岩。矿物成分以白云石为主，常含少量方解石、黏土等混入物，颜色白色或灰色。风化特征为刀砍状，性质与石灰岩相似，但强度比石灰岩高，是一种良好的建筑石料

（图 2.18）。

图 2.17　石灰岩　　　　　　　　　　　图 2.18　白云岩

3. 变质岩

地壳中的原岩受到温度、压力及化学活动性很强的流体的影响，在固体状态下发生剧烈变化后，岩石成分、结构、构造发生变化形成新的岩石，称为变质岩。按照成因不同，变质岩可以分为动力变质岩、接触变质岩和区域变质岩，如图 2.19 所示。

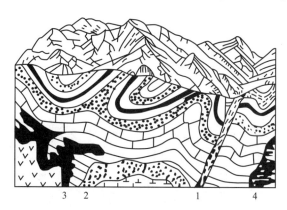

图 2.19　变质岩的类型示意图
1—动力变质岩；2、3—接触变质岩；4—区域变质岩

（1）动力变质作用

指在地壳运动产生的强应力作用下，使原岩及其组成矿物发生变形、机械破碎及轻微重结晶现象的一种变质作用。

（2）接触变质作用

又叫热力变质，发生在侵入体接触带或其附近，主要受温度和挥发物质的影响，变质程度随着距离侵入岩的远近而变化。接触变质带的岩石一般较破碎，裂隙发育，透水性大，强度较低。

（3）区域变质作用

指在地壳运动和岩浆活动下所引起的大范围内受温度、压力和化学活动性流体影响的一种变质作用。变质方式以重结晶、重组合为主，区域变质岩的岩性，在很大范围内是比较均匀一致的，其强度则决定了岩石本身的结构和成分等。

1）变质作用的因素

在变质因素的影响下，促使岩石在固体状态下改变其成分、结构和构造的作用，称为变质作用。引起变质作用的主要因素是高温、高压和新的化学成分的加入。

（1）高温

大部分的变质作用都是在高温条件下进行的。因为温度升高后，一方面能促使岩石发生重结晶，形成新的结晶结构，如石灰岩发生重结晶作用后晶粒增大，成为大理岩；另一方面还能促进矿物间的化学反应，产生新的变质矿物。

引起变质作用的热源：一是炽热岩浆带来的热量；二是地壳深处的高温；三是构造运动所产生的热。

（2）高压

引起岩石发生变质的高压，一是上覆岩层重量产生的静压力；二是构造运动或岩浆活动所引起的横向挤压力。在静压力的长期作用下，能使岩石的孔隙减小，使岩石变得更加致密坚硬。同时在一定温度的作用下，会使岩石的塑性增强，密度增大，形成像石榴子石等体积小而密度大的变质矿物。由构造运动产生的横向挤压力，有时比静压力更大。它一方面使岩石和矿物发生变形和破裂，形成各种破碎构造，同时在其与静压力的综合作用下，有利于片状、柱状矿物定向生长，随着温度的升高，促进新的矿物组合和发生重结晶作用，从而形成变质岩特有的片理构造。

（3）新的化学成分的加入

在岩石发生变质作用的过程中，新的化学成分主要来自岩浆活动带来的含有复杂化学元素的热液和挥发性气体。在温度和压力的综合作用下，这些具有化学活泼性的成分容易与围岩发生反应，产生各种新的变质矿物，其至会使岩石的化学成分发生深刻的变化。

岩石发生变质，经常是上述因素综合作用的结果。由于变质前原来岩石的性质就不同，变质过程中变质作用的主要因素和变质的程度又不同，因而形成了各种不同特征的变质岩。

2）变质岩结构

变质岩的结构和岩浆岩类似，几乎全部是结晶结构，但变质岩的结晶结构主要是经过重结晶作用形成的，所以在描述变质岩的结构时，一般应加"变晶"二字以示区别。如粗粒变晶结构、斑状变晶结构等。如果变质作用进行得不彻底，在形成的变质岩中还残留有变质前原来岩石的结构特征时，则称为变余结构。

（1）变晶结构。原岩结构全部改变，矿物重新结晶，形成变晶结构。

（2）变余结构。部分残留原岩的结构、变质不彻底，如变余斑状结构、变余角砾结构等。

3）变质岩构造

变质岩的构造是指岩石中矿物在空间排列关系的外貌特征，主要有片理构造和块状构造。其中片理构造是变质岩所特有的，是从构造上区别于其他岩石的一个显著标志。比较典型的片理构造有下面几种。

（1）板状构造。片理厚，片理面平直，重结晶作用不明显，颗粒细密，光泽微弱，沿片理面裂开则呈厚度一致的板状，如板岩。

（2）千枚状构造。片理薄，片理面较平直，颗粒细密，沿片理面有绢云母出现，容易裂开呈千枚状，呈丝绢光泽，如千枚岩。

（3）片状构造。重结晶作用明显，片状、板状或柱状矿物沿片理面富集，平行排列，片理很薄，沿片理面很容易剥开呈不规则的薄片，光泽很强，如云母片石等。

（4）片麻状构造。颗粒粗大，片理很不规则，粒状矿物呈条带状分布，少量片状、柱状矿物相间断续平行排列，沿片理面不易裂开，如片麻岩。

4）变质岩分类

变质岩的种类很多，它们生成时的物理化学条件和地质环境又有较大差别。因此，分类和命名方法尚难统一。通常是按变质岩特有的构造特征划分岩石的类型，如具片麻状构造的称为片麻岩，具片状构造的称为片岩，具千枚状构造和板状构造的分别称为千枚岩和板岩。常见的具块状构造的变质岩有石英岩、大理岩、碎裂岩、糜棱岩等。主要变质岩的划分类型见表2.5。

主要变质岩分类表　　　　　　　　　　　　　　　　　　　　表 2.5

岩石名称	构造	矿物成分	其他特征
片麻岩	片麻状	主要为长石和石英,两者含量之和>50%,片状或柱状矿物可有云母、角闪石、辉石等,并可含硅线石、蓝晶石、石榴子石等变质矿物	外表颜色深浅不一,视矿物成分而定;矿物颗粒大小也不一样,但肉眼均能辨认。其明显的片麻状构造为该类岩石的主要特征
片岩	片状	主要为云母、绿泥石、滑石、角闪石等片状或柱状矿物,粒状矿物可有石英	其具有明显的片状结构,沿片理面易于裂开,岩石表面多具丝绸光泽或珍珠光泽;矿物颗粒呈定向排列,肉眼易于辨认。常呈醋栗结晶状,故也称为洁净片岩
千枚岩	千枚状	主要为黏土矿物及绢云母、绿泥石、石英等,但肉眼较难辨认	多为黄绿、灰黑、红等颜色,岩石致密。一般具细粒鳞片变晶结构,表面具明显的丝绢光泽,千枚状结构明显
板岩	板状	肉眼难辨认,在板理面上可见有绢云母、绿泥石等变质矿物	具明显的板状结构,外表多为深灰色至黑色,大多隐晶质致密结构,可分裂成薄层的石板作为屋瓦、铺路等建筑材料。敲击石板有清脆的声音
大理岩	块状	主要为方解石、白云石(碳酸盐矿物含量>50%),有时含有少量石墨、蛇纹石、石榴子石或石英、云母等	一般为白色,但因含杂质可有各种不同的颜色和花纹;具粒状变晶结构;组成矿物的硬度较小,遇稀冷盐酸可起泡
石英岩	块状	石英含量>85%,并可含有少量云母、长石、绿泥石、石墨等	纯者为白色,因含杂质可呈灰、黄、红等色;多具粒状变晶构造;断口平坦,具油脂光泽;岩性坚硬、抗风化能力强
碎裂岩	块状	主要由较小的岩石碎屑和矿物碎屑组成,其成分视原岩成分而定,有时有少量绢云母、绿泥石等变质矿物	为原岩经强烈挤压破碎形成的动力变质岩,由大小不一的各种棱角状碎屑经胶结而定,具碎裂结构。碎裂岩的分布常与断裂和褶皱作用有关,如断层角砾岩、压碎岩等
糜棱岩	块状	主要为石英、长石及少量变质矿物,如绢云母、绿泥石等	为原岩经强烈挤压破碎后形成的一种粒状较细的动力变质岩;外表多为各种绿色,一般具有似流纹的条带,多出现在断层带内

5）常见的变质岩及其特征

（1）片麻岩。强度高，云母含量增多则强度降低，具有片麻构造，容易风化（图 2.20）。

（2）千枚岩。千枚构造，质地松软，强度低，易风化（图 2.21）。

（3）片岩。片状构造，片理发育，极易风化剥落，强度低，抗风化能力差（图 2.22）。

（4）石英岩。由纯石英砂岩或硅质岩变质而成，强度很高，抗风化能力强，良好的建筑石料，硬度高，开采困难（图 2.23）。

常见变质岩的
鉴定特征

图 2.20　片麻岩

图 2.21　千枚岩

图 2.22　片岩

图 2.23　石英岩

事实上，三大岩石并不是割裂地保持自身的状态，岩浆岩、沉积岩和变质岩彼此都有一定的转化关系，当地质条件发生改变以后，任何一类岩石都可以变为另外一类的岩石。当原始物质经过热的作用或压力的减低，可产生部分熔融而形成岩浆。岩浆沿着地壳的裂隙上升至地壳的浅处，或经由火山喷发至地表，冷却结晶形成岩浆岩。已存在的岩浆岩或沉积岩、变质岩，在经过风化、侵蚀、搬运、沉积、固结成岩作用后，形成沉积岩。沉积岩经过长时间在地壳深部受高温高压的作用，而发生了变质作用，形成变质岩。也有一部分的变质岩是由岩浆岩受了高温高压的作用而来的。在地壳深部的变质岩经过高温作用后，可产生深熔作用而再被熔为岩浆；有一部分的岩浆岩经过高温作用后，亦可再熔融为岩浆，岩浆经结晶作用后又造成了新的岩浆岩，如此循环不已，形成地质大循环。

4. 岩石的工程性质及影响因素

1）岩石的工程性质

包括物理性质、水理性质和力学性质。

（1）岩石的物理性质

①重度（密度）：岩石单位体积的重力（质量），密度 $\rho=m/v$（kg/m³），重度 $\gamma=\rho g$（N/cm³），有干重度、湿重度和饱和重度之分。常见岩石的密度见表2.6。

②比重（相对密度）：固体岩石的重力（质量）与同体积水在4℃时重力（质量）的比值，$d_s=\rho_s/\rho_w$，ρ_s 为固体岩石的密度，ρ_w 为4℃水的密度 $\approx$ 1g/cm³。常见岩石的比重见表2.7。

③孔隙率（裂隙率）：孔隙率为岩石中空隙的体积与岩石总体积的比值，$n=v_v/v$。裂隙率为岩石中各种节理、裂隙的体积与岩石总体积之比。这两个指标含义相同，孔隙率多用于松散土、石，裂隙率多用于结晶连接的坚硬岩石。

④孔隙比：岩石中孔隙的体积与固体颗粒体积之比称为岩石的孔隙比，$e=v_v/v_s$。可以推导 n 和 e 的关系：$e=n/(1-n)$，$n=e/(1+e)$。

常见岩石的密度 表2.6

岩石名称	密度(g/m³)	岩石名称	密度(g/m³)
花岗岩	2.52～2.81	石灰岩	2.37～2.75
闪长岩	2.67～2.96	白云岩	2.75～2.80
辉长岩	2.85～3.12	片麻岩	2.59～3.06
辉绿岩	2.80～3.11	片岩	2.70～2.90
砂岩	2.17～2.70	大理岩	2.75 左右
页岩	2.06～2.66	板岩	2.72～2.84

常见岩石的比重 表2.7

岩石名称	比重	岩石名称	比重
花岗岩	2.50～2.84	泥灰岩	2.70～2.80
流纹岩	2.65 左右	石灰岩	2.48～2.76
凝灰岩	2.56 左右	白云岩	2.78 左右
闪长岩	2.60～3.10	板岩	2.70～2.84
斑岩	2.30～2.80	石英片岩	2.60～2.80
辉长岩	2.70～3.20	绿泥石片岩	2.80～2.90
辉绿岩	2.60～3.10	角闪片麻岩	3.07 左右
玄武岩	2.50～3.30	花岗片麻岩	2.63 左右
砂岩	1.80～2.75	石英岩	2.63～2.84
页岩	2.63～2.73	大理岩	2.70～2.87

（2）岩石的水理性质

岩石的水理性质是指岩石与水有关的性质。

①吸水性：岩石吸收水分进入孔隙、空隙中的能力，有吸水率、饱水率和饱和系数三个指标。

吸水率——常压条件下，岩石吸入水分的质量与干燥岩石质量之比，$\omega_1 = G_{w1}/G_s$。

饱水率——高压或真空条件下，岩石吸入水分的质量与干燥岩石质量之比，$\omega_2 = G_{w2}/G_s$。

饱和系数——岩石吸水率与饱水率的比值，其值越大，岩石的抗冻性越差，$K_w = \omega_1/\omega_2$。

以上式中，G_s 为干燥岩石质量；ω_1 为吸水率；ω_2 为饱水率，G_{w1}、G_{w2} 分别为不同条件下岩石吸入的水分质量；K_w 为饱和系数。

常见岩石的吸水率见表 2.8。

常见岩石的吸水率　　　　　　　　　　　表 2.8

岩石名称	吸水率(%)	岩石名称	吸水率(%)
花岗岩	0.10～0.70	花岗片麻岩	0.10～0.70
辉绿岩	0.80～5.00	角闪片麻岩	0.10～3.11
玄武岩	0.30 左右	石英片岩	0.10～0.20
角砾岩	1.00～5.00	云母片岩	0.10～0.20
砂岩	0.20～7.00	板岩	0.10～0.30
石灰岩	0.10～4.45	大理岩	0.10～0.80
泥灰岩	2.14～8.16	石英岩	0.10～1.45

②软化性：指岩石在水的作用下强度降低的性质，用软化系数表示，其值为岩石在饱水状态下的极限抗压强度与风干状态下强度之比，$K_R = R_C/R$。软化系数介于 0.5～0.9 之间，<0.75 是强软化的岩石，工程性质较差。常见岩石的软化系数见表 2.9。

常见岩石的软化系数　　　　　　　　　　表 2.9

岩石名称	软化系数	岩石名称	软化系数
花岗岩	0.72～0.97	泥岩	0.40～0.60
闪长岩	0.60～0.80	泥灰岩	0.44～0.54
辉绿岩	0.33～0.90	石灰岩	0.70～0.94
流纹岩	0.75～0.95	片麻岩	0.75～0.97
安山岩	0.81～0.91	石英片岩、角闪片岩	0.44～0.84
玄武岩	0.30～0.95	云母片岩、绿泥石片岩	0.53～0.69
凝灰岩	0.52～0.86	千枚岩	0.67～0.96
砾岩	0.50～0.96	硅质板岩	0.75～0.79
砂岩	0.21～0.75	泥质板岩	0.39～0.52
页岩	0.24～0.74	石英岩	0.94～0.96

③透水性：指岩石容许水透过的能力，用渗透系数 K 表示。渗透系数的大小与岩石

孔隙大小有关。水在岩石的孔隙、裂隙中渗透流动，大多服从达西定律（参看模块 6 任务 6.2）。以下为常见岩石渗透系数，见表 2.10。

常见岩石的渗透系数　　　　　表 2.10

岩石名称	岩石渗透系数 K（cm/s）	
	室内试验	野外试验
花岗岩	$10^{-7} \sim 10^{-11}$	$10^{-4} \sim 10^{-9}$
玄武岩	10^{-12}	$10^{-2} \sim 10^{-7}$
砂岩	$3 \times 10^{-3} \sim 8 \times 10^{-8}$	$10^{-3} \sim 3 \times 10^{-8}$
页岩	$10^{-9} \sim 5 \times 10^{-13}$	$10^{-8} \sim 10^{-11}$
石灰岩	$10^{-5} \sim 10^{-13}$	$10^{-3} \sim 10^{-7}$
白云岩	$10^{-5} \sim 10^{-13}$	$10^{-3} \sim 10^{-7}$
片岩	10^{-8}	2×10^{-7}

④溶解性：指岩石溶解于水的性质，与岩石的矿物成分，水中的 CO_2 含量等因素有关。

⑤抗冻性：指岩石抵抗冰劈作用的能力。表示岩石抗冻性的指标有岩石强度损失率和岩石重量损失率。饱和岩石在 0° 以下（通常为 $-25℃$），冻结溶解 25 次以上，冻融前、后抗压强度差值与冻融前抗压强度之比为强度损失率；冻融前、后岩石重量（干燥岩石重量）差值与冻融前干燥岩石重量之比为重量损失率。强度损失率大于 25% 或重量损失率大于 2% 的岩石是不抗冻的。也可以用饱和系数间接表示岩石抗冻性，饱和系数大于 0.7 的岩石抗冻性差。

⑥崩解性：指岩石被水浸泡后，内部结构遭到完全破坏呈碎块状崩开散落的性能。具有强烈崩解的岩石和土，短时间内即发生崩解。我国西北地区的黄土，在水中浸泡一天左右即崩解，西南某地风化钙泥质粉砂岩置于水中仅十多分钟就全部崩解了。

⑦膨胀性：岩石吸水后体积增大引起岩石结构破坏的性能称为膨胀性。一般含有黏土矿物的岩石具有一定的膨胀性，特别是含有蒙脱石类矿物的岩石膨胀性最大。南昆铁路建设中，膨胀岩地段路堑边坡坍滑造成严重的危害。

（3）岩石的力学性质

岩石的力学性质有强度性质和变形性质，相应的有强度指标和变形指标。

强度指标有抗压强度、抗拉强度、抗剪强度。

抗压强度（R_c）：岩石单向受压时抵抗破坏的能力。

抗拉强度（R_t）：岩石单向受拉时抵抗破坏的能力。

抗剪强度（τ）：岩石抵抗剪切破坏的能力，$\tau = \sigma \cdot \tan\Phi + C$，其中 σ 为剪切面上的法向压应力，Φ 为岩石的内摩擦角，C 为岩石的黏聚力。抗剪强度可分为以下三类。

①抗剪断强度：在垂直压力作用下的岩石剪切强度。

②抗剪强度：沿着已有的破裂面发生剪切时的强度。

③抗切强度：压应力等于零时的剪切强度。

常见岩石的抗压和抗拉强度见表 2.11，常见岩石的抗剪强度指标见表 2.12。

常见岩石的抗压和抗拉强度

表 2.11

岩石名称	R_c(MPa)	R_t(MPa)	岩石名称	R_c(MPa)	R_t(MPa)
花岗岩	100～250	7～25	页岩	5～100	2～10
流纹岩	100～300	12～30	黏土岩	2～15	0.3～1
闪长岩	120～280	12～30	石灰岩	40～250	7～20
安山岩	140～300	10～20	白云岩	80～250	15～25
辉长岩	160～300	12～35	板岩	60～200	7～20
辉绿岩	150～350	15～35	片岩	10～100	1～10
玄武岩	150～300	10～30	片麻岩	50～200	5～20
砾岩	10～150	2～15	石英岩	150～350	10～30
砂岩	20～250	4～25	大理岩	100～250	7～20

常见岩石的抗剪强度指标

表 2.12

岩石名称	C(MPa)	Φ(°)	岩石名称	C(MPa)	Φ(°)
花岗岩	10～50	45～60	页岩	2～30	20～35
流纹岩	15～50	45～60	石灰岩	3～40	35～50
闪长岩	15～50	45～55	白云岩	4～45	35～50
安山岩	15～40	40～50	板岩	2～20	35～50
辉长岩	15～50	45～55	片岩	2～20	30～50
辉绿岩	20～60	45～60	片麻岩	8～40	35～55
玄武岩	20～60	45～55	石英岩	20～60	50～60
砂岩	4～40	35～50	烟岩	10～30	35～50

变形指标有弹性模量、变形模量和泊松比。

①弹性模量：应力与弹性应变的比值。

②变形模量：应力与总应变的比值。

③泊松比：横向应变与纵向应变的比值。

常见岩石的弹性模量和泊松比见表 2.13。

常见岩石的弹性模量和泊松比

表 2.13

岩石名称	E(×10⁴MPa)	v	岩石名称	E(×10⁴MPa)	v
花岗岩	5～10	0.1～0.3	页岩	0.2～8	0.2～0.4
流纹岩	5～10	0.1～0.25	石灰岩	5～10	0.2～0.35
闪长岩	7～15	0.1～0.3	白云岩	5.9～4	0.15～0.35
安山岩	5～12	0.2～0.3	板岩	2～8	0.2～0.3
辉长岩	7～15	0.1～0.3	片岩	1～8	0.2～0.4
玄武岩	6～12	0.1～0.35	片麻岩	1～10	0.1～0.35
砂岩	0.5～10	0.2～0.3	石英岩	6～20	0.08～0.25

2）影响岩石工程性状的因素

影响岩石工程性质的因素是多方面的，但归纳起来，主要有两个方面：一是岩石的地质特征，如岩石的矿物成分、结构、构造及成因等；二是岩石形成后所受外部因素的影响，如水的作用及风化作用等。现就这些因素对岩石工程性质的影响阐述如下。

（1）矿物成分

岩石是由矿物组成的，岩石的矿物成分对岩石的物理力学性质产生直接的影响。例如辉长岩的比重比花岗岩大，这是因为辉长岩的主要矿物成分辉石和角闪石的比重比石英和正长石大的缘故；又比如石英岩的抗压强度比大理岩要高得多，这是因为石英的强度比方解石高的缘故。这说明，尽管岩类相同，结构和构造也相同，如果矿物成分不同，岩石的物理力学性质就会有明显的差别。但也不能简单地认为，含有高强度矿物的岩石，其强度一定就高。因为当岩石受力作用后，内部应力是通过矿物颗粒的直接接触来传递的，如果强度较高的矿物在岩石中互不接触，则应力的传递必然会受到中间低强度矿物的影响，岩石不一定就能显示出高的强度。因此，只有在矿物分布均匀，高强度矿物在岩石的结构中形成牢固的骨架时，才能起到提高岩石强度的作用。

从工程要求来看，岩石的强度相对来说都是比较高的，所以在对岩石的工程性质进行分析和评价时，我们更应该注意那些可能降低岩石强度的因素，如花岗岩中的黑云母含量是否过高，石灰岩、砂岩中黏土类矿物的含量是否过高等。因为黑云母是硅酸盐类矿物中硬度低、解理最发育的矿物之一，它容易遭受风化而剥落，同时也易于发生次生变化，最后成为强度较低的铁的氧化物和黏土类矿物。石灰岩和砂岩中当黏土类矿物的含量大于20％时，就会直接降低岩石的强度和稳定性。

（2）结构

岩石的结构特征是影响岩石物理力学性质的一个重要因素。根据岩石的结构特征，可将岩石分为两类：一类是结晶联结的岩石，如大部分的岩浆岩、变质岩和一部分沉积岩；另一类是由胶结物联结的岩石，如沉积岩中的碎屑岩等。

结晶联结是由岩浆或溶液中结晶或重结晶形成的。矿物的结晶颗粒靠直接接触产生的力牢牢地固结在一起，结合力强，孔隙度小，结构致密、密度大、吸水率变化范围小，比胶结物联结的岩石具有较高的强度和稳定性。但就结晶联结来说，结晶颗粒的大小则对岩石的强度有明显影响。如粗粒花岗岩的抗压强度，一般在 118～137MPa 之间，而细粒花岗岩有的则可达196～245MPa；又如大理岩的抗压强度一般在 79～118MPa 之间，而最坚固的石灰岩则可达 196MPa 左右，有的甚至可达 255MPa。这充分说明，矿物成分和结构类型相同的岩石，矿物结晶颗粒的大小对强度的影响是显著的。

胶结联结是矿物碎屑由胶结物联结在一起的类型。胶结联结的岩石，其强度和稳定性主要决定于胶结物的成分和胶结的形式，同时也受碎屑成分的影响，变化很大。就胶结物的成分来说，硅质胶结的强度和稳定性高，泥质胶结的强度和稳定性低，钙质和铁质胶结的强度和稳定性介于两者之间。如泥质砂岩的抗压强度，一般只有 59～79MPa，钙质胶结的可达 118MPa，而硅质胶结的则可达 137MPa，高的甚至可达 206MPa。

胶结联结的形式，有基底胶结、孔隙胶结和接触胶结三种，如图 2.24 所示，肉眼不易分辨，但对岩石的强度有重要影响。基底胶结的碎屑物质散布于胶结物中，碎屑颗粒互不接触，所以基底胶结的岩石孔隙度小，强度和稳定性完全取决于胶结物的成分。当胶结物和碎屑的性质相同时（如硅质），经重结晶作用可以转化为结晶联结，强度和稳定性将会随之增高；孔隙胶结的碎屑颗粒互相间直接接触，胶结物充填于碎屑间的孔隙中，所以其强度与碎屑和胶结物的成分都有关系；接触胶结则仅在碎屑的相互接触处有胶结物联结，所以接触胶结的岩石，一般孔隙度都比较大、密度小、吸水率高、强度低、易透水。如果胶结物为泥质，与水作用则容易软化而丧失岩石的强度和稳定性。

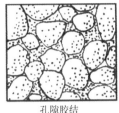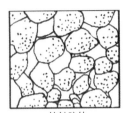

基底胶结　　　　　　　孔隙胶结　　　　　　　接触胶结

图 2.24　胶结联结的三种形式

（3）构造

构造对岩石物理力学性质的影响，主要是由矿物成分在岩石中分布的不均匀性和岩石结构的不连续性所决定。某些岩石所具的片状构造、板状构造、千枚状构造、片麻状构造以及流纹状构造等，这些构造往往使矿物成分在岩石中的分布极不均匀。一些强度低、易风化的矿物，多沿一定方向富集，或呈条带状分布，或者成为局部的聚集体，从而使岩石的物理力学性质在局部发生很大变化。观察和试验表明，岩石受力破坏和岩石遭受风化，首先都是从岩石的这些缺陷中开始发生的。另一种情况是，不同的矿物成分虽然在岩石中的分布是均匀的，但由于存在着层理、裂隙和各种成因的孔隙，致使岩石结构的连续性与整体性受到一定程度的影响，从而使岩石的强度和透水性在不同的方向上发生明显的差异。一般来说，垂直层面的抗压强度大于平行层面的抗压强度，平行层面的透水性大于垂直层面的透水性。假如上述两种情况同时存在，则岩石的强度和稳定性将会明显降低。

（4）水

岩石被水饱和后会使岩石的强度降低，这已为大量的试验资料所证实。当岩石受到水的作用时，水就沿着岩石中可见和不可见的孔隙、裂隙浸入。浸湿岩石全部自由表面上的矿物颗粒，并继续沿着矿物颗粒间的接触面向深部浸入，削弱矿物颗粒间的联结，使岩石的强度受到影响。如石灰岩和砂岩被水饱和后其极限抗压强度会降低 25％～45％。即使是花岗岩、闪长岩及石英岩等一类的岩石，被水饱和后，其强度也均有一定程度的降低，其降低程度在很大程度上取决于岩石的孔隙度。当其他条件相同时，孔隙度大的岩石，被水饱和后其强度降低的幅度也大。

和其他几种影响因素比较，水对岩石强度的影响，在一定程度内是可逆的，当岩石干燥后其强度仍然可以得到恢复。但是如果发生干湿循环、化学溶解或使岩石的结构状态发生改变，则岩石强度的降低，就转化成为不可逆的过程。

（5）风化

风化是在温度、水、气体及生物等综合因素影响下，改变岩石状态、性质的物理化学过程。风化作用促使岩石的原有裂隙进一步扩大，并产生新的风化裂隙，使岩石矿物颗粒间的联结松散且使矿物颗粒沿解理面崩解。风化作用的这种物理过程，能促使岩石的结构、构造和整体性遭到破坏，孔隙度增大、重度减小、吸水性和透水性显著增高，强度和稳定性将大为降低。随着化学过程的加强，会引起岩石中的某些矿物发生次生变化，从根本上改变岩石原有的工程性质。

思政故事

中国著名矿坑——可可托海三号矿坑

在新疆准噶尔盆地的东北边缘，阿尔泰山脉的东端南麓，额尔齐斯河的源头，有一个自新中国成立以来就被列为国家高度机密的区域——可可托海（图2.25）。在这里隐藏着一个和共和国命运息息相关的神秘大坑——可可托海三号矿坑。它是伟晶岩脉矿坑，又是世界上最大的露天矿坑，深约200 m，长约250 m，宽约240 m，矿坑边壁上的盘山道呈螺旋状。三号矿坑铍资源量居全国首位，铯、锂、钽资源量分别居全国第五、六、九位，占地球人类已知有用矿物种类的60%以上，蕴藏着稀有金属铍、锂、钽、铌、铯等矿物。其中三号矿坑露天采矿场外侧、底部铍矿石保有储量达到2500多万吨；仅氧化铍已探明储量达300万吨，约占中国储量的70%，潜在市场价值达80亿元，可以继续开采到2030年。三号矿坑还蕴藏着大量有色金属铜、镍、铅、锌、钨、锰、铋、锡等矿物；还有黑色金属铁等矿物；非金属矿物有云母、长石、石英、重晶石、蓝晶石、石灰石、煤、盐、碱等矿物；珠宝石矿有海兰石、紫罗兰、石榴子石、芙蓉石等矿物。更令人叫绝的是在三号矿坑中，发现了在门捷列夫元素周期表中没有的7种稀有元素，而且此矿脉的各种矿物，呈十分规则的螺旋带状分布，其分布界线非常分明。最令人惊喜的是，这里是非常罕见的草帽型矿。

图2.25　可可托海三号坑

可可托海三号矿坑无愧是旷世地质奇观，也是国防重要原材料基地，其红色传奇故事感天动地。20世纪60年代，我国开始了对原子弹、氢弹、人造卫星和核潜艇的研究。三号矿坑为我国第一颗原子弹、氢弹及第一颗人造卫星"东方红一号"提供了必须的稀有金属，成为名副其实的功勋矿。

模块小结

本模块从地球动力地质作用入手，介绍矿物、造岩矿物和岩石的基本概念，了解矿物的物理性质，按照成因的不同将岩石划分为岩浆岩、沉积岩和变质岩，介绍了常见的三大岩类的典型岩石，最后阐述了岩石的结构、构造和工程特性。

思考题

1. 矿物硬度的概念及其判定方法是什么？

2. 解理和断口的概念及其关系是什么？

3. 如何从矿物的形态、矿物的物理性质特征去鉴定和掌握常见的主要造岩矿物？

4. 酸性岩浆与基性岩浆的特点分别是什么？

5. 岩浆岩、沉积岩和变质岩的结构和构造是如何描述的？

6. 如何从岩石的生成条件、组成矿物以及岩石的结构构造等特征去鉴别和掌握岩浆岩、沉积岩和变质岩？

7. 怎样区别石英和方解石？请指出三点区别。

8. 试比较方解石、石灰岩和大理岩三者之间的关系。

9. 三大类岩的相互转化关系是什么？

Chapter 03

模块 3

地质年代及地质构造

模块导读

漫长的地质历史中，在地球内动力和外动力地质作用下，地壳经历了垂直运动和水平运动，导致覆海移山、海陆变迁。为了清楚叙述地壳运动的发展演变过程，采用了地质年代划分地质历史的方法；为了准确描述岩层的空间状态，采用了岩层产状的概念，对褶皱、断裂等地质现象的研究则采用了地质分析的方法。本模块内容将学习地质年代、岩层产状、褶皱、断裂、地质图以及区域稳定性等问题。

● **基本要求** 通过本模块学习，应掌握地质年代及划分；岩层产状及测读；褶皱的类型；节理和断层的类型；地质图的阅读；地震危害及区域构造稳定性的原则。

● **重点** 地层相对年代的测定；岩层在地质图上的表现；褶皱和断裂构造的野外识别。

● **难点** 地质图分析；节理和断层的工程地质评价。

● **思政元素** （1）独立思考，勇于探索；（2）百家争鸣，有容乃大；（3）为民族崛起而努力学习。

由自然动力引起岩石圈或地球的物质组成、内部结构和地表形态变化的作用，统称为地质作用。按动力来源于地球内部和外部分为内动力地质作用和外动力地质作用。

在整个地质历史中，内、外动力地质作用始终不断地进行着，使地球一直处于不断的发展变化之中。内动力地质作用的动力来源于岩浆运动等地球内动力，引起地壳岩石发生变形、变位的机械运动。外动力地质作用则主要来源于太阳热辐射，引起地壳表层形貌的改造。

任务 3.1　地质年代

事物的发展变化都有一定的时间和空间尺度。在地球演变发展过程中，按不同阶段划分的若干时间段落称为地质年代，不同的地质年代发生不同的地质事件。地质工作中常用的方法是采用地质事件发生先后顺序的表示方法，叫相对地质年代测定方法；另一种是采用同位素测定地质年代的表示方法，叫绝对地质年代测定方法。

1. 相对地质年代测定方法

地壳发展过程中地质作用形成的各种成层和非成层的岩石总称为地层，它记录着过去的自然地理环境、古生物、地壳运动的变化。利用地层的上下和新老关系来说明地层形成的相对年代，就叫相对地质年代。如图 3.1 所示为水平岩层和笔石化石。

(a) 水平岩层　　　　　　　　　　　(b) 笔石化石

图 3.1　地层

相对地质年代测定的主要方法有地层层序法、生物层序法、岩性对比法以及地层接触关系法。

（1）地层层序法

地层层序法的依据是地层层序律。由于未经过构造运动的层状岩层大多为水平岩层，且地层关系为上新下老，地层层序律的基本内容就是老地层先形成沉积在下，新地层后形成覆盖在上，如图 3.2(a) 所示。

当岩层因构造运动而发生倾斜时，倾斜面上下仍然遵循上新下老的关系，如图 3.2 (b) 所示；当岩层因强烈构造运动发生倒转时，则岩层上新下老的关系发生变化，如图 3.2(c) 所示。此时就要借助沉积岩的泥裂、波痕、递变层理、交错层等原生构造来判别岩层顶、底面。

（2）生物层序法

地球上的生物具有由低级到高级、由简单到复杂和不可逆的演化规律。不同的地质年代有不同的古生物，它们保存在地层中的遗体和遗迹变为矿物质称为化石，记录了地质年代的

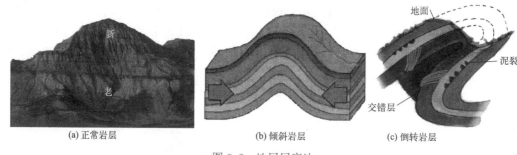

(a) 正常岩层   (b) 倾斜岩层   (c) 倒转岩层

图 3.2　地层层序法

变化。相同的化石表明相同的地质时期和地理环境，这就是生物层序法。采用对地质年代有决定意义的标准化石，通过生物层序法就可以确定岩层的地质年代，如图 3.3 所示。

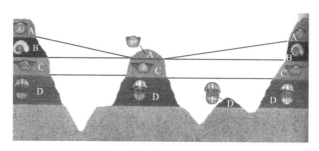

图 3.3　生物层序法

（3）岩性对比法

岩性对比法是以岩石的组成、结构、构造等岩性方面的特点为对比的基础。一般认为，在一定区域内同一时期、同一地质环境下形成的岩层，其岩性特点基本上是一致或近似的。因此，可以根据岩性及层序特征对比来确定某一地区岩石地层的时代。

需要注意的是，岩性对比的方法具有局限性，只能适用于一定的地区。因为同一地质年代的不同地区，其沉积物的组成、性质并不一定都是相同的；而同一地区在不同的地质年代，也可能形成某些性质类似的岩层。

（4）地层接触关系法

地层的接触关系有沉积岩之间的平行整合接触、平行不整合接触、角度不整合接触、沉积接触以及侵入接触，如图 3.4 所示。接触关系是同一地区在不同地质时期发生不同性质的构造运动的结果。

①平行整合接触。又称整合接触，是上下两套地层之间产状一致且在地质年代连续的沉积时间内地层序列连续，中间未发生明显的构造运动的接触关系。

②平行不整合接触。又称假整合接触，是上下两套地层之间产状一致，而地质年代沉积时间不连续，沉积时间内发生了地壳的均匀抬升和均匀下降，具有岩层缺失，但岩层产状未发生明显变化。

③角度不整合接触。又称不整合接触，是两地层之间产状不一致，地质年代沉积时间也不连续，沉积时间内不仅缺失地层，还由于构造运动使得岩层产状发生变化。

④沉积接触。沉积岩与岩浆岩或变质岩之间的一种接触关系，是在先期形成的岩浆岩或变质岩表面接受沉积形成了沉积岩。

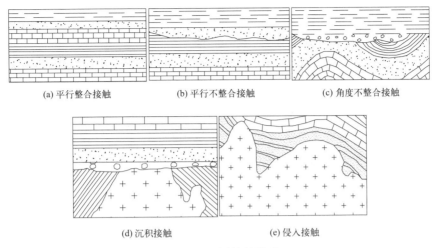

(a) 平行整合接触   (b) 平行不整合接触   (c) 角度不整合接触

(d) 沉积接触   (e) 侵入接触

图 3.4 地层接触关系

⑤侵入接触。岩浆岩与围岩（可以是岩浆岩、变质岩或沉积岩）之间的一种接触关系，是岩浆侵入先期形成的围岩中经冷凝结晶而形成岩浆岩。

在侵入接触中，如果接触关系复杂，可以通过穿插构造来确定岩层关系，即根据岩浆侵入体与被它侵入的围岩之间的关系来确定地质年代。岩浆岩的侵入体应比被它穿过的最新岩层还要年轻，如图3.5 所示，岩层 1、2、3、4、5、6、7 依次由老到新。

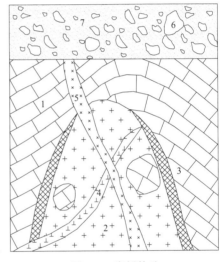

图 3.5 穿插构造

2. 绝对地质年代测定方法

通过测定岩石中放射性同位素的含量，根据其衰变规律计算岩石的年龄就是绝对地质年代。常用放射性同位素法来测得岩石的实际年龄，计算公式如下：

$$t = \frac{1}{\lambda}\ln\left(1 + \frac{D}{N}\right) \qquad (3\text{-}1)$$

式中 t——地质年龄；

N——母体元素同位素含量；

D——子体元素同位素含量；

λ——固定衰变系数。

采用的同位素有：钾-氩（$K^{40} \rightarrow Ar^{40}$）、铷-锶（$Rb^{87} \rightarrow Sr^{87}$）、铀-铅（$U^{235} \rightarrow Pb^{207}$）和碳法（$C^{14} \rightarrow N^{14}$）。

3. 地质年代表

应用相对和绝对年代确定方法，根据地层形成顺序、生物演化阶段、构造运动、古地理特征以及同位素年龄测定，对全球性地层进行

3-1

认识地质年代表

37

划分和对比，可综合得出地质年代表，见表3.1。表中将地质历史（时代）划分为显生宙、元古宙和太古宙三大阶段，宙再细分为代，代再细分为纪，纪再细分为世。每个地质时期形成的地层，又赋予相应的地层单位，即宇、界、系、统，分别与地质历史宙、代、纪、世相对应。

地质年代表   表3.1

相对年代				同位素年龄(Ma 百万年)	生物		地壳运动
宙(字)	代(界)	纪(系)	世(统)		植物	动物	
显生宙(字)	新生代(界)Kz	第四纪(系)Q	全新世(统)Q_h	0.025	被子植物繁盛	人类出现	新阿尔卑斯运动（喜马拉雅运动）
			更新世(统)Q_p	1.64(2.48)			
		第三纪(系)R	晚第三纪(系)N	上新世(统)N_2	12		哺乳动物与鸟类繁盛	
				中新世(统)N_1	23.3(25)			
			早第三纪(系)E	渐新世(统)E_3	40			
				始新世(统)E_2	60			
				古新世(统)E_1	65(80)			
	中生代(界)Mz	白垩纪(系)K	晚白垩世(统)K_2	135(140)	裸子植物繁盛	爬行动物繁盛	老阿尔卑斯运动 燕山运动
			早白垩世(统)K_1				
		侏罗纪(系)J	晚侏罗世(统)J_3	208(195)			
			中侏罗世(统)J_2				印支运动
			早侏罗世(统)J_1				
		三叠纪(系)T	晚三叠世(统)T_3	250(230)			
			中三叠世(统)T_2				
			早三叠世(统)T_1				
	古生代(界)Pz	晚古生代(界)Pz^2	二叠纪(系)P	晚二叠世(统)P_2	290(280)	蕨类及原始裸子植物繁盛	两栖动物繁盛	无脊椎动物继续演化发展
				早二叠世(统)P_1				
			石炭纪(系)C	晚石炭世(统)C_3	362(355)			（海西）华力西运动
				中石炭世(统)C_2				
				早石炭世(统)C_1				
			泥盆纪(系)D	晚泥盆世(统)D_3	409(410)	裸蕨植物繁盛	鱼类繁盛	
				中泥盆世(统)D_2				
				早泥盆世(统)D_1				
		早古生代(界)Pz^1	志留纪(系)S	晚志留世(统)S_3	439(440)	藻类及菌类植物繁盛	海生无脊椎动物繁盛	加里东运动
				中志留世(统)S_2				
				早志留世(统)S_1				
			奥陶纪(系)O	晚奥陶世(统)O_3	510(500)			
				中奥陶世(统)O_2				
				早奥陶世(统)O_1				
			寒武纪(系)∈	晚寒武世(统)$∈_3$	570(600)			
				中寒武世(统)$∈_2$				
				早寒武世(统)$∈_1$				
元古宙(字)	元古代(界)	震旦纪(系)Z	晚震旦世(统)Z_2	800	裸露无脊椎动物出现		晋宁运动 吕梁运动 五台运动 阜平运动
			早震旦世(统)Z_1				
				2500	生命现象开始出现		
太古宙(字)	太古代(界)			4600	地球形成		

任务 3.2 岩层产状

在漫长的地质年代里，地球经历了各种大小各异的构造运动，比较大的构造运动有加里东运动、海西运动和喜马拉雅运动。这些构造运动导致岩层不再呈水平状，而是形态各异。

1. 岩层的基本类型

由于形成岩层的地质作用、形成时的地质环境和形成后的构造运动不同，岩层在地壳中的空间方位也各不一样，主要有水平、倾斜和直立三种基本情况。

（1）水平岩层

水平岩层的构造运动影响比较轻微，或地区只发生了大面积地块均衡上升或下降，岩层倾角一般小于 5°。岩层时代越老，位置越低；时代越新，则位置越高，如图 3.6 所示。

（2）倾斜岩层

绝大多数倾斜岩层都是由于构造运动使原来的水平岩层发生倾斜的结果，岩层倾角在 50°～85°。如果在一定地区内一套岩层的倾斜方向和倾角基本一致，则称为单斜岩层，如图 3.7 所示。

图 3.6 水平岩层　　　　　　　　　　　　　　图 3.7 单斜岩层

（3）直立岩层

直立岩层的露头宽度与岩层厚度相等，岩层倾角大于 85°，如图 3.8 所示。

2. 岩层在地质图上的表现

1）水平岩层

水平岩层投影到地质平面图上与地形等高线平行，如图 3.9 所示。

从图中可见，水平岩层具有以下特点：

（1）上新下老：水平岩层未发生倒转，老的岩层在下、新的在上；

图 3.8 直立岩层（嵩山）

（2）水平岩层的出露形态受地形的控制：水平岩层的界线与等高线平行或重合并随等高线的弯曲而弯曲，其形态与等高线相似；

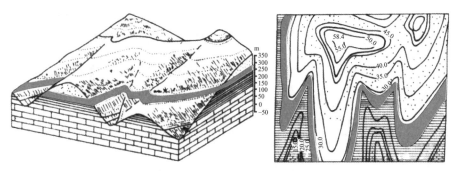

图 3.9 水平岩层在地质平面图上与地形等高线平行

（3）水平岩层的厚度就是该岩层的顶、底标高之差；

（4）水平岩层的出露宽度与地形坡度有关：坡度越大，出露宽度越小，反之相反。

2）倾斜岩层

倾斜岩层根据岩层倾向与坡向的关系，可分为相反相同型、相同相反型和相同相同型。岩层的状态可根据倾斜岩层界线和等高线在水平面上的投影而成的"V"字形关系来判断。

（1）相反相同型：岩层的倾向与坡向相反，岩层界线与等高线的弯曲方向相同。但是等高线更弯曲，如图 3.10 所示。

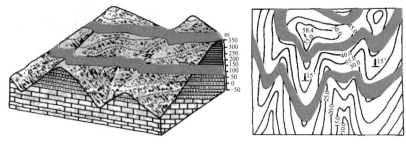

图 3.10 岩层倾向与地面坡向相反时的"V"字形

（2）相同相反型：岩层的倾向与坡向相同，同时岩层的倾角大于坡角，岩层的界线与等高线的弯曲方向相反，如图 3.11 所示。

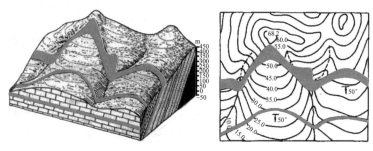

图 3.11 岩层倾向与地面坡向相同岩层倾角大于地面坡角的"V"字形

（3）相同相同型：岩层的倾向与坡向相同，同时岩层的倾角小于坡角，岩层的界线与等高线的弯曲方向相同。但岩层的界线更弯曲，如图 3.12 所示。

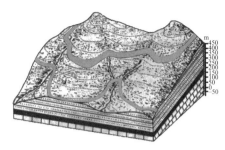

图 3.12　岩层倾向与地面坡向相同岩层倾角小于地面坡角的"V"字形

"V"字形法则不仅适用于倾斜岩层，也适用于倾斜的其他构造面，如倾斜的断层面等。依据以上"V"字形法则可以看出，倾斜岩层具有以下特点：

（1）在地层层序没有发生倒转的情况下，地质时代较新的岩层叠覆在较老的岩层之上。

（2）岩层的厚度为该岩层顶面与底面之间的垂直距离。

（3）岩层的出露和分布状态完全受地形控制。露头的水平宽度取决于岩层的厚度和地面坡度的变化。

3）直立岩层

直立岩层投影到地质平面图上，地质界面直立，如图 3.13 所示。

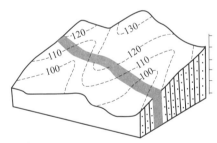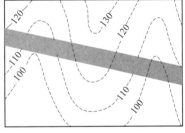

图 3.13　直立岩层在地质平面图上地质界面直立

从图中可见，直立岩层具有明显的特点：岩层面与水平面垂直，在地质平面图上的投影是一条直线，岩层厚度与完整的露头宽度相等，与地形特征无关。

3. 岩层的产状

研究地质构造的一个基本内容就是确定这些岩层及破裂面的空间位置以及它们在地面上表现的特点。

岩层的产状是指岩层的空间位置，用走向、倾向和倾角来表示，三者称为产状的要素，如图 3.14 所示。

3-2

岩层产状的测量

（1）走向

走向是岩层面与水平面交线的延伸方向，岩层面上的水平线叫走向线。岩层的走向用走向线与磁北极所夹的方位角，即走向方位角来表示，同一岩层的走向有两个值，相

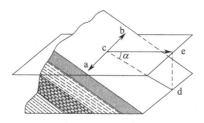

图 3.14 岩层的产状要素（ab—走向；cd—倾斜线；ce—倾向；α—倾角）

差 180°。

（2）倾向

倾向是岩层倾斜的方向。层面上与走向垂直并指向下方的直线称为倾斜线，它的水平投影所指的方向即为倾向。倾向方位角与走向方位角相差 90°。

（3）倾角

倾角是倾斜线与其在水平面上的投影线间的夹角，也就是层面与假想水平面的最大夹角。沿倾向方向测量的倾角，称为真倾角；在不垂直岩层走向线的任何方向上测量的倾角，称为视倾角。视倾角总是小于真倾角。

真倾角和视倾角几何关系为 $\tan\beta = \tan\alpha \cdot \cos\omega$，其中 α 为真倾角，β 为视倾角，ω 为真倾角和视倾角之间的夹角，如图 3.15 所示（图中 β 为视倾角）。在

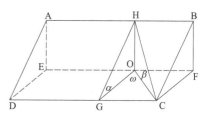

图 3.15 真倾角和视倾角关系

野外工作如河谷、断崖等天然剖面和如公路、探槽、矿坑等人工剖面不能得到真倾角，可以通过视倾角换算得到。

1）岩层产状要素的表示方法

岩层的产状要素可以用地质罗盘进行测量。在野外记录或报告中，岩层产状三要素的表示方法有方位角表示法和象限角表示法两种，如图 3.16 所示。

（1）方位角表示法：只记倾向和倾角，如图 3.16(a) 中 135°∠30°。

（2）象限角表示法：记录走向、倾角、倾向（象限），如图 3.16(b) 中 N45°E∠30°SE。

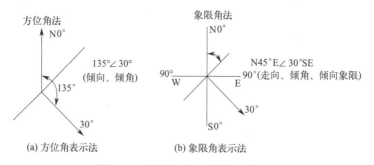

图 3.16 岩层产状要素的表示方法

2）岩层产状要素在平面地质图上的符号表示

在平面地质图上，岩层产状要素可以用地质图表示法来表达，如图 3.17 所示。

图 3.17　岩层产状要素的地质图表示法

图中，（a）为一般岩层，长线代表走向，短线代表倾向，数字是倾角，长短线必须按照实际方位标绘在地质图上；（b）为倾角为 0～5°水平岩层表示方法；（c）为直立岩层表示方法，箭头指向较新的岩层；对于倒转岩层，则采用（d）方法，箭头指向倒转后的倾向，即指向老岩层，数字是倾角。

任务 3.3　褶皱构造

在地球的内、外应力作用下，导致岩层或岩体发生变形或位移而遗留下来的形态称为地质构造。在复杂的地应力条件下，造山作用的地应力场形成挤压型、直扭型和旋扭型三类构造形式，将岩层演变成一幅复杂多变的应变图像，如图 3.18 所示。基本的地质构造有褶皱（背斜、向斜）、裂隙（节理、劈理）、断层（正断层、逆断层、平移断层）等。

图 3.18　地质构造导致的岩层变化

在构造运动作用下，岩层产生的连续弯曲变形形态，称为褶皱构造。褶皱的一个弯曲称为褶曲，是褶皱的基本单位。褶皱规模大小悬殊，巨大的褶皱可延伸数十至数百公里，而小的褶皱在标本上即可见到，如图 3.19 所示。

(a) 大型褶皱构造（喜马拉雅山脉）　　　　(b) 小型褶皱构造（花岗岩）

图 3.19　褶皱构造

1. 褶皱的基本类型

褶皱的基本类型有背斜和向斜，它们是刚好相反的褶曲，如图 3.20 所示。

43

（1）背斜

岩层向上弯曲，中心向两侧倾斜，中心部位岩层相对较老，两翼岩层较新。其在地面的出露特征是从中心到两侧岩层由老到新对称重复出现。

（2）向斜

岩层向下弯曲，两侧向中心倾斜，中心部位岩层相对较新，两翼岩层较老。其在地面的出露特征是从中心到两侧岩层由新到老对称重复出现。

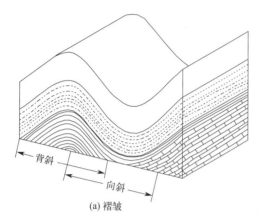

(a) 褶皱

(b) 中国狼山褶皱构造中的背斜和向斜

图 3.20　背斜和向斜

2. 褶皱要素

褶皱的各部分组成，称为褶皱要素。只有清楚褶皱各个组成部分及其相互关系，才能正确地描述和研究褶皱。主要褶皱要素如图 3.21 所示。

（1）核部：褶皱弯曲的中心部位。背斜的核部地层最老，向斜的核部地层最新。

（2）翼部：褶皱核部两侧的部位，以核部地层为中心完全或不完全对称。当背斜、向斜相邻时，具有共同的翼部。

（3）转折端：褶皱从一翼到另一翼的弯曲部位。转折端在横切褶皱的剖面上可以是一点、一段曲线或一段直线。

（4）枢纽：褶皱同一岩层面转折端上最大弯曲点的连线。枢纽在空间上可以是直线、曲线、水平线、倾斜线等。

（5）轴面：由褶皱各岩层枢纽所构成的面。轴面在空间上可以垂直、倾斜、水平，也可以是平面、曲面。

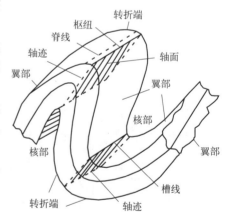

图 3.21　褶皱要素

（6）轴线：轴面与水平面的交线。它是一假想线，是平面上描述褶皱的要素。

（7）轴迹：轴面与地面或剖面的交线。

（8）脊和槽，脊线与槽线：褶皱某一岩层面的最高点称脊，反之称槽。脊的连线称脊线，槽的连线称槽线。在空间上，脊线或槽线与枢纽可以重合，也可分离。故脊线或槽线在空间上也可以是直线、曲线、水平线、倾斜线。

3. 褶皱的形态

褶皱的形态可以从轴面产状和枢纽产状对褶皱进行分类和描述。

1）轴面产状分类

（1）直立褶皱：轴面直立，两翼岩层倾向相反，倾角大致相等，为典型的对称褶皱，如图3.22（a）所示。

（2）倾斜褶皱：轴面倾斜，两翼岩层倾向相反，倾角不相等。轴面与褶皱平缓，两翼倾向相同，如图3.22（b）所示。

（3）倒转褶皱：轴面倾斜，两翼岩层倾向相同，倾角不相等，其中一翼岩层层序正常，另一翼岩层层序倒转。若倾角大小相等，为同斜褶皱，如图3.22（c）所示。

（4）平卧褶皱：轴面近似于平面，一翼伏于另一翼上，故有上、下翼之分。下翼岩层层序倒转，如图3.22（d）所示。

（5）翻卷褶皱：轴面为曲面的平卧褶皱，如图3.22（e）所示。

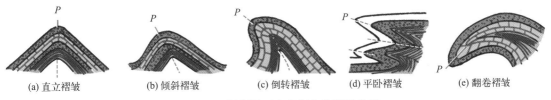

| (a) 直立褶皱 | (b) 倾斜褶皱 | (c) 倒转褶皱 | (d) 平卧褶皱 | (e) 翻卷褶皱 |

图3.22 根据轴面产状划分的褶皱类型

2）枢纽产状分类

（1）水平褶皱：枢纽水平，两翼岩层走向平行，呈不封闭状态，如图3.23（a）所示。

（2）倾伏褶皱：枢纽倾伏，两翼岩层走向不平行，逐渐汇合形成弧形转折端。对背斜而言，弧形的尖端指向枢纽倾伏方向；对向斜而言，弧形的开口方向指向枢纽倾伏方向，如图3.23（b）所示。

4. 褶皱构造的野外识别

褶皱构造的野外识别不能简单地依靠地形高低来判断。岩石变形之初，背斜为高地，向斜为低地，即背斜成山，向斜成谷，这时的地形是地质构造的直观反映。

但是，经过较长时间的剥蚀后，特别是核部为很容易被剥蚀的软弱岩层时，地形就会发生变化，背斜可能会变成低地或沟谷，称为背斜谷。相应地，向斜的地形就会比相邻背斜的地形高，称为向斜山。形成原因是背斜遭受剥蚀的速度较向斜快，这是由于背斜轴部裂隙发育，岩层较为破碎，而且地形突出，剥蚀作用容易快速进行。如果褶皱的上层为石英砂岩、石灰岩等坚硬岩石，下层为页岩等较弱岩石，强烈的剥蚀作用便首先切开其上层，一旦剥蚀到下层，其破坏速度加快。与此相反，向斜轴部岩层较为完整，并常有剥蚀产物在其轴部堆积，起到"保护"作用，因此其剥蚀速度较背斜轴部为慢。

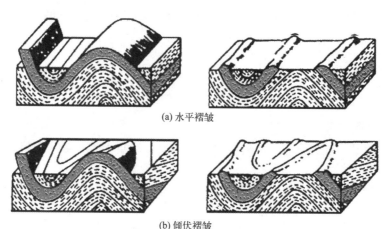

(a) 水平褶皱

(b) 倾伏褶皱

图 3.23　根据枢纽产状划分的褶皱类型

如图 3.24 所示为南京的幕府山剖面。这里背斜轴部常出露志留纪的页岩，因其质地软弱，成为宽阔的谷地，向斜轴部常为三叠纪的石灰岩，其质地坚硬，形成山脊。背斜谷、向斜山的标高相差可达 200～300m。

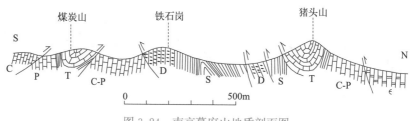

图 3.24　南京幕府山地质剖面图

(图中地层符号：C—石炭系，S—志留系，P—二叠系，T—三叠系，D—泥盆系，∈—寒武系)

因此，褶皱存在的标志是在沿倾斜方向上不同年代的岩层作对称式重复出现。就背斜而言，核部岩层较两侧岩层为老；就向斜而言，核部岩层较两侧岩层为新，据此可以区分背斜与向斜。

对于大型褶皱构造，野外需要采用穿越法和追索法进行观察。

（1）穿越法

穿越法就是沿着选定的调查路线，垂直岩层走向进行观察。用穿越的方法，便于了解岩层的产状、层序及其新老关系。如果路线通过地带的岩层呈有规律地重复对称出现，则必为褶皱构造；再根据岩层出露的层序及其新老关系，判断是背斜还是向斜；然后进一步分析两翼岩层的产状和两翼与轴面之间的关系，这样就可以判断褶皱的形态类型。

（2）追索法

追索法就是平行岩层走向进行观察的方法。平行岩层走向进行追索观察，便于查明褶皱延伸的方向及其构造变化的情况。当两翼岩层在平面上彼此平行展布时，为水平褶皱；当两翼岩层在转折端闭合或呈"S"形弯曲时，则为倾伏褶皱。

穿越法和追索法，不仅是野外观察褶皱的主要方法，同时也是野外观察和研究其他地质构造现象的基本方法。在实践中一般以穿越法为主，追索法为辅，根据不同情况，穿插运用。

5. 褶皱构造的工程地质评价

褶皱构造普遍存在。无论是找矿、找地下水以及进行水利和隧道工程建设，都要对它进行研究。褶皱对油气和矿床的保存也有重要作用。宽阔和缓的背斜核部往往是油气储集的重要场所，许多层状矿体（如煤矿）常保存在向斜中，大规模地下水也常常储集在和缓的向斜中。根据褶皱两翼对称式重复的规律，在褶皱的一翼发现沉积矿层时，可以预测另一翼也有相应的矿层存在。

褶皱构造对工程建筑的影响主要体现在以下两方面：

（1）褶皱的核部是岩层剧烈变化的部位，其岩石破碎、裂隙发育，岩体完整性差，对工程施工和供水影响巨大。例如由于构造作用，背斜核部岩石强烈风化破碎，隧道施工过程中极易坍塌，如果水库位于背斜轴部，就会留下漏水的隐患；而向斜核部裂隙发育，地下水汇集流通，是良好的储水构造，适合找地下水、建水库，但隧道施工却需要注意涌水问题。

（2）褶皱的翼部以倾斜岩层为主，在褶皱翼部进行工程布置时，应注意岩层的产状。若边坡走向、倾向与岩层一致，当岩层倾角小于边坡坡角时，易发生顺层滑动；若边坡走向与岩层走向呈 40°角以上，而且倾向与岩层相反，或倾向相同但岩层倾角大于边坡坡角，则对边坡稳定性有利。

任务 3.4　断裂构造

岩层受构造运动作用，当所受的构造应力超过岩石强度时，岩石的连续完整性遭到破坏，产生断裂，称为断裂构造，可分为节理和断层。

3-3

认识断裂构造

1. 节理

岩石受力断开后，断裂面两侧岩层沿断裂面没有明显相对位移的断裂构造，叫节理，断裂面称为节理面，也就是裂缝。

节理常常有规律、成群地出现，成因相同且相互平行的节理称为节理组。它们在形态上张开程度不一，可闭合，可张开，节理面也可平滑，可粗糙。一般采用走向、倾向、倾角三要素来表示它们在空间的位置。

1) 节理的分类

对节理的分类可以从成因、力学性质、张开度三个方面进行。

（1）成因

按成因节理分为原生节理、次生节理和构造节理。

①原生节理

原生节理指岩石形成过程中所产生的节理，如火山熔岩冷凝收缩的柱状节理，沉积岩中的泥裂等，如图 3.25 所示。

图 3.25 玄武岩柱状节理和沉积岩泥裂

②次生节理

由卸荷、风化、爆破等作用形成的节理，如图 3.26 所示。

③构造节理

岩石形成后由构造运动产生的节理，如图 3.27 所示。

由于构造运动的普遍性，构造节理分布较为广泛，具有明显的方向性和规律性，是岩体中的破裂结构面，对地下水活动和工程建筑影响很大。

图 3.26 风化节理   图 3.27 X 形构造节理

（2）力学性质

按力学性质节理可分为张节理和剪节理，它们都属于构造节理。

①张节理

张拉应力作用下形成的裂缝，如图 3.28 所示，其特点为：裂口张开，呈上宽下窄的楔形；节理面粗糙，产状不稳定，无滑动擦痕和摩擦镜面；多发育在脆性岩石，尤其在褶皱转折处拉应力集中的位置；节理稀疏，间距大；在砾岩或砂岩中发育的张节理常常绕过砾石、结核或粗砂粒，张裂面明显凹凸不平或弯曲。

②剪节理

由剪应力作用形成的裂缝，常常成对出现，因此又称为共轭剪节理，如图 3.29 所示。其特

图 3.28 张节理

点为：节理方向与最大剪应力方向一致，共轭剪节理的交线与中间主应力平行，两节理面

锐交角等分线常与最大主应力平行；节理面光滑，有滑动擦痕和摩擦镜面；节理面产状稳定，其倾向、走向延伸较远；在砾岩和粗砂岩中，剪节理能较平整切割砾石和粗砂碎屑。

(a) 共轭剪节理

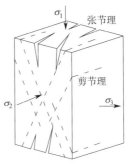
(b) 剪节理、张节理与主应力之间的关系

图 3.29　共轭剪节理及与主应力关系图

（3）张开度

按照张开的宽度大小，节理可以分为 4 种类型：

①宽张节理：节理缝宽度大于 5mm；

②张开节理：节理缝宽度为 3～5mm；

③微张节理：节理缝宽度为 1～3mm；

④闭合节理：节理缝宽度小于 1mm。

节理张开度是裂隙岩体水力学研究中的一个重要参数，它的确定是节理岩体渗透性研究中必不可少且有难度的。

2）节理发育程度分级

依据节理的组数、密度、长度、张开度及充填情况对节理发育程度分级，可分为以下四种：

（1）节理不发育。节理 1～2 组，规则，为构造型，间距在 1m 以上，多为密闭节理，岩体被切割成大块体。

（2）节理较发育。节理 2～3 组，呈 X 形，以构造型为主，多数间距大于 0.4m，多为密闭节理，部分为张开节理，少有充填物，岩体被切割成大块状。

（3）节理发育。节理 3 组以上，不规则，呈 X 形或米字形，以构造型或风化型为主，多数间距小于 0.4m，大部分为张开节理，部分有充填物，岩体被切割成块石状。

（4）节理很发育。节理 3 组以上，杂乱，以风化和构造型为主，多数间距小于 0.2m，以张开节理为主，有个别宽张节理，一般均有充填物，岩体被切割成碎裂状。

3）节理的观测与统计

采用节理玫瑰花图来反映观测地段各组节理的发育程度，它是用状似玫瑰花的统计图来表明节理走向或倾向和条数的，能明显地看出优势方位，是野外地质工作中最常用的节理统计图件。

统计编绘工作程序和方法是：

（1）选择代表性地段，现场系统测量各组节理的走向、倾向、倾角，观察节理面特征和节理中的充填物。

（2）室内统计各走向或倾向方位的节理条数，一般以 5°或 10°为间距分组统计。

（3）走向在上半圆上、倾向在全圆上作图。作图时以圆的半径线表示走向线或倾向线，以半径的长度按一定的比例表示该方位的节理条数，如图 3.30 和图 3.31 所示，如果以半径的长度按一定比例表示倾角，则可得倾角玫瑰图。

（4）连接所截取各半径长度的端点而得玫瑰花图。

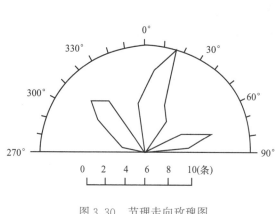

图 3.30　节理走向玫瑰图

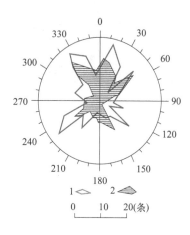

图 3.31　节理倾向、倾角玫瑰图
1—倾向玫瑰图；2—倾角玫瑰图

4）节理对工程的影响

节理对工程的影响主要包括以下六个方面的内容：

（1）加速岩石的溶解破坏，尤其在可溶盐地区易形成溶洞，发育成为地下暗河；

（2）加速风化作用和冻胀作用；

（3）降低岩石力学强度，降低工程的稳定性；

（4）降低爆破效率；

（5）降低地基承载力；

（6）路堑边坡容易失稳崩滑。

5）节理的工程地质研究

节理的工程地质研究，主要是对节理的发育方向、节理的发育程度和节理的性质三个方面的评价。为此，需从以下五个方面的内容展开节理的调查研究：

（1）节理的成因类型、力学性质；

（2）节理的组数、密度和产状；

（3）节理的张开度、长度和节理面壁的粗糙度；

（4）节理的充填物质及厚度、含水情况；

（5）节理发育程度分级。

2. 断层

断层是岩层受力发生断裂，沿断裂面两侧岩块发生明显相对位移的构造，如图 3.32

所示。断层规模大小不等，大者可沿走向延伸数百千米，常由许多断层组成，可称为断裂带；小者只有几十厘米。断层在地壳中广泛发育，是地壳最重要的构造之一。在地貌上，大的断层常常形成裂谷和陡崖，如著名的东非大裂谷，如图3.33所示。

断层形成的原因是岩石受到的应力差（$\sigma_1 \sim \sigma_3$）超过其强度而发生破裂。首先出现微裂隙并逐渐发展，当断裂面一旦形成而且应力差超过摩擦阻力时，两盘就开始相对滑动，形成断层。随着应力释放，应力差逐渐变小，若趋向于零或小于滑动摩擦阻力时，一次断层作用终止。

图3.32　断层

图3.33　东非大裂谷

断层的形态和类型多样，规模有大有小。断层破坏了岩体的完整性和连续性，它不仅对岩体的稳定性和渗透性、地震活动和区域稳定性有着重要的影响，而且还是地下水运动的良好通道和汇集场所。在规模较大的断层附近或断层发育地区，常存在丰富的地下水。

1）断层的几何要素

断层的几何要素包括断层面、断层线、断盘和断距，如图3.34所示。

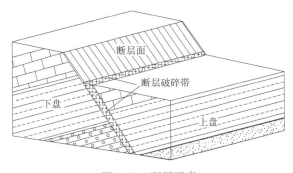

图3.34　断层要素

（1）断层面：构成断层的破裂面，断层两侧岩体沿着该面产生明显的滑动位移。断层一般不只有单个的面，而是由一系列的破裂面或次级断层所组成的带，称为断层带或断裂带。

（2）断层线：是指断层面与地面的交线，是断层面在地表的出露线，断层线延伸方向就是断层走向，延伸的消失点称为断层的端点。

（3）断盘：断层面两侧发生相对位移的岩体。对于倾斜的断层面，上方断盘称为上盘，下方断盘称为下盘；对于近于直立的断层面，则以方位相称，如东盘、西盘等；有时也根据两盘相对移动的关系，把相对上升的称为上升盘，把相对下降的称为下降盘。

（4）断距：断层两盘岩体沿断层面发生相对滑动的距离。断距的大小常常是衡量断层规模的重要标志，断距又分为总断距、水平断距及垂直断距。

2）断层的类型

按断层两盘相对位移，断层可分为：

（1）正断层。上盘相对下降，下盘相对上升的断层叫正断层。这类断层一般受地壳水平拉张力作用或受重力作用而形成，断层面多为陡直，倾角大多在45°以上。

（2）逆断层。下盘相对下降，上盘相对上升的断层叫逆断层。这类断层主要受地壳水平挤压应力形成，常与褶皱伴生。

逆断层可按断层面倾角进一步划分为高角度逆断层和低角度逆断层。

高角度逆断层断层面倾斜陡峻，倾角大于45°，常常在正断层发育区生成；倾角小于45°的逆断层称为低角度逆断层，位移距离很大的低角度逆断层称为逆冲断层；当倾角在30°左右或更小时的逆断层称为逆掩断层；倾角极其平缓的巨大逆掩断层，称为推覆构造或辗掩断层。推覆构造通常出现在地壳活动强烈的地区，如欧洲阿尔卑斯山的格拉鲁斯推覆构造，其上盘推覆距离达40km，四川彭县地区（图3.35）以及河南嵩山等地区都有推覆构造。

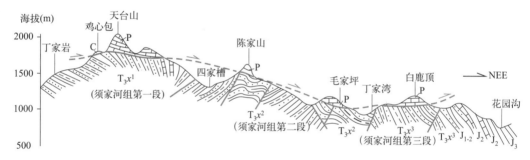

图3.35 四川彭县的逆冲推覆构造
（图中地层符号：C—石炭系，P—二叠系，T_3—三叠系上统，J_{1-2}—中下侏罗系，
J_2—侏罗系中统，J_3—侏罗系上统）

（3）平移断层：上盘和下盘沿断层面走向作水平相对运动的断层叫平移断层。这类断层主要由地壳水平剪切作用形成，断层面常陡立，断层面上可见水平擦痕。大型平移断层称为走滑断层，其规模巨大，延伸长达数百米甚至数千米。例如北美西部圣安地列斯断层，延伸约2000km，右行平移距离500km，从白垩纪至今仍在活动，是世界著名的断层活动带。

断层还可以从力学性质进行分类，分为：

（1）压性断层。由压应力作用形成，其走向垂直于主压应力方向，多呈逆断层形式，断面为舒缓波状，断裂带宽大，常有断层角砾岩。

（2）张性断层。在张应力作用下形成，其走向垂直于张应力方向，常为正断层，断层面粗糙，多呈锯齿状。

（3）扭性断层。在剪应力作用下形成，与主压应力方向交角小于45°，常成对出现。

断层面平直光滑，常有擦痕出现。

3）断层的组合形式

（1）正断层的组合形式

①阶梯状断层：几条产状大致相同的正断层相互平行排列，各断层的一盘呈阶梯状，向着同一方向依次下降的组合形态，称为阶梯状断层，如图 3.36（a）所示。

②地垒：两条以上平行的正断层，断层面相对倾斜，对称排列，中间岩体为共同的上升盘，两侧断层的上盘呈阶梯状依次下降，这种组合形态称为地垒，如图 3.36（b）所示。

③地堑：两条以上平行的正断层，断层面相向倾斜，对称排列，中间岩体为共同的下降盘，两侧断层的下盘依次上升，这种组合形态的断层称为地堑，如图 3.36（c）所示。

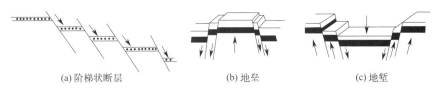

(a)阶梯状断层　　　　　(b)地垒　　　　　(c)地堑

图 3.36　正断层的组合形式

（2）逆断层的组合形式

①叠瓦状断层：一系列产状大致相同的断层，相互平行排列，各断层的上盘依次上冲逆掩，在剖面上呈屋顶盖瓦式或鳞片状叠置，这种组合形式，称为叠瓦状断层，如图 3.37（a）所示。

②对冲式断层：由两条相反倾斜、相对逆冲的断层组成的组合形态，如图 3.37（b）所示。

③背冲式断层：由两条或两组相反倾斜的逆冲断层组成，表现为自一个中心分别向两个相反方向逆冲，一般是自背斜核部向外逆冲，总体上常呈扇状，如图 3.37（c）所示。

(a)叠瓦状断层　　　　　(b)对冲式断层　　　　　(c)背冲式断层

图 3.37　逆断层的组合形式

4）断层的野外识别标志

（1）构造线标志

同一岩层分界线、不整合接触界面、侵入岩体与围岩的接触带、岩脉、褶曲轴线、早期断层线等，在平面或剖面上出现了不连续现象，即突然中断或错开，则有断层存在。

（2）岩层分布标志

顺序排列的岩层，在走向断层的影响下，经剥蚀夷平作用后，常造成部分地层的重复或缺失现象。通常有六种情况会造成地层重复和缺失，如图 3.38 所示。

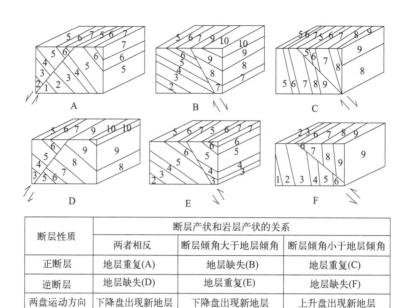

图 3.38　断层导致地层重复或缺失的六种情况

断层性质	断层产状和岩层产状的关系		
	两者相反	断层倾角大于地层倾角	断层倾角小于地层倾角
正断层	地层重复(A)	地层缺失(B)	地层重复(C)
逆断层	地层缺失(D)	地层重复(E)	地层缺失(F)
两盘运动方向	下降盘出现新地层	下降盘出现新地层	上升盘出现新地层

（3）断层的伴生现象

①擦痕、阶步和摩擦镜面

断层下盘沿断层面做相对运动时，因摩擦作用，在断层面上形成一些刻痕、小阶梯或磨光的平面，分别称为擦痕、阶步和摩擦镜面，如图 3.39 所示。

（a）擦痕　　　　　　　　　　（b）阶步　　　　　　　　　（c）摩擦镜面

图 3.39　断层伴生现象

②构造岩（断层岩）

构造岩是由断层面处碎裂的岩、土体经胶结后形成的岩石。断层形成后的碎裂岩、土体称为破碎带，宽几十厘米至几百米不等。构造岩成分十分复杂，当碎块颗粒粒径大于 2mm 时称为断层角砾岩；当碎块颗粒直径为 0.01～2mm 时称为碎裂岩；当碎块颗粒粒径更小时称为糜棱岩；当颗粒均研磨成泥状时称为断层泥。如图 3.40 所示。

③牵引现象

断层运动时，断层面附近的岩层受断层面上摩擦阻力的影响，在断层面附近形成弯曲现象，称为断层牵引现象，其弯曲方向一般为本盘运动方向，如图 3.41 所示。

④地貌标志

(a) 断层破碎带　　　　　(b) 断层角砾岩　　　　　(c) 断层泥

图 3.40　构造岩（断层岩）

(a)　　　　　　　　　　　　　　(b)

图 3.41　牵引现象的弧形突出弯曲方向指示本盘运动方向

断层崖和断层三角面。在断层两盘的相对运动中，上升盘常常形成陡崖，称为断层崖。当断层崖受到与崖面垂直方向的地表流水侵蚀切割，使原崖面形成一排三角形陡壁时，称为断层三角面，如图 3.42 所示。

(a)　　　　　　　　　　　　　(b)

图 3.42　断层崖和断层三角面

断层湖、断层泉。沿断层带常形成一些串珠状分布的断陷盆地、洼地、湖泊、泉水等，可指示断层延伸方向。这些湖泊洼地主要是由断层引起的断面形成的，往往是大断层存在的标志，如图 3.43 所示。

错断的山脊、急转的河流。正常延伸的山脊突然被错断，或山脊突然断陷成盆地、平原正常流经的河流突然产生急转弯、一些顺直深切的河谷，均可指示断层延伸的方向，如图 3.44 所示。

需要注意的是，判断一条断层是否存在，主要是依据地层的重复或缺失和构造不连续这两个标志，其他标志只能作为辅证。

5）断层的工程地质评价

图 3.43　断层湖

断层破坏了岩体的完整性，加速了风化作用、地下水的活动及岩溶发育，主要表现在以下方面：断层降低了地基岩体的强度及稳定性；断层上、下盘岩性可能不同，造成不均匀沉降；对隧道工程易产生洞顶塌落；沿断层破碎带易形成风化深槽及岩溶发育带；断层陡坡易发生崩塌；断层破碎带常为地下水的良好通道，产生涌水问题；对区域稳定性的影响不利，可能发生新的移动；道路选线若与断层走向平行，易产生边坡滑塌。

(a) 金沙江大拐弯

(b) 东非大裂谷

图 3.44　金沙江大拐弯和东非大裂谷

任务 3.5　阅读地质图

地质图是把一个地区的各种地质现象，如地层、地质构造等，按一定比例缩小，用规定的符号、颜色和各种花纹、线条表示在地形图上的一种图件。一幅完整的地质图，包括平面图、剖面图和综合地层柱状图，并标明图名、比例、图例和接图等。平面图反映地表相应位置分布的地质现象，剖面图反映某地表以下的地质特征，综合地层柱状图反映测区内所有出露地层的顺序、厚度、岩性和接触关系等。

3-4

阅读地质图

地质图上内容多，线条、符号复杂，阅读时应遵循由浅入深、循序渐进的原则。一般步骤及内容如下：

1. 图名、比例尺、方位

了解图幅的地理位置，图幅类别，制图精度。图上方位一般用箭头指北表示，或用经纬线表示。若图上无方位标志，则以图正上方为正北方。

2. 地形、水系

通过图上地形等高线，河流径流线，了解地区地形起伏情况，建立地貌轮廓。地形起伏常常与岩性、构造有关。

3. 图例

图例是地质图中采用的各种符号、代号、花纹、线条及颜色等的说明。通过图例，可对地质图中的地层岩性、地质构造建立起初步概念。

地质内容可按如下步骤进行：

（1）地层岩性

了解各年代地层岩性的分布位置和接触关系。

（2）地质构造

了解褶曲及断层的产出位置、组成地层、产状、形态类型、规模和相互关系等。

（3）地质历史

根据地层、岩性、地质构造的特征，分析该地区地质发展历史。

现以宁陆河地区地质图作为读图实例。宁陆河地区地质图由地形地质图和1-1地质剖面图组成，如图3.45所示。

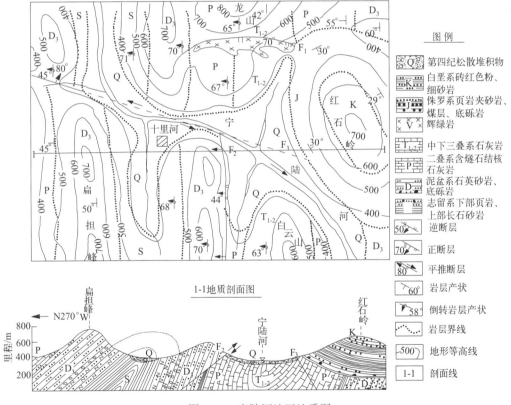

图 3.45　宁陆河地区地质图

本区东部为红石岭，西南为扁担峰，高程均在700m以上；北部为二龙山，南部为白云山，中部地势较低。宁陆河自西北流向东南，全区最高点的二龙山（高程800多米）与最低点的河谷（高程300多米）最大相对高差约500m。区内地形明显受地层、构造、岩性的控制，山脉延伸与地层走向一致，大体呈南北向延伸。石灰岩、石英砂岩及白垩纪细砂岩常形成高山。宁陆河沿断层带发育。

本区出露地层包括志留系（S）、泥盆系上统（D₃）、二叠系（P）、中下三叠系（T₁-₂）、侏罗系（J）、白垩系（K）及第四系（Q）。其中泥盆系主要分布在西部扁担峰一带，侏罗系与白垩系分布在东部红石岭周围，第四系主要沿河谷发育。

区内泥盆系上统（D₃）与志留系地层（S）产状一致，但期间缺失泥盆系下中统沉积且在泥盆系上统底部（D₃）有底砾岩存在，二者呈假整合接触。二叠系（P）与泥盆系（D₃）之间缺失石炭系地层，二者也为假整合接触。图上侏罗系（J）与下伏泥盆系上统（D₃）、中下三叠系（T₁-₂）、二叠系（P）三个时代地层相接触，故为不整合接触，第四系与下伏地层也为不整合接触，其余地层均为整合接触。

北部出露的辉绿岩岩体因受 F₁ 断层控制，大体东西向延伸，其入于二叠系（P）与中下三叠系（T₁-₂）石灰岩中，而伏于侏罗系（J）之下，故其侵入时代应在三叠系（T）以后、侏罗系（J）之前。

相关构造情况如下：

（1）褶皱构造

十里沟至扁担峰为倒转背斜，大致南北向延伸，轴部出露地层为志留系（S）页岩及长石砂岩，两翼由泥盆系上统（D₃）及二叠系（P）石英砂岩、石灰岩所组成。两翼地层对称分布，均向西倾，西翼倾角约 45°；东翼倒转，倾角较陡，约 70°。

图幅东南部为白云山倒转向斜，轴向接近南北，轴部由中下三叠系石灰岩（T₁-₂）组成，两翼为二叠系（P）、泥盆系上统（D₃）地层组成。西翼倒转，倾角较陡；东翼倾角较缓。

上述倒转向斜之东为红石岭向斜，大体呈北西—南东向延伸，两翼相向倾斜，倾角约 30°，为一直立向斜褶曲，由侏罗系（J）、白垩系（K）地层所组成。

（2）断裂构造

本区较大断层有 3 条，其中 F₁ 断层大致呈东西向延伸，断层面倾向为南，倾角约 70°，沿断层有辉绿岩岩体侵入，断层南盘（上盘）相对下降，北盘（下盘）相对上升，故 F₁ 断层为正断层。

F₂ 断层大致呈南北向延伸，断层面倾向为西，倾角 44°，由断层两盘出露地层时代可以看出，西盘属上升盘，东盘属下降盘，故 F₂ 断层为逆断层，该断层与倒转背斜轴向基本一致。由于断层影响，下盘地层明显变窄。

F₃ 断层大体呈北西—南东向延伸，断层倾角近于直角，又从断层两侧志留系（S）与泥盆系上统（D₃）地层界线可以看出，东北盘地层界线明显向西错动，故 F₃ 断层为平移断层。

任务 3.6　区域构造稳定性评价

地质构造会导致区域构造稳定性问题。区域构造稳定是指工程建设地区地壳的稳定程度，即该地区有无活断层和地震等现代构造活动的迹象、活动的强度及其对工程的可能影响等情况。

为保证建筑物的安全和正常使用，工程场地应尽可能地选择在区域稳定性较好的地方，尽量避开那些构造、火山、地震活动影响强烈的地带。为此，就要在研究建筑地区工程地质条件的基础上，分析其地质构造发育历史及近期构造活动情况，了解其有没有火山及火山活动，从而预测判断与之有关的地震活动，可能的震中位置、震级及发震时间。

地震是一种自然现象，属于内动力地质作用，是一种地球内部应力突然释放的表现形式，是接近地球表面岩层中的构造运动以弹性波形式释放应变能引起地壳表层快速振动的现象。火山爆发、溶洞或采空区陷落等也可以引起地震，但所占比例较小。

据不完全统计，地壳上每年发生的地震有 500 万次以上，人们能感觉到的约 5 万次，其中，能造成破坏作用的约 1000 次，7 级以上的大地震会有十几次。一次强烈地震，会造成种种灾害，一般可分为直接灾害和次生灾害。直接灾害是指地震发生时直接造成的灾害损失，地震可导致建筑物直接破坏和地基、斜坡的振动破坏（地裂、地陷、砂土液化、滑坡、崩塌等）；次生灾害则是指大震时造成的河水倾溢，水坝崩塌等引起的水灾、海啸，建筑物破坏引起的火灾、危险物爆炸等。

地震是工程地质的研究对象之一，它是区域稳定性分析的重要因素。这方面的内容着重研究地震波对建筑物的破坏作用，不同工程地质条件场地的地震效应、地震区建筑场地的选择，以及防震、抗震措施的工程地质论证等，为不同地震区各类工程的规划、设计提供依据。

1. 地震的基本知识

地壳内部因岩石破裂发生震动的地方称为震源。震源在地面的垂直投影称为震中。震中可以看作地面上震动的中心，围绕震中一定范围的地区称为震中区，表示一次地震中震害最严重的地区。强烈地震的震中常被称为极震区。

震源与震中之间的距离称为震源深度，通常震源深度在 70km 以内的地震称为浅源地震，70～300km 的称为中源地震，300km 以上的称为深源地震。深度超过 100km 的地震，在地面上不会引起灾害，多数破坏性地震是浅源地震。

在同一次地震影响下，地面上破坏程度相同的各点的连线称为等震线，每次等震线上的地震往往不是只震动一次，而是连续震动多次，其中最大的一次震动叫主震，主震之前发生的震动叫前震，主震之后发生的震动叫余震。震源、震中、等震线的关系如图 3.46 所示。

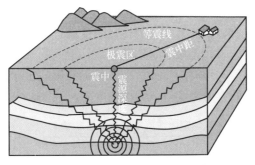

图 3.46 震源、震中、等震线示意图

地震时从震源释放的能量以弹性波的形式向四周传播，称为地震波。地震波有振幅 A 和周期 T，如图 3.47 所示，震源越远，振动越小，在地面表现为距震中越远，震动强度越小，地面破坏程度越轻的等震线。地震波通过地球内部介质传播的波称为体波。体波

经过反射、折射后沿地面附近传播的波称为面波。

体波分为纵波（P波）和横波（S波）。纵波质点振动方向与地震波传播方向一致，即由介质扩张及收缩而传播。纵波在固态、液态及气态物质中均能传播。纵波最先到达，其传播速度是所有地震波中最快的，平均 7～13km/s。横波质点振动方向与传播方向垂直，其传播速度较慢，平均 4～7km/s，约为纵波的 0.5～0.6 倍，横波只能在固体中传播。

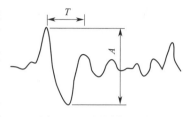

图 3.47 地震周期 T 与振幅 A 示意图

面波又分为瑞利波（R波）和勒夫波（L波），是体波到达地面后激发的次生波，它只在地表传播，向地面以下部分迅速消失。面波波长大、振幅大，传播速度最慢。如图 3.48 所示，仪器记录的地震波，最先到达的是纵波，其次是横波，最后才是面波。当横波和面波同时到达时，地面振动最为强烈，对建筑物的破坏也最大。

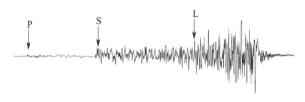

图 3.48　地震波记录图
P—纵波；S—横波；L—面波

2. 震级和烈度

地震震级是表示地震释放能量大小的指标，释放的能量（E）越大，震级（M）就越高。两者的关系为 $\lg E = 11.8 + 1.5M$。5～6 级以上的地震称为破坏性地震，7 级以上的地震称为强烈地震。目前记录到的最大地震震级是 1960 年智利大地震的 8.9 级。

地震烈度是地震产生破坏程度的指标，它与距震中的距离密切相关。地震烈度不仅与震级有关，还和震源深度、距震中距离以及地震波通过的介质条件如岩石性质、地质构造和地下水埋深等多种因素有关。一次地震只能有一个震级，但震中周围地区的破坏程度则随震中距的加大而逐渐减小，形成多个不同地震烈度区。

表 3.2 为地震烈度鉴定表，是根据地震发生后，地面的宏观破坏现象和大量的实际地震观测总结出的地震加速度与地震烈度的关系，根据我国的实际情况编制而成。表中地震系数（K）是地震时地面最大加速度与重力加速度之比。

中国地震烈度鉴定标准表　　　　　　　　　　　　　　　表 3.2

地震烈度	名称	加速度/(m/s²)	地震系数 K	地震情况
Ⅰ	无震感	<0.25	<1/4000	无震感，仅仪器可以记录
Ⅱ	微震	0.26～0.5	1/4000～1/2000	少数在休息中极宁静状态下的人有感觉，住在楼上者更容易感觉
Ⅲ	轻震	0.6～1.0	1/2000～1/1000	少数人感觉地震动（如轻车从旁经过），不能立即判定是否为地震，震动来源方向和继续时间有时可确定

续表

地震烈度	名称	加速度/(m/s²)	地震系数 K	地震情况
Ⅳ	弱震	1.1～2.5	1/1000～1/400	少数在室外的人和绝大多数在室内的人都有感觉,家具等物有些摇动,盘碗及玻璃震动有声,屋梁天花板等有响声,缸里的水或敞口皿中的液体有些荡漾,个别情形惊动睡着的人
Ⅴ	次强震	2.6～5.0	1/400～1/200	差不多人人有感觉,树木摇晃,像有风吹动,房屋及室内物件全部震动,并有响声,悬吊物如帘子、灯笼、电灯等来回摆动,挂钟停摆或乱打,满水器皿中略微溅水,窗户玻璃出现裂纹,睡着的人被惊醒,有些惊逃户外
Ⅵ	强震	5.1～10.0	1/200～1/100	人人有感觉,大多惊骇跑到户外,缸里水剧烈荡漾,墙上挂图、架上的书都会落下来,碗碟器皿打碎,家具移动位置或翻倒,墙上的灰泥发生裂缝,坚固的房屋也不免有些掉落泥灰,不牢固的房屋受到一定损坏,但较为轻微
Ⅶ	损害震	10.1～25.0	1/100～1/40	室内陈设物品和家具损坏甚大,池塘里腾起波浪并翻出浊泥,河岸砂砾处有些崩塌,井泉水位改变,房屋有裂缝,灰泥和雕塑大量脱落,烟囱破裂,骨架建筑的隔墙亦有损坏,不牢固的房屋严重损坏
Ⅷ	破坏震	25.1～50.0	1/40～1/20	树木发生摇摆有时摧折,重的家具物件移动很远或抛翻,纪念碑或人像从座上扭转或倒下。建筑较坚固的房屋,如庙宇等也发生损坏,墙壁间出现裂缝或部分破坏,骨架建筑隔墙倾脱,塔或工厂烟囱倒塌,建筑特别牢固的烟囱顶部亦发生破坏。陡坡或潮湿的地方发生小裂缝,有些地方涌出泥水
Ⅸ	毁坏震	50.1～100	1/20～1/10	建筑较坚固的房屋,如庙宇等损坏颇重,一般砖砌房屋严重破坏,有相当数量的房屋倒塌,不能居住,骨架建筑根基移动,骨架歪斜,地上裂缝很多
Ⅹ	大毁坏震	100.1～250	1/10～1/4	大的庙宇、大的砖墙及骨架建筑连基础遭受破坏,坚固的砖墙产生危险的裂缝,河堤、坝、桥梁、城垣均严重损坏,个别被破坏,钢轨亦挠曲,地下输送管破坏,马路及柏油街道出现裂缝或皱纹,松散、软湿处产生宽而深的长沟,且有局部崩滑,崖顶岩石有部分崩落,水边惊涛拍岸
Ⅺ	灾震	250.1～500	1/4～1/2	砖砌建筑物全部坍塌,大的庙宇与骨架建筑亦只有部分保存,坚固的大桥破坏,桥柱崩坏,钢梁弯曲(弹性大的木桥损坏较轻),城墙开裂崩坏,路基堤坝断开,错离很远,钢轨弯曲且凸起,地下运输线完全破坏,不能使用,地面开裂大,纵横错乱,到处土滑崩塌,地下水夹泥砂,地下涌水
Ⅻ	大灾震	500.1～1000	>1/2	一切人工建筑物无不摧毁,物件抛掷空中,山川风景变异,范围广大,河流堵塞,造成瀑布,湖底升高,地崩山摧,水道改变等

在部分震源深度 10～30km 的浅源地震中,震级与震中烈度(最大烈度)的关系可以根据经验得知,大致见表 3.3。

震级与震中烈度关系 表 3.3

震级(级)	3以下	3	4	5	6	7	8	8以上
震中烈度(度)	1～2	3	4～5	6～7	7～8	9～10	11	12

地震烈度可分为基本烈度、建筑场地烈度和设防烈度。

基本烈度为一个地区在今后 100 年内，在一般场地条件下可能遇到的最大地震烈度。它是根据区域内毗邻地区的地震活动规律，对地震危险性作出的综合平均估计和对未来地震破坏程度的预报。

建筑场地烈度又称小区域烈度，是建筑场地内因地质条件、地貌和地形条件及水文地质条件不同而引起的基本烈度的降低或提高后的烈度。通常建筑场地烈度比基本烈度提高或降低 0.5～1 度。

设防烈度即设计烈度，指抗震设计所采用的烈度。考虑建筑的重要性、永久性、抗震性，以及工程经济性等条件，对基本烈度进行调整，调整后设计采用的烈度称为设防烈度。大多数建筑物不需调整，基本烈度即设计烈度。特别重要的工程提高 1 度时，应按规定报请有关部门批准。对次要建筑，如仓库或辅助建筑，设防烈度可降低 1 度，但基本烈度为 7 度以上时，不应折减。

3. 地震效应

在地震作用下，地面出现的各种震害称为地震效应。地震效应主要有地震作用效应、地震破裂效应、地震液化与震陷效应以及地震激发的地质灾害效应等。

1）地震作用效应

地震作用即地震波传播时，施加于建筑的惯性力。在地震波作用下，建筑物所受到的最大惯性力，即地震作用为

$$P = a_{\max} \cdot \frac{G}{g} = \frac{a_{\max}}{g} \cdot G = K \cdot G \tag{3-2}$$

式中　P——地震作用；

　　　G——建筑物重力；

　　　g——重力加速度；

　　　$a_{\max}$——地面最大加速度；

　　　K——地震系数，$K = \dfrac{a_{\max}}{g}$。

地震时，地震有水平方向和垂直方向矢量。从震源发射出来的体波传播到震中位置时，垂直方向的地震最大。到达地表的振波传播越远，则垂直方向的地震作用越小，直到距震中某一距离为零。此外，面波的质点在地平面内呈表面波动，其水平方向的分量相应地超过垂直分量。所以在地震区离震中越远，作用于建筑物的地震作用就越以水平方向为主。因此，一般抗震设计应考虑水平作用力的影响，同时地震烈度鉴定标准表所示加速度也为水平加速度值。

从震源发出的地震波在土中传播时，经过不同介质界面的多次反射将产生不同周期的地震波。若某一地震波周期与场地土层周期接近，则由于共振作用，地震波振幅被放大，这个周期被称为卓越周期。卓越周期按地震记录统计，即统计一定时间间隔内不同周期地震波的频数，以出现频数最多的振动周期为卓越周期。

根据地震记录统计，不同软硬程度的地基土有不同的卓越周期，卓越周期可划分为 4 级。

（1）Ⅰ级——稳定岩层，卓越周期为 0.1～0.2s，平均 0.15s。

（2）Ⅱ级——一般土层，卓越周期为 0.21～0.4s，平均 0.27s。

（3）Ⅲ级——松软土层，卓越周期在Ⅱ级～Ⅳ级之间。

（4）Ⅳ级——异常松软土层，卓越周期为 0.3～0.7s，平均 0.5s。

地震时由于地面运动的影响，建筑物发生自由振动。一般低层建筑物刚度大，自由振动周期较小，大多小于 0.5s。高层建筑物刚度小，自由振动周期一般在 0.5s 以上。实际情况表明：软土场地上的高层建筑（柔性）与坚硬场地上的刚性建筑的震害严重，主要因为上述场地的卓越周期与建筑刚度不同的自振周期相近有关。为了防止这类震害发生，必须使工程设施的自振周期避开场地的卓越周期。

2）地震破裂效应

地震引发岩石地层破裂位移，形成地震断裂和地裂缝，对建筑物、道路造成极大危害。2008 年，汶川地震发生时，映秀镇至北川的龙门山主断裂带产生巨大的垂直和水平破裂，最大错距 4.5～5m，平均错距为 2m。

3）地震液化与震陷效应

对于饱和粉细砂土，在地震过程中，突然的急速振动使得饱和砂土中的孔隙水压力骤然上升，在地震的短暂时间内，骤然上升的孔隙水压力来不及消散，从而使得有效应力降低。当有效应力完全消失时，砂土完全丧失抗剪强度和承载能力，呈液态特征，这就是砂土液化现象。

地震液化的宏观表现有喷砂冒水和地下砂层液化两种，这两种液化会导致地表沉陷和变形。

4）地震激发的地质灾害效应

地震作用使得斜坡上岩土松动、失稳，发生滑坡、泥石流和崩塌等不良地质现象。特别是震前久雨，更容易发生不良地质现象。例如，2008 年汶川地震造成唐家山大量山体崩塌，泥土冲向湔江河道，形成巨大的堰塞湖。

4. 工程建设中考虑区域构造稳定性的原则

区域构造稳定性影响着工程建筑物的安全、可靠，以及正常运营。工程场地应尽可能选择在区域稳定性良好的地区或地带。

首先应调查研究区域的工程地质条件，特别是区域构造及其应力场，查明最新的构造体系、构造带和最大主压应力的方向和活动特征。

其次仔细研究地震的历史、震级、烈度、震中分布、震源深度、发震机制，以及地震活动规律，并注意特殊地区诱发地震的研究。

最后研究由于构造、地震及火山活动所产生的区域稳定性效应，如地壳升降、褶皱和活动断层，以及规律分布的物理地质现象，如岩崩、滑坡、砂土液化、黏土塑流、地面不均匀沉降等。

在此基础上，便可进行区域稳定性分析分区，划分不稳定的地区、地带、地段和地点，包括现代强烈活动及构造应力集中处，历史上强震震中按其活动周期于 50～100 年内可能重复活动的不稳定地区。地震烈度 6 度以上可以划为不稳定区；震级 6 级以上震中带划分为不稳定带；有明显活动的地方划分为不稳定带。但不稳定带中可能存在次一级的不稳定，也可能存在稳定地带、地段或地点。那些未被划为危险地区，而被划为稳定或次一级稳定的地区，称为"安全岛"。工程建设的场地和地基应选择在这些区域稳定性好的"安全岛"。同时，工程场地或地基应避开活断层带的影响，在构造地震地区应避开极震区，而采取与等震线椭圆轴相平行的方向进行建设布局。

思政故事

中国五大地质构造学派

在以往的地质理论中，无论地质学早期的岩石火成论、水成论，还是近代的大陆漂移和板块学说，都没有中国人的身影。中华人民共和国成立之后，我国地质学家经过独立思考、推陈出新，提出了多个大地构造学说，一时间出现了百家争鸣的中国学派。李四光、张文佑、陈国达、黄汲清、张伯声分别提出了地质力学说、断块构造说、地洼说、多旋回说、镶嵌构造说，被称为"中国五大地质构造学派"，形成开天辟地之势，如图3.49所示。

图 3.49　我国的大地构造理论开天辟地

①地质力学说主张用力学的观点研究地质构造现象，认为地球的自转速度变化对地球上构造的形成起决定作用。②断块构造学说认为，岩石圈固结之后，断裂活动就占据了主导地位。该学说认为断块构造运动的动力来自大陆的深部断裂活动导致的岩浆活动，大陆的扩张导致部分大陆向大洋仰冲，还可以导致大陆边缘的裂解。③地洼说认为，在地壳演化史上，不只活动区可以转化为"稳定"区，而"稳定"区也可转化为新的活动区，其大地构造性质既不是地台，也与地槽有别，而是一种新型活动区，故称地洼。④多旋回说认为，一个地槽系的发生、发展到结束，不只经历一个而是若干个构造旋回（即多旋回），才逐步转化成褶皱系的。⑤镶嵌构造说认为，地球表层的大地构造主要发生在地壳层次，是地壳层次不同块体的拼合过程。

这些理论不仅对我国煤矿、油田、金属矿产的开发具有重要的指导作用，而且在研究地震活动模式方面也有极其重要的现实意义，为百废待兴的我国地质事业的发展作出了杰出贡献。

模块小结

地质年代是认识和掌握地质作用的一把钥匙，地质年代就是按照地球上所发生过的地质事件划分而成，以百万年为单位的年代，依据地质年代可以知道地球上曾经发生过的大的构造运动，由此可探寻地球上大的地质构造的来龙去脉。研究地质构造不但对阐明和探讨地壳运动发生、发展规律有理论意义，而且对工程建设的场址选择、设计和施工都有重要的实际意义。本模块内容对岩层产状、褶皱构造和断裂构造等这些与工程有密切关系的工程地质知识作了理论和实践上的阐述，另外加强了地质图的阅读以及区域稳定性等知识，旨在为今后从事工程建设打下良好的地质基础。

思考题

1. 如何确定岩石的相对地质年代？
2. 地层的接触关系有哪些？该如何进行判断？
3. 岩层的产状要素有哪些？它的表达方法是什么？
4. 简述褶皱的基本形态和褶皱野外识别的方法。
5. 背斜和向斜各有什么特点？
6. 构造节理有几种类型？每种类型的主要特征是什么？
7. 简述断层的基本类型、特征和工程地质意义。
8. 在野外断层识别中，有哪些标志性地貌特征？
9. 裂隙的走向、倾向玫瑰图是如何绘制的？
10. 如何阅读一幅地质图？
11. 地震的震级和烈度有什么区别和联系？
12. 地震引起哪些灾害？
13. 区域构造稳定性分析需要考虑哪些内容？

模块 4

Chapter **04**

岩体及其工程地质问题

📖 **模块导读**

　　岩体是由包含软弱结构面的各类岩石所组成的具有不连续性、非均质性和各向异性的地质体。按岩性、岩石结构和构造等因素对岩体进行分类，明确岩体的结构和构造，采用岩体稳定性分析方法，才能准确地分析岩体稳定性问题，从而对工程地质问题提出解决方案。本模块内容将学习岩体定义、岩体应力状态、岩体质量与工程分级、岩体稳定性分析、岩质边坡的工程稳定性分析及地下硐室的工程稳定性问题等内容。

　　● **基本要求**　通过本模块学习应掌握岩体定义；岩体结构面定义与分类；岩体的天然应力状态分析；岩体结构面的调查方法；岩体的力学特征。

　　● **重点**　岩体结构面类型的划分；岩体结构面野外统计；岩体质量及工程分级。

　　● **难点**　岩体稳定性分析方法。

　　● **思政元素**　（1）不怕困难，敢打硬仗；（2）对症下药，攻坚克难；（3）求真务实，乐于奉献。

任务 4.1　岩体

岩体是地质作用形成的，由岩石组成的岩块及在结构面切割下具有一定结构和构造的地质体。岩体可以是由一种或多种岩石组成，也可以是不同成因岩石的组合体，并在其形成过程中经受了构造变动、风化等各种内外动力地质作用的破坏与改造。因此，岩体被层面、节理、断层、片理面等各种地质界面所切割，使其成为具有一定结构的多裂隙体。这些切割岩体的地质界面称为结构面。

岩体的多裂隙性特点决定了岩体与岩石的工程地质性质有明显不同。两者最根本的区别就是岩体中的岩石被各种结构面所切割。这些结构面的强度与岩石相比要低得多，并且破坏了岩石的连续性和完整性。岩体的工程性质首先取决于这些结构面的性质，其次才是组成岩体的岩石性质。因此，在工程实践中，研究岩体的特征更为重要。

岩体中各种地质界面包括物质界面、断裂面、软弱夹层和溶蚀面，规模大者如断层带，小者如节理都统称为结构面。结构体是岩体中被不同产状的结构面切割成各种形状的单元块体，即岩块。结构面和结构体的组合称为岩体结构，岩体结构特征就是岩体中结构面和结构体两个要素的组合特征。结构面和结构体的特性决定岩体的不均一性和不连续性，因此岩体可视为受结构面切割的结构体的组合。在岩体的变形和破坏中，岩体结构起主导作用。大部分岩体因工程施工、风化作用和环境应力的改变，使得结构体沿着结构面的剪切滑移、拉裂、倾倒，导致发生整体的累积变形和破坏，所以研究岩体的关键在于研究岩体结构，重点在于分析结构面。

1. 结构面

1）结构面的类型及特征

岩体中的结构面是在各种不同的地质作用下生成和发展的，具有一定方向，力学强度相对较低、双向延伸的地质界面。结构面不仅是岩体力学分析的边界，控制着岩体的破坏方式，而且由于其空间的分布和组合，在一定的条件下将形成可滑移或倾倒的块体，如落石、崩塌和滑坡等。

我国学者谷德振将结构面按地质成因不同分为五种类型，并提出岩体质量的评定方法，结构面的类型和主要特征见表 4.1。

岩体结构面类型及其主要特征　　　　表 4.1

成因类型	地质类型	主要特征			工程地质评价
		产状	分布	性质	
原生结构面	沉积结构面	1. 层理层面； 2. 软弱夹层； 3. 不整合面，假整合面； 4. 沉积间断面	一般与岩层产状一致，为层间结构面	在海相岩层中此类结构面分布稳定，构造面在陆相岩层中呈交错状，易尖灭	层面、软弱夹层等结构面较为平整；第3结构面多由碎屑、泥质物构成，起伏粗糙不平整	含泥质碳质等软弱结构，易受结构及次生影响恶化，造成滑坡等危害

67

成因类型	地质类型	主要特征			工程地质评价
		产状	分布	性质	
原生结构面	火成结构面	1. 侵入岩与围岩接触面；2. 岩脉、岩墙接触面；3. 原生冷凝节理；4. 岩浆喷溢时形成的软弱面	岩脉受结构面控制，而原生节理受岩体接触面控制	接触面延伸较远，比较稳定，而原生节理往往短小密集	接触可具熔合及破坏两种不同的特征；原生节理一般张裂而粗糙不平	一般不造成大规模的岩体破坏，但与结构断裂配合，也可形成岩体滑移
	变质结构面	1. 片理；2. 片岩软弱夹层	产状与岩层或构造线方向一致	片理短小，分布极密，片岩软弱夹层延展较远，较固定	结构面光滑、平直，片理在岩体深部往往闭合成隐蔽结构面；片岩软弱夹层含片状矿物，鳞片状；遇水润滑	在变质较浅的沉积变质岩（如千枚岩）的堑坡常见塌方，片岩中软弱夹层，对稳定性影响大
构造结构面		1. 构造节理；2. 断层；3. 层间错动面；4. 破碎带	产状与构造线呈一定关系，层间错动与岩层一致	张性断裂较短小，剪切断裂延展较远；压性断裂（如断层）规模巨大，但有时横断层切割不连续	张性断裂不平直，呈锯齿状，常具次生充填；剪切断裂较平直，具羽状裂隙；压性断裂具多种构造岩，呈带状分布。往往含断层泥糜棱岩	对岩体稳定性影响很大，在许多岩体破坏过程中大多有构造结构面的配合作用
次生结构面		1. 卸荷裂隙；2. 风化裂隙；3. 风化夹层；4. 泥化夹层；5. 次生泥层；6. 溶蚀面；7. 爆破松动带	受地形及原结构面控制	分布上往往呈不连续状透镜体，延展性差，主要在地表风化带内发展	一般为泥质物充填，水理性很差	常在山坡及堑坡上，造成崩塌、滑坡等病害

（1）原生结构面

原生结构面是指在岩体成岩过程中形成的结构面。

①沉积结构面：是在沉积过程形成的物质分界面，包括反映沉积间歇性的层面和层理；显示沉积有间断的不整合和假整合面；由于岩性变化形成的原生软弱夹层，如坚硬石灰石中夹泥灰岩、炭质页岩，在坚硬的砂、砾岩中夹页岩、泥岩等，后期因风化和地下水的作用以及构造变动等易形成泥化夹层，对工程岩体稳定威胁很大。

②火成结构面：火成岩的原生结构面是在岩浆侵入、喷溢和冷凝过程中形成的，包括大型岩浆岩边缘的流层、流线，与围岩的接触面、软弱的蚀变带、挤压破碎带、岩体冷凝时产生的张节理等。接近地表的结构面，经风化后往往形成软弱结构面，或为泥质物所充填。

③变质结构面：是在区域变质中形成的结构面，如片理、片麻理、板理、软弱夹层等。它们是在巨大压力作用下，岩石中鳞片状矿物呈定向排列或薄层平行的特殊构造现象。片理是呈绢丝状的绢云母片聚集体，是千枚岩和片岩的典型特征。片理表面光滑又密集，云母、绿泥石、滑石等片状矿物之间联结力低，遇水软化易构成软弱结构面。

（2）构造结构面

构造结构面是指岩体在构造应力作用下所形成的结构面，存在于构造节理、断层、层间错动面、破碎带等地质类型中。

①剪（扭）裂面：其产状稳定，断面平直，表面光滑多呈闭合状，结构比较紧密，常平行成群出现，将岩石切割成板状，少数情况下出现共轭的X形节理，将岩石切割成菱形块状。

②张裂面：较为短小粗糙，不平整，呈锯齿状，透水性强，常有次生矿物充填。

③挤压面：垂直于最大主应力方向，如褶皱轴面、冲断层或逆掩断层等。以断层角砾岩、断层泥、糜棱岩为主，擦痕一般较陡，岩层与岩脉错开位置，显示上盘向上位移。

（3）次生结构面

次生结构面是指由外动力地质作用形成的结构面。

①卸荷裂隙：岩体中地应力向着临空面释放和调整，如未能适时支护，在重力、地下水和风化作用下，逐步出现裂隙，如开挖路堑、隧道等，在脆性岩体中尤为多见，但在蠕变初期不易觉察。

②风化裂隙：一般沿原生夹层和原有结构面发育，且限于表层风化带内，如原岩含易风化矿物则可延至较深部位。

③泥化夹层及次生夹泥层：在泥岩、炭质页岩、泥质板岩及泥灰岩的顶部较为发育。次生夹泥层主要由地下水带来泥质矿物，在裂隙中重新沉积充填而成。

如图4.1所示为部分结构面的野外例子。在上述结构面中，填充物软弱松散，含黏土矿物多，抗剪强度很低，遇水易软化或泥化。大量的工程实践表明，软弱结构面对岩体稳定性影响很大，边坡岩体的破坏、地基岩体的滑移以及隧道岩体的坍塌，大多数是沿着岩体中的软弱结构面发生的，岩体结构在岩体的变形与破坏中起到了主导作用。

2）软弱夹层的特征

软弱夹层是具有一定厚度的特殊的岩体软弱结构面。它与周围岩体相比，具有显著的低强度和高压缩性，虽在岩体中只占很少的数量，但却是岩体中最关键的部位。其特点是厚度小，层次较多，岩相变化明显，常呈尖灭和互层，对水的作用敏感。变质型的软弱夹层多有绢云母等片状矿物，遇水滑润。图4.1所列四种结构面中有属于软弱结构面的，如沉积岩中常夹有泥灰岩、泥页岩或炭质页岩，称为沉积结构型软弱夹层。

构造型软弱夹层多为层间破碎软弱夹层，如构造角砾岩、糜棱岩和断层泥等。风化型软弱夹层常带有局部性质，其分布随地形地质条件、裂隙产状和水的作用等因素而定。其中泥化夹层多为构造裂隙和层间错动带，是在长期的地下水和风化作用下形成的。夹层中

(a) 沉积结构面

(b) 火成结构面

(c) 构造结构面 (共轭剪节理)

(d) 构造结构面 (断层)

图 4.1　结构面野外示例

的黏土矿物含水率较大时，在软塑状态下的工程性质差。

3）结构面的调查统计方法

为了反映结构面的分布规律及对岩体稳定性的影响，需要进行野外调查和室内资料的整理工作，并用玫瑰花统计图的形式把岩体结构面的分布情况表示出来。调查结构面时，应先在工地选择一代表性的基岩露头，对一定面积内的结构面，根据表 4.1 中的内容进行测量，同时要注意研究结构面的成因和充填情况。测量结构面产状的方法和测量岩层产状的方法相同，为测量方便起见，常用一硬纸片，当结构面出露不佳时，可将纸片插入结构面，用测得的纸片产状，代替结构面的产状。

4）结构面的工程性质评价

对结构面的工程性质评价应说明以下几点内容。

（1）稳定性好、强度大的结构面应是闭合的，或是没有软弱物质，只有后期岩脉所充填。如结构面上有方解石或石英脉，对岩体有补强作用，加强了结构面的强度，称为硬性结构面。

（2）工程性质中等的结构面，如张开较小不连贯的结构面，为粉粒和碎屑物质所充填，黏粒很少量，或结构面是闭合的，但有泥质薄膜微渗水。结构面强度取决于结构面的起伏差、填充物性质及其亲水性。

（3）软弱结构面工程性质差，很可能造成失稳，如原生软弱夹层，夹层中有黏土矿物，次生泥化作用明显，在空间呈连续分布，延展较长，或为两个交叉的切割面形成可能坍塌的楔体。软弱结构面强度最差，如其产状倾斜临空面，则控制着岩体的破坏形式。

（4）岩体的渗透性主要取决于结构面的特性、分布和组合规律，由此构成岩体渗透的不均一性和各向异性。岩体中渗流和渗透压力影响岩体的应力和稳定性，特别是对软弱结构面的软化和泥化起着明显作用，并降低其抗剪强度。

2. 岩体结构

在岩体中被结构面切割的岩块称为结构体，它体现了岩体的内部构造和外貌特征。根据外形特征，结构体可以分为块状、柱状、菱形、锥形、碎块状、板状、楔状等多种，有的致密硬脆，有的疏松柔韧。岩体受构造、变质和风化作用较强烈时，还会变成散粒碎块或鳞片状。岩体结构特征实际上就是结构面和结构体的性状及组合特征的反映，它决定着岩体的物理力学性质和稳定性。综合考虑这些因素，一般将岩体结构划分为六种类型，不同结构类型的岩体，其工程地质性质不同。各类结构类型岩体的基本特征见表 4.2。

岩体结构类型及特征　　　　　　　　　表 4.2

岩体结构类型	岩体地质类型	结构体主要形式	结构面发育情况	结构体特征	岩体工程地质评价
块状结构	厚层沉积岩；火山侵入岩；火山岩；变质岩	块状；柱状	节理为主	大型的方块体、菱块体、柱体；强度一般大于 60MPa	岩体在整体上强度较高，变形特征接近于均质弹性各向同性体，工程地质条件良好，但要注意不利于岩体稳定的平缓节理
镶嵌结构	火山侵入岩；非沉积变质岩	菱形；锥形	节理比较发育，有小断层错动带	形态大小不一，棱角显著，以小、中型块体为主；强度<60MPa	岩体在整体上强度较高，但不连续性较为显著。当边坡过陡时以崩塌形式出现，不易构成较大滑坡体，开挖隧道中很少塌方
碎裂结构	构造破碎较强烈的岩体	碎块状	节理、断层及断层破碎带交叉劈理发育	形状大小不一，以小块体、碎块体为主；含微裂隙，强度<30MPa	岩体完整性破坏较大，其强度受断层及软弱结构面控制，并易受地下水作用影响，岩体稳定性较差，边坡有时出现较大的塌方，宜支护加固
层状结构	薄层沉积岩；沉积变质岩	板状；楔状	层理、片理、节理比较发育	中、大型块体、柱体、菱柱体；强度<30MPa	岩体呈层状，类似同层均一，各层异性介质，边坡稳定与岩层产状关系密切，要结合工程实际考虑，一般岩层水平或倾角大于坡角的较为稳定，如倾向线路并临空，易发生事故，宜早预防
层状碎裂结构	较强烈的褶皱及破碎的层状岩体	碎块状；片状	层理、片理、节理、断层、层间错动发育带	形态大小不一，以小、中型的板柱体、碎块体为主；骨架硬结构体，强度≥30MPa	岩体完整性破坏较大，整体强度降低，软弱结构面发育，易受地下水不利作用，稳定性很差，要求堑坡较缓，适当防护加固
散体结构	断层破碎带；风化破碎带	鳞片状；碎屑状；颗粒状	断层破碎带；风化带；次生结构面	以块度不均的小碎块体、岩屑及夹泥为主；碎块体，手捏即碎	岩体强度遭到极大破坏，接近于松散介质，稳定性最差，开挖后易沿下伏基岩或次生结构面坍塌

以下介绍几种主要的岩体结构：

（1）整体块状结构。结构面稀疏、延展性差、结构体块度大且常为硬质岩石，整体强度高，变形特征接近于各向同性的均质弹性体，变形模量、承载能力与抗滑能力均较高，抗风化能力一般也较强。因而，这类岩体具有良好的工程地质性质，往往是较理想的各类工程建筑地基、边坡岩体及地下工程围岩。

（2）碎裂结构。层状碎裂结构和碎裂结构岩体变形模量小、承载能力均不高，工程地质性质较差。

（3）层状结构。作为工程建筑地基时，其变形模量和承载能力一般均能满足要求。但当结构面结合力不强，有时又有层间错动面或软弱夹层存在，则其强度和变形特性均具各向异性特点，一般沿层面方向的抗剪强度明显比垂直层面方向的更低，特别是当有软弱结构面存在时，更为明显。这类岩体作为边坡岩体时，一般来说，当结构面倾向坡外时要比倾向坡里时的工程地质性质差得多。

（4）散体结构。岩体节理、裂隙很发育，岩体十分破碎，岩石手捏即碎，属于碎石土类，可按碎石土类考虑。

任务 4.2　岩体的天然应力状态分析

岩体中的应力按照形成状态可以分为天然应力和重分布应力。天然应力也称为地应力、原岩应力、初始应力、一次应力，是指早期存在于地壳岩体中的应力。由于工程开挖，一定范围内岩体中的应力受到扰动而重新分布，形成重分布应力，也称为二次应力或扰动应力，在地下工程中称为围岩应力。

岩体是天然状态下长期、复杂的地质作用过程的产物，岩体中的地应力场是多种不同成因、不同时期应力场叠加的综合结果。通常情况下，构造应力和自重应力是地应力中最主要的成分和经常起作用的因素。

1. 自重应力

在重力场作用下生成的应力为自重应力，如图 4.2 所示。其中垂直应力：

$$\sigma_z = \gamma H$$

式中　γ——岩石的重度，kN/m^3；

　　　H——该点的埋深，m；

　　　σ_z——垂直应力，kPa。

另外，由于侧向膨胀引起的泊松效应造成的水平应力：

$$\sigma_x = \sigma_y = \frac{\mu}{1-\mu}\sigma_z = \lambda\gamma H$$

式中　σ_x——x 方向上的水平应力，kPa；

　　　σ_y——y 方向的水平应力，kPa；

　　　μ——泊松比；

　　　λ——侧压力系数，值为 $\frac{\mu}{1-\mu}$，其定义为某点的水平应力与该点垂直应力之比。

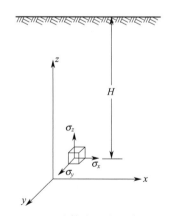

图 4.2　岩体自重应力分解图

对于大多数坚硬岩体，μ 为 0.2～0.3，即 λ 为 0.25～0.43；对于半坚硬岩体，λ 大

于 0.43，且当上覆荷载大、下部岩体呈塑流时，μ 接近 0.5，λ 接近 1，即该点接近于静水平应力状态。

2. 构造应力

地壳运动在岩体内形成的应力称为构造应力。构造应力可分为活动构造应力和剩余构造应力两类。

活动构造应力是指地壳内现在正在积累的能够导致岩石变形和破裂的应力，与区域稳定性和岩体稳定性密切相关。剩余构造应力是古构造运动残留下来的应力。

3. 地应力基本规律

从实测地应力结果中减去岩体自重应力，便可用来评价地质构造应力的特征。构造应力场多出现在新构造运动比较强烈的地区。根据国内外实测地应力资料，最大测深已超过 3km，但大部分测点位于地下 1km 范围之内。从实测地应力资料分析，地应力基本规律可归纳为如下几点：

（1）在浅部岩层，地应力垂直应力值接近于岩体自重应力；大于 3/4 的实测资料表明，水平应力由于构造应力的存在而大于垂直应力。

（2）在深部岩层，如 1km 以下，两者渐趋一致，甚至垂直应力大于水平应力。

（3）水平应力有各向异性。

（4）最大主应力在平坦地区或深层受构造方向控制，而在山区则和地形有关，在浅层往往平行于山坡方向。

（5）由于大多数岩体都经历过多次地质构造运动，组成岩石的各种矿物的物理、力学性质也不相同，因而地应力中的一部分以"封闭"或"冻结"状态存在于岩石中。

4. 地应力的研究意义

构造作用强烈的地区，地应力的变化会引起基坑变形、岸坡变形、岩爆等，对地应力的研究有重要意义，主要有如下几点：

（1）区域稳定性。汶川大地震发生前，地应力变化异常，地震后地应力发生重分布，对于研究区域稳定性有重要意义。

（2）地下硐室稳定性。在高地应力条件下，地质勘察过程中，如遇软岩，则会产生大变形；如遇硬岩，则会发生岩爆现象。

（3）高陡边坡稳定性。高地应力集中在临空面与坡角处，会出现剪切破坏带，易产生倾倒变形。

（4）地基岩体稳定性。高地应力地基岩体易发生基坑底部隆起现象，产生破坏变形。

在工程地质评价中，特别是地下工程建设中，对地应力的分析对工程的安全有十分重要的意义。

任务 4.3 岩体质量及工程分类

影响岩体稳定性的因素很多，有岩性、岩石结构和构造、结构面特征及其组合、岩体结构及其完整性、地下水、地应力等。为了评价这些因素对岩体性质及稳定性的影响，为岩石工程设计和施工提供依据，并保证岩石工程建设与运营安全、经济，工程中引入了工程岩体分类。

1. 工程岩体分类的独立影响因素

（1）岩石材料的质量。主要表现在岩石的强度和变形性质方面，可以通过单轴抗压强度试验以及点荷载试验结果对其进行评价。

（2）岩体的完整性。取决于不连续面的组数和密度，可用结构面组数、间距、岩芯采取率、岩石质量指标（RQD）以及完整性系数作为定量指标对其进行描述，这些定量指标是表征岩体工程性质的重要参数。

（3）地下水的影响。主要表现为渗流、软化、膨胀、崩解、静水压力及动水压力等。

（4）地应力。地应力难以测定，它对工程的影响程度也难以确定，其影响一般在综合因素中反映。

2. 工程岩体分类方法

工程岩体分类方法较多，有定性、半定量和定量等分类方法。考虑的因素也比较多，有考虑单因素和多因素的分类方法，还有考虑施工因素的影响的分类方法。以下给出几种国内外典型的工程岩体分类方法。

（1）按岩石质量指标（RQD）分类。RQD（Rock Quality Designation）是指在钻孔时，用大于 75mm 双层岩芯管、金刚石钻头获取的大于 10mm 的岩芯段累计长度与计算总长度的百分比，即岩芯采取率。迪尔（Deere，1964）提出根据钻探得到的岩芯来定量评价岩体的质量。他认为，钻探时岩芯采取率、岩芯平均长度受岩体的原始裂隙、硬度、均匀性控制，岩体质量好坏取决于长度小于 10cm 以下的细小岩块所占的比例。RQD 值定义为长度大于 10cm 的岩芯总长度与钻进总进尺的比值，以百分数表示，即：

$$RQD = l(>10cm 的岩芯断块长度)/L(岩芯进尺总长度)$$

用 RQD 值来描述岩石工程分级见表 4.3。

按 RQD 值进行的岩石工程分级　　　　　　　　　　　　　　　　　表 4.3

等级	RQD/%	工程分级
Ⅰ	90～100	极好
Ⅱ	75～90	好
Ⅲ	50～75	中等
Ⅳ	25～50	差
Ⅴ	0～25	极差

（2）按岩体地质力学（RMR）分类。Bieniawski（比尼亚夫斯基）提出的岩体地质力学分级（RMR）法最初以300多条隧道的记录为基础，数据库开始主要以非洲的经验为基础，此后在世界范围内不断扩充数据，在1976年第1版得到广泛传播之后，Bieniawski对RMR参数进行了多次修改。目前应用的版本是RMR_{89}。

RMR分级法采用5个岩体特征参数量化值，即岩石强度A_1（点荷载强度系数I_s、单轴抗压强度σ_c）、岩石质量指标A_2（RQD）、结构面间距A_3、不连续结构面特征A_4、地下水A_5，计算出岩体分级基数（RMR_{basic}），然后通过不连续结构面修正系数B，综合计算出标准RMR（或RMR_{89}）值，RMR值为0～100范围内的数值。计算方法如下：

$$RMR_{basic} = A_1 + A_2 + A_3 + A_4 + A_5$$
$$RMR_{89} = RMR_{basic} + B$$

下面详细介绍各个岩体特征参数评分标准。

①岩石强度A_1和岩石质量指标A_2：根据点荷载强度系数I_s、单轴抗压强度σ_c和岩石质量RQD值确定对应项的评分值，见表4.4。

岩石强度和岩石质量指标评分表　　　　　　　　　　表4.4

A_1	完整岩石强度	点荷载强度系数 I_s/MPa	>10	4～10	2～4	1～2	0～1	
		单轴抗压强度 σ_c/MPa	>250	100～250	50～100	25～50	5～25	1～5	<1
	分值		15	12	7	4	2	1	0
A_2	岩石质量RQD		90%～100%	75%～90%	50%～75%	25%～50%	<25%		
	分值		20	17	13	8	3		

②结构面距A_3：对岩体结构面进行调查，统计结构面平均间距进行评分，见表4.5。

结构面间距评分表　　　　　　　　　　表4.5

A_3	结构面间距	>2000mm	600～2000mm	200～600mm	60～200mm	<60mm
	分值	20	15	10	8	5

③不连续结构面特征A_4：对岩体结构面进行调查，对不连续结构面的长度、间距、粗糙程度、填充物情况和结构面处岩石风化程度等进行评分，见表4.6。

不连续结构面特征评分表　　　　　　　　　　表4.6

A_4	不连续结构面特征	表面很粗糙、不连续、未张开、节理壁岩石坚硬	表面粗糙、张开小于1mm、节理壁岩石坚硬	表面粗糙、张开小于1mm、节理壁岩石软化	擦痕面或充填物厚度小于5mm或张开1～5mm、连续	软弱充填物厚度大于5mm，或张开大于5mm、连续
	分值	30	25	20	10	0
	不连续结构面长度	<1mm	1～3mm	3～10mm	10～20mm	>20mm

	分值	6	4	2	1	0
A_4	不连续结构面宽度	无	<0.1mm	0.1~1mm	1~5mm	>5mm
	分值	6	5	4	1	0
	粗糙程度	非常粗糙	粗糙	微粗糙	光滑	擦痕面
	分值	6	5	3	1	0
	空隙填充物	无	硬填充物小于5mm	硬填充物大于5mm	软填充物小于5mm	软填充物大于5mm
	分值	6	4	2	2	0
	岩石风化程度	未风化	轻微风化	中等风化	严重风化	分解
	分值	6	5	3	1	0

④地下水 A_5：根据隧道掘进过程中地下水水量和水压的测定以及渗漏水情况直观判断并进行评分，见表4.7。

地下水条件评分表 表4.7

	隧道每10m的进水量/(L/min)	无	<10	10~25	25~125	>125
A_5	水压/MPa	0	<0.1	0.1~0.2	0.2~0.5	>0.5
	总体特征	整体干燥	潮湿	湿	滴水	流水
	分值	15	10	7	4	0

⑤不连续结构面方向修正系数 B：根据不连续结构面的走向和隧道轴线的关系、隧道掘进方向和不连续结构面的倾角，评定不连续结构面的影响程度，见表4.8，然后确定不连续结构面方向修正系数，见表4.9。

不连续结构面影响程度评价表 表4.8

不连续结构面的走向和隧道轴线的关系		
走向垂直于隧道轴线	走向平行于隧道轴线	
隧道沿倾向方向掘进	倾角45°~90°：很好	倾角20°~45°：一般
倾角45°~90°：很好　倾角20°~45°：好		
隧道逆倾向方向掘进	倾角0°~20°：一般(不考虑方向)	
倾角45°~90°：一般　倾角20°~45°：差		

不连续结构面方向修正系数 B 评分表 表4.9

不连续结构面走向及倾角	很好	好	一般	差	极差
分值	0	−2	−5	−10	−12

⑥围岩级别划分：通过对围岩的 A_1~A_5 的5个岩体特征参数和修正系数 B 进行评分，然后计算出 $RMR_{89}=A_1+A_2+A_3+A_4+A_5+B$ 值，可得出围岩的级别，见表4.10。

围岩级别划分表　　　　　　　　　　　　　　　　表 4.10

RMR₈₉ 值	100～81	80～61	60～41	40～21	＜21
围岩级别	Ⅰ	Ⅱ	Ⅲ	Ⅳ	Ⅴ
评价结论	岩质非常好	岩质好	岩质一般	岩质差	岩质极差

（3）我国《工程岩体分级标准》GB/T 50218—2014 定级方法。根据该标准，岩体基本质量分级，应根据岩体基本质量的定性特征和岩体基本质量指标（BQ）两者相结合确定，见表 4.11。

岩体基本质量分级　　　　　　　　　　　表 4.11

4-1

岩体基本质量分级

基本质量级别	岩体基本质量的定性特征	岩体基本质量指标（BQ）
Ⅰ	坚硬岩，岩体完整	＞550
Ⅱ	坚硬岩，岩体较完整； 较坚硬岩，岩体完整	451～550
Ⅲ	坚硬岩，岩体较破碎； 较坚硬岩或软硬岩互层，岩体较完整； 较软岩，岩体完整	351～450
Ⅳ	坚硬岩，岩体破碎； 较坚硬岩，岩体较破碎至破碎； 较软岩或软硬岩互层，且以软岩为主，岩体较完整至较破碎； 软岩，岩体完整至较完整	251～350
Ⅴ	较软岩，岩体破碎； 软岩，岩体较破碎至破碎； 全部极软岩及全部极破碎岩	≤250

岩体基本质量的定性特征，按岩石坚硬程度和岩体完整程度组合来确定，见表 4.12 和表 4.13。

岩石坚硬程度的定性划分　　　　　　　　　　　表 4.12

名称		定性鉴定	代表性岩石
硬质岩	坚硬岩	锤击声清脆，有回弹，震手，难击碎；浸水后大多无吸水反应	未风化至微风化的花岗岩、正长岩、闪长岩、绿辉岩、玄武岩、安山岩、片麻岩、石英片岩、硅质板岩、石英岩、硅质胶结的砾岩、石英砂岩、硅质石灰岩等
	较坚硬岩	锤击声较清脆，有轻微回弹，稍震手，较难击碎；浸水后，有轻微吸水反应	弱风化的坚硬岩； 未风化至微风化的熔结凝灰岩、大理岩、板岩、白云岩、石灰岩、硅质胶结的砂岩等
软质岩	较软岩	锤击声不清脆，无回弹，较易击碎；浸水后，指甲可刻出印痕	强风化的坚硬岩； 弱风化的较坚硬岩； 未风化至微风化的凝灰岩、千枚岩、砂质泥岩、泥灰岩、泥质砂岩、粉砂岩、页岩等
	软岩	锤击声哑，无回弹，有凹痕，浸水后，手可掰开	强风化的坚硬岩； 弱风化至强风化的较坚硬岩； 弱风化较软岩； 未风化的泥岩等

77

续表

名称		定性鉴定	代表性岩石
软质岩	极软岩	锤击声哑，无回弹，有较深凹痕，手可捏碎；浸水后，可捏成团	全风化的各种岩石；各种半成岩

岩石单轴饱和抗压强度 R_b 与定性划分的岩石坚硬程度的对应关系 表 4.13

R_b/MPa	>60	60～30	30～15	15～5	≤5
坚硬程度	硬质岩		软质岩		
	坚硬岩	较坚硬岩	较软岩	软岩	极软岩

岩体完整程度定量指标应采用实测的岩体完整性系数 K_v，见表 4.14；当无条件取得实测值时，也可用岩体体积节理数 J_v，见表 4.15。

岩体完整性程度定量指标 表 4.14

K_v	>0.75	0.75～0.55	0.55～0.35	0.35～0.15	<0.15
完整程度	完整	较完整	较破碎	破碎	极破碎

注：岩体完整性系数 K_v 指岩体声波纵波速度与岩石声波纵波速度之比的平方。

J_v 与 K_v 对照表 表 4.15

J_v	<3	3～10	10～20	20～35	>35
K_v	>0.75	0.75～0.55	0.55～0.35	0.35～0.15	<0.15

注：岩体体积节理数 J_v 指单位岩体体积内的节理（结构面）数目。

对工程岩体进行初步定级时，宜按表 4.11 规定的岩体基本质量分级作为岩体级别。对工程岩体进行详细定级时，应在岩体基本质量分级的基础上，结合不同类型工程的特点，考虑地下水状态、初始应力状态、工程轴线或走向的方位与主要软弱结构面产状的组合关系等必要的修正因素，确定各类工程岩体的基本质量指标修正值。

任务 4.4 岩体稳定性分析

随着工程建设向地下更深更广地发展，大量的工程实践证明，工程中岩体稳定性问题大致分为三类：路堑边坡的稳定性问题、路桥地基稳定性问题与隧道围岩的稳定性问题。

岩体稳定性是指在一定的时间内、一定的自然条件和人为因素的影响下，岩体不产生破坏性的剪切滑动、塑性变形或张裂破坏。剪切滑动是最常见和最主要的破坏方式。

分析岩体稳定性的主要方法可以分为三类：①定性分析法，有工程地质类比法、结构分析法；②定量分析法，有极限平衡法、有限元法、离散元法、模型试验法等；③半定量分析法，有图解法、可靠度法。

1. 岩体稳定性分析实质

工程中岩体的滑移破坏，往往是一部分不稳定的结构体沿着某些结构面拉开，并沿着另一些结构面向一定的临空面滑移的结果。这就揭示了岩体稳定性破坏必须具备的边界条件：切割面、滑动面和临空面。

岩体稳定性分析的实质就是：通过对岩体结构要素的分析，明确岩体滑移破坏的上述边界条件是否具备，并对岩体的稳定性作出判断。

岩体稳定性分析步骤可大致分为：首先对岩体中发育的结构面的类型、产状及特征进行调查、统计、研究；然后对各种结构面及其空间组合关系以及结构体的立体形式进行图解分析；最后，对岩体的稳定性作出评价。

下面，对评价岩体稳定性常用的赤平极射投影图法进行介绍。

2. 岩体稳定的结构分析——赤平极射投影图法

岩体结构的图解分析，在实践中多采用赤平极射投影并结合实体比例投影来进行。赤平极射投影方法，主要用于岩质边坡的稳定性分析、工程地质勘测资料分析、地下硐室围岩稳定性分析等。利用赤平极射投影来表示测度空间上的平面、直线的方向、角度和角距，用图解的方法代替繁杂的公式运算，并可达到相当的精度。

利用赤平极射投影图可以初步判断边坡的稳定性，具体如下。

（1）当结构面或结构面交线的倾向与坡面倾向相反时，边坡为稳定结构。

（2）当结构面或结构面交线的倾向与坡面倾向基本一致但其倾角大于坡角时，边坡为基本稳定结构。

（3）当结构面与结构面交线的倾向与坡面倾向之间夹角小于 45° 且倾角小于坡角时，边坡为不稳定结构。

赤平极射投影原理为：点的投影是点，线段的投影是线段，面的投影是圆弧。如图 4.3 所示，ABCD 为一过球心的倾斜结构面，与赤道平面的夹角为 α。自 S 极仰视 ABC 面，则其在赤道平面上的投影为一圆弧 AMC。若将赤道平面从球中拿出来：AC 为结构面的走向线，其所指示的方位角为结构面的走向；MO 为结构面的倾向；FM 的长度反映了结构面倾角的大小。

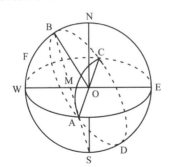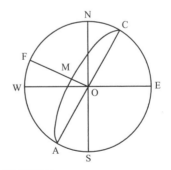

图 4.3　赤平极射投影原理

利用赤平极射投影图可初步判断岩体结构的稳定性；推断边坡的稳定坡角；确定滑动面、切割面、临空面的产状；确定不稳定体滑动的方向。

[**例 4.1**] 已知结构面走向 N80°W，倾向 SW，倾角 50°，与边坡斜交。边坡走向 N50°W，求稳定坡角。

解：据结构面的产状，绘制结构面的赤平极射投影 A—A′，和最小抗切面的赤平极射投影 B—B′，因为最小抗切面与结构面垂直，并直立，所以最小抗切面的走向为 N100°E，倾向 90°。它与结构面相交于 M 点。MO 即为两者的组合交线的倾向。根据边坡的走向和倾向通过 M 点，利用投影网求出稳定边坡的投影弧 DMD′。据边坡 DMD′，利用投影网，可求得边坡 DMD′ 的倾角，此倾角为推断的稳定坡角（54°），如图 4.4 所示。

[**例 4.2**] 若已知两结构面 J_1 和 J_2 的产状为 240∠60°、160∠50°，而设计边坡走向为 NW310°，倾向 SW220°，求边坡的稳定坡角。

解：先作两结构由 J_1 和 J_2 大圆弧交于 B 点，再作设计边坡面走向线的投影 AA′，并过点 A、B、A′ 作大圆弧，即为所求的边坡面，读得边坡的稳定角为 52°，如图 4.5 所示。

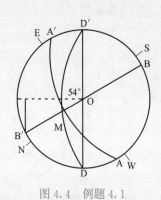

图 4.4　例题 4.1　　　　　　　图 4.5　例题 4.2

任务 4.5　岩质边坡的工程稳定性分析

1. 影响边坡稳定性的因素

边坡的稳定性与许多因素有关，影响较大的有以下几个方面。

1）岩体性质

（1）岩石的工程地质性质：岩石的力学性质决定了边坡失稳的方式。坚硬岩石边坡失稳以崩塌和结构面控制型失稳为主；软弱岩石边坡失稳以应力控制失稳为主。对由其他因素决定的边坡，岩石的工程地质越优良，边坡稳定性越好。

（2）岩体结构：岩体结构表现为结构面的发育程度、规模、连通性、充填程度及充填物质成分和结构面的产状对边坡稳定性的影响。在评价结构面对边坡稳定性的影响时，要特别注意结构面的产状与边坡面的相互关系。结构面与边坡面的组合不同，边坡的稳定性也不同，当结构面与边坡面反倾或结构面与陡坡顺倾时（倾角大于坡角）边坡稳定；当结构面与边坡顺倾时（倾角小于坡角），易发生边坡失稳。

2）水文地质条件

"十个边坡九个水"，这句话形象地反映了边坡失稳往往与地下水的活动有密切的关系这一客观事实。水文地质条件包括地下水的赋存、补给、径流和排泄条件。地下水的富集程度的提高，一方面增大坡体下滑力，另一方面降低软弱夹层和结构面的抗剪程度，引起孔隙水压力上升，降低滑动面上的有效压力，导致滑动面的抗滑力减小。因此，地下水富集程度的改变相应地引起边坡稳定性发生改变。有不少边坡失稳与边坡水文地质条件恶化有关，而治理边坡也往往是由于改善了水文地质条件而获得成功。

3）新构造运动

新构造运动往往引起边坡形态、产状及水文地质条件的改变，从而导致边坡失稳。强烈的新构造运动，对边坡稳定性影响极大，如地震往往伴有大量的边坡失稳。这是由于地震作用产生地震附加力，当水平地震附加力的作用方向不利时，边坡的下滑力增大，滑动面的抗滑力减小。另外，在地震作用下，岩土中的孔隙水压力增加和岩土体强度降低，均会对边坡的稳定性产生不利影响。

4）地貌因素

边坡的形态和规模等地貌因素对边坡稳定性的影响是显而易见的。不利形态和规模的边坡往往在坡顶产生张应力，并引起张裂缝，而坡脚产生的强烈的剪应力，会形成剪切破坏带，这些作用极大地降低边坡的稳定性。边坡面与地质结构面的不利组合还会导致边坡结构面控制性失稳。

5）气候因素

大气降雨是地下水的主要补给源。气候类型不同，大气降雨量也不同。由于不同地区的大气降雨量不同，即使其他条件相同，边坡的稳定性也不同。暴雨或长期降雨以及融雪过后，会出现边坡失稳增多的现象，这说明大气降雨等对边坡的稳定性有很大的影响。大气降雨、融雪的增加提高了地下水的补给量，一方面降低岩体的强度，增加孔隙水的压力，使边坡滑动面的抗滑能力降低，另一方面增大边坡的下滑力，两者结合起来极大地降低了边坡的稳定性，从而导致裂隙增加、扩大、影响边坡稳定性。岩石风化速度、风化层厚度以及岩石风化后的物理变化和化学变化（矿物成分改变）均与气候有关。

6）风化作用

风化作用使岩土的抗剪强度减弱，裂隙增加、扩大，影响边坡的形状和坡度，透水性增加，使地面水易于侵入，改变地下水的动态；岩体裂隙风化时，可使岩土体脱落或沿斜坡发生崩塌、堆积、滑移等。

7）人类的工程活动因素

这方面主要是指人类工程活动对坡体引起的应力不平衡导致的边坡失稳。

（1）开挖削坡。不当的开挖坡脚会造成边坡临空面过大，坡脚压重不够，降低了边坡滑动面的抗滑力，造成边坡失稳。开挖对变形的影响，不仅是由于应力变化产生瞬时变形，还有由此产生的蠕变，而且由于开挖并非瞬时结束，又会对后期蠕变产生影响。

（2）坡顶加载。对边坡稳定性产生的不利因素表现在两方面：一是在增加坡体下滑力的同时，没有成比例地增加滑动面的抗滑力；二是加大了坡顶张应力和坡脚剪应力的集中程度，使边坡岩土破坏，强度降低，因而引起边坡稳定性降低。当边坡加载物为松散物时，情况就更为严重，因为松散加载物能减少大气降雨的地表径流，增加大气降雨的入渗量，也会降低边坡的稳定性。

（3）地下开挖。地下开挖首先引起边坡地表移动，当地表移动到一定程度时，在边坡坡顶附近拉裂，并出现拉裂缝，坡脚附近出现剪切破坏带。当边坡岩土破坏较严重时，拉裂缝与剪切破坏带贯通或近乎贯通，边坡滑动面的抗滑力急剧下降，边坡的稳定性显著降低，甚至失稳。

（4）爆破振动。开挖放炮产生爆破动荷载，其振动作用产生的地震惯性力对边坡稳定也产生不利影响。由于爆破振动的频繁作用使边坡岩土体原有裂隙、层理产生扩张或错动，降低了岩土体结构面的抗剪性能，减小摩擦阻力，降低了边坡稳定性。

2. 岩石边坡变形破坏的基本形式

我国是一个多山的国家，地质条件十分复杂。山区道路、房屋多傍河而建或穿越分水岭，因而会遇到大量的岩质边坡稳定问题。边坡的变形破坏，会影响工程建筑物的稳定和安全。

岩质边坡的变形是指边坡发生局部位移或破裂，没有发生显著的滑移或滚动，不致引起边坡整体失稳的现象。而岩质边坡的破坏是指边坡岩体以一定速度发生了较大位移的现象，如边坡岩体的整体滑动、滚动和倾倒。变形和破坏在边坡岩体变化过程中是紧密相关的，变形可能是破坏的前兆，而破坏则是变形进一步发展的结果。边坡岩体变形破坏的基本形式可概括为松动、松弛张裂、蠕动、剥落、滑移破坏、崩塌落石等。

（1）松动

边坡形成初始阶段，坡体表部往往出现一系列与坡向近于平行的陡倾角张开裂隙，被这种裂隙切割的岩体便向临空方向松开、移动，这种过程和现象称为松动。它是一种斜坡卸荷回弹的过程和现象。

存在于坡体的褶皱松动裂隙，有些是在应力重分布中新生的，但大多是沿原有的陡倾角裂隙发育而成。它仅有张开而无明显的相对滑动，张开程度及分布密度由坡面向深处逐渐减小。在维持坡体应力不再增加和结构强度不再降低的前提下，斜坡现场不会剧烈发展，坡体稳定性不致被破坏。

边坡常有各种松动裂隙，实践中把发育有松动裂隙的坡体部位，称为边坡卸荷带，此处可称为边坡松动带。其深度通常用坡面线与松动带内侧界线之间的水平间距来度量。

边坡松动使坡体强度降低，又使各种应力因素更易深入坡体，加大坡体内各种应力因素的活跃程度。边坡松动是边坡变形与破坏的初始变形，所以，划分卸荷带，确定松动带范围，研究松动带内岩体特征，对论证边坡稳定性，特别是确定开挖深度或灌浆范围，都具有重要意义。

边坡松动带的深度，除与坡体本身的结构特征有关外，主要受坡形和坡体原始应力状态控制。显然，坡度越高、越陡，地应力越强，边坡松动裂隙便越发育，松动带深度也越大。

（2）松弛张裂

松弛张裂是指边坡岩体由卸荷回弹而出现的张开裂隙的现象。松弛张裂是在边坡应力调整过程中出现的变形。例如，由于河谷的不断下切，在陡峻的河谷岸坡上形成卸荷裂隙；路堑边坡的开挖可使岩体中原有的卸荷裂隙进一步发展，或者由于开挖也可能形成新的卸荷裂隙。这种裂隙通常与河谷坡面、路堑边坡面相平行，如图 4.6 所示。而在坡顶或堑顶，卸荷引起的拉应力作用会形成张裂带。边坡越高、越陡，张裂带也越宽，如通过大渡河谷的成昆铁路，有的路堑边坡堑顶紧接着高陡的自然山坡，其上的张裂带宽度可达一二百米，自地表向下的深度也可达百米以上。一般来说，路堑边坡的松弛张裂变形多表现为顺层边坡层间结合的松弛、边坡岩体中原有节理裂隙的进一步扩展以及岩块的松动等现象。

（3）蠕动

蠕动是指边坡岩体在重力作用下长期缓慢地变形。这类变形多发生于软弱岩体（如页岩、千枚岩、片岩等）或软硬互层岩体（如砂岩页岩互层、页岩灰岩互层等）中，常形成挠曲型变形。边坡岩体为反倾向的塑性薄层岩层

图 4.6　岩体松弛张裂（卸荷裂隙）

时，向临空面一侧发生弯曲，形成"点头弯腰"变形，很少折断，如贵昆大海哨一带就有这种岩体变形。边坡岩体为倾坡向的塑性岩层时，在边坡下部常产生揉皱型弯曲，甚至发生岩层倒转，如成昆线铁西滑坡附近就有这种变形。由于这种变形是在地质历史期中长期缓慢地形成的，因此，在边坡上见到的这类变形都是自然山坡的变形。当人工开挖边坡切割山体时，边坡上的变形岩体在风化作用和水的作用下，某些岩块可能沿节理转动，出现倾倒式的蠕动变形现象。变形再进一步发展，可使边坡发生破坏。

边坡蠕动大致可分为表层蠕动和深层蠕动两种基本类型。

①表层蠕动

边坡浅部岩土体在重力的长期作用下，向临空面方向缓慢变形构成一个剪变带，其位移由坡面向坡体内部逐渐降低直至消失，这便是表层蠕动。

破碎的岩质边坡及疏松的土质边坡，表面蠕动甚为典型。当坡体剪应力还不能形成连续滑动面之前，会形成一个剪变带，出现缓慢的塑性变形。

岩质边坡的表层蠕动，常称为岩层末端"挠动现象"，系岩层或层状结构面较发育的岩体在重力的长期作用下，沿结构面滑动和局部破裂而成的屈曲现象。

表层蠕动的岩层末端挠曲，广泛分布于页岩、薄层砂岩或石灰岩、片岩、石英岩，以及破碎的花岗岩体构成的边坡上。软弱结构面越密集，倾角越陡，走向越近于坡面走向时，其发育越明显。它使松动裂隙进一步张开，并以纵深方向发展，影响深度有时竟达数十米。

②深层蠕动

深层蠕动主要发育在边坡下部或坡体内部，按其形成机制特点，深层蠕动有软弱基座蠕动和坡体蠕动两类。

坡体基座产状较缓且有一定厚度的相对软弱岩层，在上覆层重力作用下，基座部分向临空方向蠕动，并引起上覆层的变形与解体，是软弱基座蠕动的主要特征。软弱基座塑性较大，坡脚主要表现为向临空方向蠕动、挤出；而软弱基座中若存在脆性夹层，它可能沿张性裂隙发生错位。软弱基座蠕动只引起上覆岩体变形与解体，上覆岩体中软弱层会出现"揉曲"，如脆性层又会出现张性裂隙。当上覆岩体呈脆性时，张性裂隙会产生不均匀断陷，使上覆岩体破裂解体。上覆岩体中裂隙由上向下发展，且其下端因软弱岩层向坡外牵动而显著张开。此外，当软弱基座略向坡外倾斜时，蠕动更进一步发展，使被解体的上覆岩体缓慢地向下滑移，且被解体的岩块之间可完全失去联结，如同飘浮在下伏软弱基座上。

坡体沿缓倾结构面向临空方向的缓慢移动变形，称为坡体蠕动。它在卸荷裂隙较发育

并有缓倾结构面的坡体中比较普遍；有缓倾结构面的岩体又发育有其他陡倾裂隙时，构成坡体蠕动的基本条件。若缓倾结构面夹泥，抗滑力很低，会使坡体在重力的作用下产生缓慢的移动变形。这样，坡体必然发生微量转动，使转折处首先遭到破坏。这里首先出现张性羽裂，将转折端切断（切角滑移）；继续破坏，形成次一级剪切面，并伴随有架空现象；进一步便会形成连续滑动面。滑面一旦形成，其推滑力超过抗滑力，便导致边坡破坏。

（4）剥落

剥落是指边坡岩体在长期风化作用下，表层岩体破坏成岩屑和小块岩石，并不断向坡下滚落，最后堆积在坡脚，而边坡岩体基本上是稳定的。产生剥落的原因主要是各种物理风化作用使岩体结构发生破坏。如阳光、温度、湿度的变化、冻胀等，都是表层岩体不断风化破碎的重要因素。对于软硬相间的岩石边坡，由于软弱易风化的岩石常常先风化破碎，所以，首先发生剥落，从而使坚硬岩石在边坡上逐渐突出，在这种情况下，突出的岩石可能发生崩塌。因此，风化剥落在软硬互层边坡上可能引起崩塌。

（5）滑移破坏

滑移破坏是指边坡上的岩体沿一定的滑移面向下移动的现象，它是岩质边坡岩体常见的变形破坏形式之一。在边坡中具体破坏形式多为顺层滑动和双面楔形体滑动。

（6）崩塌落石

崩塌是指陡坡上的巨大岩体在重力作用下突然向下崩落的现象；而落石是指个别岩块向下崩落的现象。

4-2

一组结构面边坡稳定性分析

3. 岩质边坡稳定性分析方法

岩质边坡稳定性分析可分情况讨论。

（1）当边坡上发育一组结构面，其走向和边坡走向一致时，若倾向相反，结构面投影弧位于边坡投影弧对侧半圆内，则属于稳定的边坡，如图 4.7(a) 所示；若倾向相同，结构面投影弧位于边坡投影弧同侧半圆内，如结构面的倾角大于边坡倾角，结构面投影弧在边坡投影弧内，则属于基本稳定的边坡，如图 4.7(b) 所示；若结构面的倾角小于边坡倾角，结构面投影弧在边坡投影弧外，则属于不稳定的边坡，如图 4.7(c) 所示。

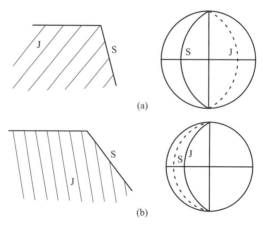

图 4.7　一组结构面（走向倾向平行）岩质边坡稳定性分析（一）

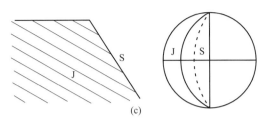

图 4.7　一组结构面（走向倾向平行）岩质边坡稳定性分析（二）

当结构面走向和边坡走向斜交时，这种情况下的稳定性分析，边坡一般是稳定的，若边坡破坏，则应同时满足以下两个条件：一是边坡破坏一定是沿着结构面进行的；二是有一直立的并垂直于结构面的最小抗剪面作为切割面；结构面与最小抗剪面所夹的楔形体为不稳定体。

稳定坡角确定：将楔形不稳定体全部挖除的边坡为稳定边坡，其坡角为稳定坡角，即稳定坡角为两结构面交线的倾角。

（2）当边坡上发育两组结构面，坡体上表面水平时，当两组结构面的投影交点位于边坡投影对侧时，属于稳定边坡，如图 4.8（a）所示；当两组结构面的投影交点位于边坡投影同侧时：若位于边坡投影弧内部属于基本稳定边坡，如图 4.8（b）所示；若位于边坡投影弧外部，则属于不稳定边坡，如图 4.8（c）所示。

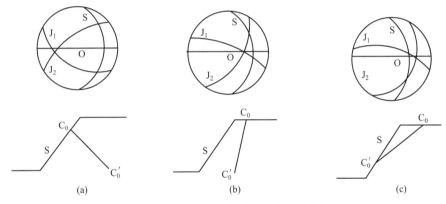

图 4.8　两组结构面岩质边坡稳定性分析

任务 4.6　地下硐室的工程稳定性分析

地下硐室是指在地下岩土体中人工开挖或天然存在的作为各种用途的构筑物，按用途分为矿山井巷（竖井、斜井、巷道）、交通隧道、水工隧道、地下厂房（仓库）、地下军事工程等。修建地下硐室，必然要进行岩土体开挖。开挖将使工程周围岩土体失去原有的平衡状态，使其在一个有限的范围内产生应力重新分布，这种新出现的不平衡应力没有超过围岩的承载能力，岩体就会自行平衡；否则，将引起岩体产生变形、位移甚至破坏。

1. 影响地下硐室围岩稳定性的因素

在岩石地下工程中，由于受开挖影响而发生应力状态改变的周围岩体，称为围岩。围岩在开挖隧道时的稳定程度乃是岩体力学性质的一种表现形式。因此，影响岩体力学性质的各种因素在这里同样起作用，只是各自的重要性有所不同，可分为以下几种。

（1）岩体结构特征

岩体结构特征是长时间地质构造运动的产物，是控制岩体破坏形态的关键。从稳定性分类的角度来看，岩体结构特征可以简单地用岩体的破碎程度或完整性来表示。在某种程度上它反映了岩体受地质构造作用严重的程度。实践表明，围岩的破碎程度对坑道的稳定与否起主导作用，在相同岩性的条件下，岩体越破碎，坑道就越容易失稳。因此，在近代围岩分类法中，都已将岩体的破碎或完整状态作为分类的基本指标之一。

（2）结构面性质和空间的组合

在块状或层状结构的岩体中，控制岩体破坏的主要因素是软弱结构面的性质，以及它们在空间内的组合状态。对于隧道来说，围岩中存在单一的软弱面，一般并不会影响坑道的稳定性。只有当结构面与隧道轴线相互关系不利时，或者出现两组或两组以上的结构面时，才能构成容易坠落的分离岩块。例如，有两组平行但倾向相反的结构面和一组与之垂直或斜交的陡倾结构面，就可能构成屋脊形分离岩块。至于分离岩块是否会塌落或滑动，还与结构面的抗剪强度以及岩块之间的相互连锁作用有关。

（3）岩石的力学性质

在整体结构的岩体中，控制围岩稳定性的主要因素是岩石的力学性质，尤其是岩石的强度。一般来说，岩石强度越高，坑道越稳定。在围岩分类中所说的岩石强度指标，都是指岩石的单轴饱和极限抗压强度。因为这种强度的试验方法简便，数据离散性小，而且与其他物理力学指标有良好的换算关系。

（4）围岩的初始应力场

围岩的初始应力场是隧道围岩变形、破坏的根本作用力，直接影响围岩的稳定性。

（5）地下水状况

隧道施工的实践证明，地下水是造成施工塌方，使隧道围岩丧失稳定的最重要因素之一，因此，在围岩分类中切不可忽视。

（6）人为因素

施工等人为因素也是造成围岩失稳的重要条件。其中尤其以坑道的跨度、形状以及施工中所采用的开挖方法等影响较为显著。

①坑道跨度、形状

实践表明，在同一类围岩中，坑道跨度越大，坑道围岩的稳定性就越差，因为岩体的破碎程度相对加大了。

②施工中所采用的开挖方法

从施工技术水平来看，开挖方法对隧道围岩稳定性的影响较为明显，在分类中必须予以考虑。例如，在同一类岩体中，采用普通爆破法还是控制爆破法、采用矿山法还是掘进机法、采用全断面一次开挖还是小断面分部开挖，对隧道围岩的影响都各不相同。所以，大多数围岩分类法都是建立在相应的施工方法的基础上的。

2. 地下硐室的变形与破坏

地下开挖破坏了岩体天然应力的相对平衡状态，硐室周边岩体将向开挖空间松胀变形，使围岩中的应力产生重分布作用，形成新的应力状态，称为重分布应力状态。在这样的作用下，硐室围岩将向硐内产生变形位移，根据不同的变形机制，变形特征见表4.16。

地下硐室围岩的变形特征　　　　　　　　　　　　　表 4.16

序号	变形机制	变形方式	变形特征	岩体结构条件
1	脆性破坏	岩爆、开裂	硐室开挖时围岩岩爆或岩柱劈裂	整体状及块状岩体，岩性坚硬
2	块体运动	滑落、滑动和转动	块体沿结构面拉开或滑动，在硐顶表现为滑塌，在硐壁表现为滑落，在动荷载作用下可产生倒塌或抛掷	裂隙块状岩体、受贯穿结构面切割的块状岩体，有软弱结构面切割的层状岩体
3	弯曲折断	弯曲、折断和塌落	表现为岩层向临空面弯曲、折断，并崩塌，在边墙上可表现为倾倒	层状岩体、薄层或软硬互层岩体
4	松动解脱	塌落、边墙垮塌、石流	表现为崩塌或滑动，岩体碎裂松动，解脱而散开	岩体为块状夹泥碎裂结构，镶嵌结构
5	塑性变形	塑性剪切破坏、低鼓收缩	表现为围岩的塑性变形，硐体收缩，或局部挤出和剪切破坏	碎块碎裂结构及层状碎裂结构，松散结构

在坚硬完整的岩体中开挖地下硐室，围岩一般是稳定的，但是在高地应力地区，经常产生岩爆现象。岩爆是储存有很大弹性应变能的岩体，在开挖卸载后，能量突然释放所形成的。它与岩石性质、地应力聚集水平及硐室断面形状等因素有关。图 4.9 所示为隧道施工时发生岩爆场景。

图 4.9　隧道工程现场发生岩爆导致衬砌失效

4-3

提高地下硐室
稳定性措施

3. 地下硐室的稳定性措施

地下硐室的稳定性是指地下硐室周围岩土体的稳定程度。一般认为，硐穴断面的大小与其稳定性呈线性关系，多硐口硐的通风条件好，湿度较小，有利于稳定。地下硐室的稳定性分析，必须首先根据工程所在的天然应力状态确定围岩中重分布应力的大小和特点；研究围岩应力与变形和强度的关系，进行稳定性评价；确定围岩压力和围岩抗力的大小与分布情况，以作为地下硐室设计和施工的依据。

提高地下硐室围岩稳定性的措施有：

（1）支护与衬砌

支护是在硐室开挖过程中，用作稳定围岩的临时措施。按照选用的材料不同，有木支撑、钢支撑及混凝土支撑等。在不太稳定的岩体中开挖时，须及时进行支护以防止围岩早期松动。

衬砌是加固围岩的永久性工程结构。衬砌的作用主要是承受围岩压力及内水压力，坚硬完整的岩体中，围岩的自稳性高，也可以不衬砌。图4.10所示为某隧道的衬砌场景。

图4.10　地下硐室衬砌工程

（2）锚喷支护

锚喷支护是由锚杆和喷射混凝土面板组成的支护。其主要作用是限制围岩变形的自由发展，调整围岩的应力分布，防止岩体松散坠落。既可作为施工过程中的临时支护使用，也可在某些情况下作为永久支护或衬砌。

当地下硐室开挖后，围岩总是逐渐地向硐内变形，锚喷支护就是在硐室开挖后，及时向围岩表面喷一薄层混凝土（一般厚度为5～20cm），有时再增加一些锚杆，从而部分阻止围岩向硐室内变形，以达到支护的目的。

（3）各类围岩的处理方法

①对于坚硬的整体围岩，岩块强度高，整体性好，地下工程开挖后自身稳定性好，基本上不存在支护问题。这种情况下喷混凝土的作用主要是防止围岩表面风化，消除开挖后表面的凹凸不平及防止个别岩块掉落，其喷层厚度一般为3～5cm。当地下工程围岩中出现拉应力区时，应采用锚杆稳定围岩。

②对于块状围岩，这类围岩的坍塌总是从个别危石掉落开始，再逐渐发展扩大。只要及时有效地防止危石掉落，就能保证围岩整体的稳定性。一般而言，对于此类围岩，喷混凝土支护即可，但对于边墙部分岩块可能沿某一结构面出现滑动时，应该用锚杆加固。

③对于层状围岩，在开挖地下工程时，往往不易形成拱形（或圆形），爆破后顶面经常成平板状，如不加支护，围岩常常先发生弯曲张裂，然后逐渐坍塌。因此对于此类围岩，应以锚杆为主要的支护手段。

思政故事

二郎山隧道

二郎山隧道，是中国四川省甘孜藏族自治州泸定县境内公路通道，也是中国"九五"计划中的重点建设项目（图 4.11）。1996 年 5 月，二郎山隧道正式开工建设，开掘难度不小于修筑二郎山公路：隧道全长 4176m，穿越 8 条大断层、数十个溶洞暗河、2000 余米的岩爆大变形以及高承压水的地段，是当时中国在建公路隧道中，长度最大、海拔最高、盖深第一、地质状况最复杂、外部环境最艰险的"五宗最"隧道。由原铁道部隧道局三处、武警交通第一总队隧道团组成的东段施工队伍和由原铁道部十六工程局五处组成的西段施工队伍相向掘进，他们决心啃下这块"硬骨头"。

1998 年 3 月，当东西两段施工突破卵石和沙土堆积层，掘进到千米深度时，岩爆突然先后发生。随着一声声巨响，一块块碗口大的石块从洞壁上分离后飞射出来，先后砸伤了 20 多人。掘进进度因此由每天 4m 下降到 1m 多，施工一度陷入缓慢僵硬状态。"科学加勇敢，闯过岩爆关！""决战九十天，打通二郎山！"东、西两段的施工团队都喊出了响亮的口号，他们请来专家，和总监办、驻地监理一起，研究对策，对症下药。经过 3 个月的奋战，终于胜利通过了岩爆区。

在二郎山打隧道是十分艰苦的，但是不管再难，施工团队始终坚持质量第一。据有关部门检测，隧道贯通后中心误差仅 5mm，标高误差仅 56mm，大大低于规范允许的误差。最终，所有分项工程 100% 合格，其中优良率达 90% 以上。二郎山隧道的建设者们创造出了坚韧不拔、求真务实、科学进取、乐于奉献的新"二郎山精神"。

图 4.11　二郎山隧道

模块小结

岩体结构是岩石在长期的地质历史作用下，形成的各种构造、节理、裂隙等特定的结构形态。这些结构对于工程建设具有重要的影响，因为它们直接关系到岩石的力学性质、稳定性以及岩体的渗透性等问题。本模块学习了岩体及相关结构面和结构体的定义与分类，岩体的天然应力状态分析，岩体质量影响因素，结构面的调查统计方法，岩体的稳定性分析方法，岩质边坡和地下硐室的变形破坏、稳定性分析及防治措施。

思考题

1. 名词解释：岩体、结构面、结构体、软弱夹层、RQD 分类、岩爆。
2. 结构面的分类有哪些？
3. 岩体变形有哪些特点？影响岩体变形的因素有哪些？岩体的强度特性有哪些？
4. 边坡岩体变形破坏机理是什么？
5. 岩体稳定性分析的方法主要有哪些？
6. 简述软弱夹层及其对工程的影响。
7. 岩体基本质量等级分类有哪些？
8. 地下硐室有哪些稳定性问题？

模块 5

Chapter 05

地形地貌及第四纪松散沉积物

 **模块导读**

　　场地的地形地貌特征是判别建筑场地复杂程度的重要依据，对建筑物的布局及其形式、规模，以及施工方法有直接影响，并在很大程度上决定着勘察工作的方法和工作量。不同的地貌类型以及松散沉积物，关系到公路勘测设计、桥隧位置选择的技术经济问题和工程养护等。本模块内容包括地形地貌、第四纪松散沉积物、特殊土的工程地质特征等。

　　● **基本要求**　通过本模块学习，应掌握地貌类型；山岭地貌；第四纪松散沉积物的主要类型及工程性质；风化作用；特殊土的类型。

　　● **重点**　三级阶梯划分；山岭地貌类型；地貌与工程建设的关系；风化作用的类型。

　　● **难点**　特殊土的工程性质及影响因素；特殊土对工程的影响。

　　● **思政元素**　（1）活到老，学到老；（2）辛勤耕耘，培育人才；（3）著书立说，攀登科学高峰。

地表形态是多种多样的，是内、外力地质作用对地壳综合作用的结果。内力（热能、重力能、旋转能等）地质作用造成了地表的起伏，控制了海陆分布的轮廓及山地、高原、盆地和平原的地域配置，决定了地貌的构造格架。而外力（流水、风力、太阳辐射、大气和生物的生长和活动等）地质作用，通过多种方式，对地壳表层物质不断进行风化、剥蚀、搬运和堆积，从而形成了现在地表的各种形态。

水利、水电、交通、建筑和水运等工程勘察都必须研究与工程有关的有利和不利的第四纪沉积物、地貌、新构造运动和现代动力作用。对大型长效和安全性要求高的现代工程，如大型水库、水坝、主航道、核电站、地铁、隧道和高层建筑等，不仅要研究可利用的地质、地貌条件，还应该研究工程后由于局部地质、地貌条件变化对工程可能产生的影响。许多大型工程都修建在山前、平原、河谷和海（湖）岸，这些地貌单元的第四纪松散沉积物厚度较大，岩性和成因复杂，地层年代、风化程度和形成过程各异，新构造运动和现代动力作用强弱不等，对工程设计施工和工程的安全等的影响也就不同。

任务 5.1　地形地貌

地形就是地表的外部形态，如高低起伏、坡度大小、空间分布等。地貌是由于内、外力地质作用长期进行，在地壳表面形成的各种不同成因、不同类型、不同规模的起伏形态。内力地质作用形成了地表的基本起伏形态、大的隆起和大的凹陷。外力地质作用削高填平，夷平地表。地貌的形成受两者的共同控制。

1. 地形划分

中国地形地势西高东低，呈阶梯状分布，可以分为以下较明显的三级阶梯，如图 5.1 所示。

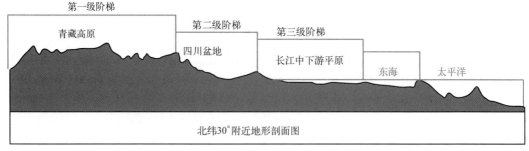

图 5.1　中国地势三级阶梯

第一级阶梯：平均海拔 4000m 以上。

第一级阶梯主要是青藏高原（及内部的柴达木盆地），平均海拔 4000m 以上，被称为"世界屋脊"。第一级阶梯南部和东部边缘以喜马拉雅山脉、横断山脉为界，其中以世界最高的山峰——8844.43m 的珠穆朗玛峰最为出名，北部边缘以昆仑山脉、阿尔金山脉、祁连山脉为界。第一级阶梯是高山最为集中的区域，还包含我国第二大盆地柴达木盆地。

第二级阶梯：平均海拔为 1000~2000m。

比第一级阶梯地势稍低的就是第二级阶梯，平均海拔为 1000~2000m，第一、二级阶梯之间以昆仑山、阿尔金山、祁连山以及横断山脉的东端为界。第二级阶梯的东部边缘以大兴安岭、太行山脉、巫山山脉、雪峰山山脉等与第三级阶梯为界。第二级阶梯地形比较多样，主要有大型的高原、盆地和山地。云贵高原、黄土高原、内蒙古高原均位于第二级阶梯，另外西北部有新疆塔里木盆地和准噶尔盆地，中部有四川盆地。

第三级阶梯：海拔多在 500m 以下。

东部边缘以东为第三级阶梯范围，相对第一、二级阶梯来说，海拔要低很多，多在 500m 以下，主要以平原和丘陵为主。我国三大平原（东北平原、华北平原、长江中下游平原）以及东南丘陵、辽东丘陵、山东丘陵等都主要分布在第三级阶梯。

在这三级阶梯上分布有山地、高原、平原、盆地和丘陵地貌。多种多样的地貌形态主要是由内、外力地质作用造成的。内力地质作用，即构造运动和岩浆活动，在宏观上对地貌的形成和发展起着决定性的作用，不仅使地壳岩层受到强烈的挤压、拉伸或扭动，形成一系列褶皱带和断裂带，而且还在地壳表面形成大规模的隆起区和沉降区，形成大陆、高原、山岭、海洋、平原、盆地，以及地壳表面的基本起伏。外力地质作用则对基本地貌形态不断地进行着风化侵蚀，剥蚀破坏，从微观上再次塑造地形地貌。

地形地貌及第四纪松散沉积物与工程建设及运营有着密切的关系。尤其是公路、铁路工程常穿越不同的地形地貌及第四纪松散沉积物，它们是评价公路和铁路工程地质条件的重要内容之一，关系到公路勘测设计、桥隧位置选择的技术经济问题和养护工程等。

2. 地貌类型

地球的表面是高低不平的，差别巨大，大到可划分为大陆和海洋两部分，小到在流水和风力作用下形成的沙垄和沙波等。

海洋的面积约占地壳的 71%，其平均深度为 3700m。海洋地形的半数为表面平坦，具有海岭和海沟，最深处为西太平洋马里亚纳海沟 11034m。

大陆的平均海拔高度为 800 多 m，按高程和起伏状况，大陆表面可分为山地 43%、平原 12%、高原 26% 和洼地 19% 等地貌形态。

本任务主要介绍我国陆地常见地貌。

1）地貌的形态分类

地貌形态按地貌绝对高度和地形起伏的相对高度大小来划分和命名，见表 5.1。

地貌分类 表 5.1

形态类型		海拔高度(m)	相对高度(m)	山地坡度(°)	举例
山地	高山	>3500	>1000	>25	喜马拉雅山、天山
	中山	1000~3500	500~1000	10~25	庐山、大别山、雪峰山
	低山	500~1000	200~500	5~10	川东平行岭谷、华蓥山
	丘陵	<500	<200		闽东沿海丘陵
平原	高原	>1000	>500		青藏高原、内蒙古高原、黄土高原、云贵高原

形态类型		海拔高度(m)	相对高度(m)	山地坡度(°)	举例
平原	高平原	>200			成都平原
	低平原	0~200			东北、华北、长江中下游平原
	洼地	<海平面高度			吐鲁番盆地

（1）山地

山地是由山顶、山坡和山麓组成的隆起高地。山地是高低山的总称。按外貌特征、海拔高度、相对高度和山地坡度，山地又分为高山、中山、低山和丘陵四类。

①高山

高山是海拔高度为3500~5000m、相对高度大于1000m、山坡坡度大于25°的山地。由于它的大部山脊或山顶位于雪线以上，冰川和寒冻风化作用成为塑造地貌形态的主要外力。

②中山

中山是海拔高度为1000~3500m、相对高度为500~1000m、山坡坡度为10°~25°的山地。中山的外貌特征具有和缓、陡峭、尖锐和锯齿状等多样性。

③低山

低山是海拔高度为500~1000m、相对高度为200~500m、山坡坡度一般为5~10°的山地。有些低山切割较深，坡度大于10°。

④丘陵

丘陵是一种起伏不大、海拔高度一般不超过500m、相对高度在200m以下的低矮山丘。多半由山地、高原经长期外力侵蚀作用而成，坡度一般较缓，切割破碎，无一定方向。中国自北至南主要有辽西丘陵，江淮丘陵和江南丘陵等。黄土高原上有黄土丘陵。长江中下游河段以南有江南丘陵。辽东，胶东两半岛上的丘陵分布也很广。

（2）平原

平原是陆地表面宽广平坦或切割微弱、略有起伏，并与高地毗连或为高地围限的平地。平原按海拔高度分为高原、高平原、低平原、洼地。

①高原

高原是陆地表面海拔高度大于1000m、相对高度超过500m、面积较大、顶面平坦或略有起伏、耸立于周围地面之上的广阔高地。规模较大的高原，顶部常形成丘陵和盆地相间的复杂地形。世界上最高的高原是我国的青藏高原，平均海拔高度超过4000m。我国的内蒙古高原、云贵高原以及华北、西北地区的黄土高原等，都具有相当规模。

②高平原

高平原是指海拔高度大于200m、切割微弱而平坦的平原。如我国的河套平原、银川平原和成都平原都是高平原，是在不同规模的盆地长期下降、不断为堆积物补偿的条件下形成的堆积平原。堆积物的成分主要是冲积物、洪积物和湖积物。

③低平原

低平原是指海拔高度小于200m、地势平缓的平原。如我国的华北大平原就是典型的低平原，是在巨型盆地长期缓慢下降、不断为堆积物补偿的条件下形成的广阔平原。堆积物成分复杂，有冲积物、洪积物、湖积物和海积物等。

④洼地

洼地是陆地上中间低平或略有起伏、四周被高地或高原所围限的洼状地形，往往形成盆地。我国是一个多盆地国家，主要的四大盆地是塔里木盆地、准噶尔盆地、柴达木盆地和四川盆地。盆地的海拔高度、相对高度及规模大小都有差异，依其成因分为构造盆地和侵蚀盆地两种。构造盆地常常是地下水富集的场所，蕴藏有丰富的地下水资源。侵蚀盆地中的河谷盆地，即山区中河谷的开阔地段或河流交汇处的开阔地段，往往是修建水库的理想位置。

2）地貌的成因分类

按地貌形成的地质作用因素可划分为内力地貌和外力地貌两大类。

（1）内力地貌

①构造地貌

由地壳的构造运动所形成的地貌，其形态决定于构造运动方式。如构造隆起和上升运动为主的地区形成高地，构造坳陷和下降运动为主的地区形成盆地。如由岩层受构造作用发生褶皱形成的褶皱构造山，可分为背斜山和向斜山；又如因断层使岩层发生错断相对抬升而形成的断层断块山等。

②火山地貌

由火山喷发出来的熔岩和碎屑物质堆积所形成的地貌为火山地貌，如熔岩盖、火山锥等。

（2）外力地貌

以外力作用为主所形成的地貌为外力地貌，根据外动力的不同，又分为以下几种：

①水成地貌

水的作用是水成地貌形成和发展的基本因素。根据水成作用不同，水成地貌又可分为面状洗刷地貌、线状冲刷地貌、河流地貌、湖泊地貌与海洋地貌等。

②冰川地貌

冰雪的作用是冰川地貌形成和发展的基本因素。根据冰川作用不同，冰川地貌又可分为冰川剥蚀地貌（如冰斗、冰川槽谷等）以及冰川堆积地貌（如侧碛、终碛等）。

③风成地貌

风的作用是风成地貌形成和发展的基本因素。根据风成作用不同，风成地貌又可分为风蚀地貌（如风蚀洼地、蘑菇石等）以及风积地貌（如新月形沙丘、沙垄等）。

④岩溶地貌

地表水和地下水的溶蚀作用是岩溶地貌形成和发展的基本因素，所形成的地貌有溶沟、石芽、溶洞、峰林、地下暗河等。

⑤重力地貌

重力作用是重力地貌形成和发展的基本因素，所形成的地貌有崩塌、滑坡等。

此外，还有湖成地貌、海成地貌、黄土地貌、冻土地貌等。

3. 山岭地貌

1）山岭地貌的形态要素

山岭地貌具有山顶、山坡、山脚等明显形态要素。

山顶是山岭地貌的最高部分，山顶呈长条状延伸时称为山脊。山顶形状跟岩体有关系。一般来说，山体岩性坚硬、岩层倾斜或因受冰川的刨蚀时，多呈尖顶，如图 5.2(a)所示；在气候湿热时，风化作用强烈的花岗岩或其他松软岩石分布地区，岩体经风化剥蚀，多呈圆顶，如图 5.2(b) 所示；在水平岩层或古夷平面分布地区，则多呈平顶，如图5.2(c) 所示。

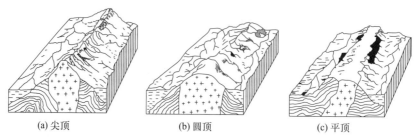

(a) 尖顶   (b) 圆顶   (c) 平顶

图 5.2 山顶的各种形态

山坡是山顶地貌的重要组成部分，在山岭地区，山坡分布的地面最广。山坡的形状跟新构造运动、岩性、岩体结构及坡面剥蚀和堆积的演化过程等因素有关，可以是直线形、凹形、凸形以及复合形等各种类型。

山脚是山坡与周围低矮平地的交接处，通常有一个起着缓坡作用的过渡地带，如图5.3 所示。这是在坡面剥蚀和坡脚堆积的作用下，由一些坡积裙、冲积锥、洪积扇及岩锥、滑坡堆积体等流水堆积地貌和重力堆积地貌组成。

图 5.3 山前缓坡过渡地带

2）山岭地貌的类型

山岭地貌按形态分类，可以依据表5.1进行划分。另外按地貌成因分类，可以分为三类：构造变动形成的山岭、火山作用形成的山岭和剥蚀作用形成的山岭。

（1）构造变动形成的山岭

①平顶山

平顶山是由水平岩层构成的一种山岭，多分布在顶部岩层坚硬（如灰岩、胶结紧密的砂岩或砾岩）、下卧层软弱（如页岩）的硬软相互发育地区，在侵蚀、溶蚀和重力崩塌的作用下，使四周形成陡崖或深谷，由于顶面坚硬、抗风化力强而兀立如桌面。

②单面山

单面山是由单斜岩层构成的沿岩层走向延伸的一种山岭，它常常出现在构造坡地的边缘和舒缓的穹隆、背斜和向斜构造的翼部，其两坡一般不对称。与岩层倾向相反的一坡短而陡，称为前坡。前坡多是经外力的剥蚀作用所形成，故称为剥蚀坡；与岩层倾向一致的一坡长而缓，称为后坡或者构造坡。如果岩层倾角超过 40°，则两坡的坡度和长度均相差不大，其所形成的山岭外形很像猪背，所以又称猪背岭。单面山的发育主要受构造和岩性控制。如果各个软硬岩层的抗风化能力相差不大，则上下界限分明，前后坡面不对称，上为陡崖，下为缓坡；若软岩层抗风化能力很弱，则陡坡不明显，上部出现凸坡，下部出现凹坡。

单面山的前坡（剥蚀坡），地形陡峻，若岩层裂隙发育，风化强烈，则容易产生崩塌，且坡脚常分布有较厚的坡积物和倒石堆，稳定性差，故对布设路线不利。后坡（构造坡）由于山坡平缓，坡积物较薄，故常常是布设路线的理想部位。不过在岩层倾角大的后坡上深挖路堑时，应注意边坡的稳定性问题，因为开挖路堑后，与岩层倾向一致的一侧会因为坡脚开挖而失去支撑，特别是当地下水沿着其中的软弱层渗透时容易产生顺层滑坡。

③褶皱山

褶皱山是由褶皱岩层所构成的一种山岭。在褶皱形成的初期，它们一般是顺地形，即背斜成山，向斜成谷，如图 5.4(a) 所示。但随着外力剥蚀作用的不断进行，有时褶皱山会出现逆地形，即背斜因长期遭受强烈剥蚀而形成谷底，而向斜因剥蚀产物在其轴部堆积则形成山地，如图 5.4(b) 所示。一般来说，年轻的褶曲构造上顺地形居多，较老的褶曲构造上由于侵蚀作用的进一步发展，逆地形则比较发育。此外，在褶曲构造上还可能同时存在背斜谷和向斜谷，或者演化为猪背岭或单斜山、单斜谷。

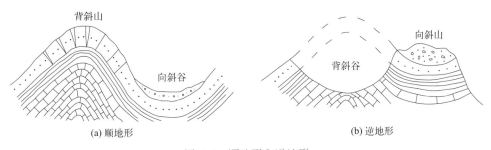

图 5.4　顺地形和逆地形

④断块山

断块山是由断裂变动所形成的山地。它可能只在一侧有断裂，也有可能两侧均有断裂。断块山在形成的初期可能有完整的断层面及明显的断层线，断层面构成了山前的陡崖，断层线控制了山脚的轮廓，使山地与平原或山地与河谷间的界限相当明显而且比较顺直。此后由于长期强烈的剥蚀作用，断层面被破坏而且模糊不清，如图 5.5 所示。

⑤褶皱断块山

在多数情况下，山地常常是由以上山岭地貌的组合形态所构成。由褶皱和断裂构造的组合形态构成的山岭称为褶皱断块山，它们曾经是构造运动剧烈和频繁的地区。

（2）火山作用形成的山岭

锥状火山和盾状火山是火山作用形成的常见山岭。锥状火山是多次火山活动造成的，其熔岩黏性较大、流动性小，冷却后便在火山口附近形成较大的锥状外形，如日本富士

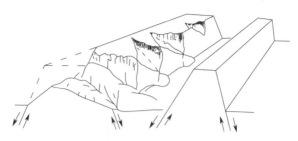

图 5.5　断块山

山；盾状火山是由黏性较小、流动性较大的熔岩冷凝形成，外形呈基部较大、坡度较小的盾状，如冰岛、夏威夷群岛的火山。

（3）剥蚀作用形成的山岭

在山体地质构造的基础上，经长期外力剥蚀作用所形成的山岭。例如，地面流水侵蚀作用所形成的河间分水岭，冰川刨蚀作用所形成的刀脊、角峰，地下水溶蚀作用所形成的峰林等。由于此类山岭的形成是以外力剥蚀作用为主，山体的构造形态对地貌形成的影响已退居次要地位，所以此类山岭的形成特征主要取决于山体的岩性、外力的性质及剥蚀作用的强度和规模。

3）垭口与山坡

（1）垭口

垭口是高大山脊的鞍状坳口，地形平坦且位置相对较低，处于相连的两山顶之间较低的山腰部分。对于公路选线来说，垭口是山岭地貌研究的重点。合适的垭口对越岭公路而言，可以降低公路高程和减少展线工程量。根据垭口形成的主导因素，可以将垭口归纳为以下三个基本类型。

①构造型垭口

这是由构造破碎带或软弱岩层经外力剥蚀所形成的垭口，常见的类型有下列三种：

第一种：断层破碎带型垭口。这类垭口岩体破碎，裂隙节理发育，地表水极易下渗，工程地质条件比较差，一般不宜采用隧道方案，如采用路堑，也需控制开挖深度或者考虑边坡防护，以防止边坡发生崩塌，如图 5.6 所示。

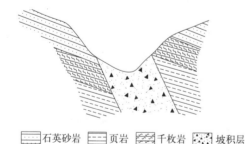

图 5.6　断层破碎带型垭口

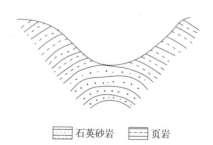

图 5.7　背斜张裂带型垭口

第二种：背斜张裂带型垭口。这类垭口背斜核部岩体破碎，但两侧岩层外倾，有利于排除地下水，也有利于边坡稳定，所以工程地质条件较断层破碎带型好，一般可采用较陡的边坡坡度，使挖方工程量和防护工程量都比较小；如果选用隧道方案，施工费用和洞内衬砌也比较节省，是一种较好的垭口类型，如图 5.7 所示。

　　第三种：单斜软弱层型垭口。这种垭口主要由页岩、千枚岩等易于风化的软弱岩层构成，两侧边坡多不对称，一些岩层外倾也可略陡一些。由于岩性软弱、稳定性差，故不宜深挖。若采取路堑深挖方案，与岩层倾向一致的一侧边坡的坡脚应小于岩层的倾角，两侧坡面都应有防风化的措施，必要时应设置护壁或挡土墙。穿越这一类垭口，宜先考虑隧道方案，可以避免因风化带来的路基病害，还有利于降低越岭线的高程，缩短展线工程量或提高公路纵坡标准，如图 5.8 所示。

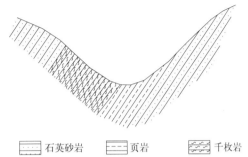

图 5.8　单斜软弱层型垭口

　　②剥蚀型垭口

　　这是以外力强烈剥蚀为主导因素所形成的垭口，其形态特征与山体地质结构无明显联系。此类垭口的共同特点是松散覆盖层很薄，基岩多半裸露。垭口的宽窄和形态特点主要取决于岩性、气候及外力的切割程度等因素。在气候干燥寒冷地带，岩性坚硬和切割较深的垭口本身较薄，宜采用隧道方案；采用路堑深挖也比较有利，是一种良好的垭口类型。在气候温湿地区和岩性较软弱的垭口，则本身较平缓宽厚，采用深挖路堑或隧道对穿都比较稳定，但工程量比较大。在石灰岩地区的溶蚀型垭口，无论是明挖路堑或开凿隧道，都应注意溶洞或其他地下溶蚀地貌的影响。

　　③剥蚀-堆积型垭口

　　这是在山体地质结构的基础上，以剥蚀和堆积作用为主导因素所形成的垭口，其开挖后的稳定条件主要取决于堆积层的地质特征和水文地质条件。这类垭口外形浑缓，垭口宽厚，适宜于公路展线，但松散堆积层的厚度较大，有时还发育有湿地或高地沼泽，水文地质条件较差，故不宜降低过岭高程，通常多以低填或浅挖的断面形式通过。

　　（2）山坡

　　山坡是山岭地貌形态的基本要素之一，不论是越岭线还是山脊线，路线的绝大部分都是设置在山坡或靠近岭顶的斜坡上的。所以在路线勘测中总是把越岭垭口和展线山坡作为一个整体通盘考虑。

　　山坡的外部形态特征包括山坡的纵向轮廓、坡度及高度等。根据山坡的形态特征，可以概括为以下两个类型。

　　①按山坡的纵向轮廓分类

　　这类山坡又可分为以下四种类型。

　　第一种：直线形山坡。如图 5.9 所示，常见的直线形山坡可分为三类。第一类是构造单一的山坡，如图 5.9（a）所示，这种山坡的稳定性一般较高；第二类是单斜岩层构成的直线形山坡，如图 5.9（b）所示，这种山坡在开挖路基后将产生顺倾向边坡，在不利的岩性和水文地质条件下，很容易发生大规模的滑坡，因此不宜深挖；第三类是基岩面上堆积着经长期剥蚀破碎和坡面滚落的松散体而形成的直线形山坡，如图 5.9（c）所示，这种山坡在青藏高原和川西峡谷比较发育，岩性松散破碎，稳定性最差，选做傍山公路的路基时，应注意避免挖方内侧的塌方和路基沿山坡滑坍的情况发生。

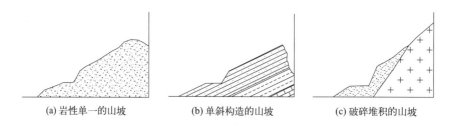

(a) 岩性单一的山坡   (b) 单斜构造的山坡   (c) 破碎堆积的山坡

图 5.9　直线形山坡类型

第二种：凸形坡。这种山坡上缓下陡，自上而下陡度渐增，下部甚至呈直立状态，坡脚界限明显。这类山坡往往是由于新构造运动加速上升、河流强烈下切所造成的。其稳定条件主要取决于岩体结构，一旦发生山坡变形，则会形成大规模的崩塌。凸形坡上部的缓坡可选作公路路基，但应注意考察岩体结构，避免因人工扰动和加速风化导致失稳，如图 5.10(a)、(b) 所示。

第三种：凹形坡。这种山坡上部陡，下部急剧变缓，坡脚界限不明显。山坡的凹形曲线可能是新构造运动的减速上升所造成的，也可能是山坡上部的破坏作用与山麓风化产物的堆积作用相结合的结果。分布在松软岩层中的凹形山坡，不少都是在过去特定条件下有大规模的滑坡、崩塌等山坡变形现象造成的，凹形坡面往往就是古滑坡的滑动面或崩塌体的坐落面。地震后的地貌调查表明，凹形山坡在各种山坡地貌形态中是稳定性较差的一种。在凹形坡的下部缓坡上，也可进行公路布线，但设计路基时，应注意稳定平衡，沿河谷的路基应注意冲刷防护，如图 5.10(c) 所示。

第四种：阶梯形坡。阶梯形坡有两种不同的情况：一种是由软硬不同的水平岩层或微倾斜岩层组成的基岩山坡。由于软硬岩层的差异风化而形成阶梯状的山坡外形，山坡的表面剥蚀强烈，覆盖层薄，基岩外露，稳定性一般比较高；另一种是由于山坡曾经发生过大规模的滑坡变形，由滑坡台阶组成的次生阶梯状斜坡。这种斜坡多存在于山坡的中下部，如果坡脚受到强烈冲刷或不合理的切坡，或者受到地震的影响，可能引起古滑坡复活，威胁建筑物的稳定，如图 5.10(d) 所示。

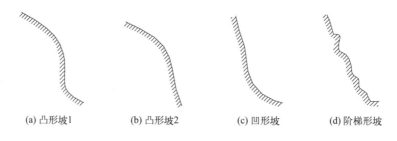

(a) 凸形坡1   (b) 凸形坡2   (c) 凹形坡   (d) 阶梯形坡

图 5.10　各种形态的山坡

②按山坡的纵向坡度分类

按山坡的纵向坡度，小于 15°的为微坡；介于 16°～30°之间的为缓坡；介于 31°～70°

之间的为陡坡；大于 70°的为垂直坡。

　　稳定性高、坡度平缓的山坡便于公路展线，对于布设路线是有利的，但应注意考察其工程地质条件。平缓山坡尤其是凹洼部分，通常有厚度较大的坡积物和其他重力堆积物分布，坡面径流也容易在这里汇聚。当这些堆积物与下伏基岩的接触面因开挖而被揭露时，遇有雨水渗入，就可能引起堆积物沿基岩顶面发生滑动。

任务 5.2　第四纪松散沉积物

　　第四纪松散沉积物是指第四纪时期因外动力地质作用所沉积的物质，一般呈松散状态，也称为土。在第四纪连续下沉地区，其最大厚度可达 1000m。

　　第四纪松散沉积物分布极广，除岩石裸露的陡峻山坡外，全球几乎到处被它覆盖。第四纪松散沉积物形成较晚，大多未胶结，保存比较完整。

1. 风化作用

　　第四纪松散沉积物，也就是土，广泛覆盖于地壳岩层之上。与岩石相比，土最大的特征是具有散体性和多孔性，主要由其中的固体颗粒构成骨架，其中的孔隙充满气体和水溶液，因此土是由固相、液相、气相组成的三相体系。土是由岩石风化后在原地残留或经过不同方式的搬运，在不同的自然环境中沉积下来所形成的。不同的风化、搬运、沉积作用形成不同类型的土。堆积下来的土，在漫长的地质年代中发生复杂的物理、化学变化，渐渐被压密、岩化，最终又形成岩石（沉积岩）。因此，岩石不断地被风化、剥蚀、搬运、沉积形成土，土经过漫长的压密、岩化作用又可以形成岩石，如图 5.11 所示。

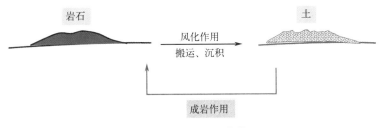

图 5.11　土岩的互化作用

　　所谓风化作用，就是组成地壳的岩石和土中的粗颗粒，经温度的变化、大气、水溶液和生物的作用下，在原地发生物理、化学变化的现象。

　　风化作用包括物理风化作用、化学风化作用和生物风化作用。三种风化作用往往不是独立发生，而是两种或两种以上同时发生，整个过程中相互促进，从而加剧风化过程的发展。

1）物理风化作用

　　物理风化是指岩石或矿物受到机械作用或气候等因素的影响导致其产生裂缝或破碎。如运动过程中的碰撞、摩擦导致破碎；昼夜温度变化产生胀缩引起开裂，即温差风化，如图 5.12 所示；岩石缝隙中的水冻胀导致裂缝继续发展，即冰劈作用等，如图 5.13 所示。

图 5.12　温差风化

物理风化使得岩石发生机械破碎，其所含矿物成分不产生变化。破碎后的岩石颗粒所含矿物成分与母岩相同，这种矿物称之为原生矿物（如石英、长石和云母等）。一般砾石、砂等都是由原生矿物组成。原生矿物的成分比较稳定，亲水性较弱，由其组成的土具有无黏性、透水性高、压缩性高等特性。

2）化学风化作用

化学风化是指岩石在大气，水以及水中溶解物质的作用下，使岩石发生化学变化，改变其化学成分，从而使岩石分解破坏，并产生新矿物的过程。

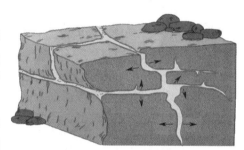

图 5.13　冰劈作用

化学风化所生成的新矿物称为次生矿物（如高岭石、伊利石、蒙脱石等）。次生矿物性质较不稳定，具有较强的亲水性，遇水体积易膨胀。常见三种次生矿物的亲水性由低到高依次为：高岭石、伊利石、蒙脱石。化学风化常见化学反应包括：溶解作用、氧化作用、水化作用和水解作用等。

（1）溶解作用

矿物质与水发生反应生成溶液的过程，称为溶解作用。最容易溶解的是卤化盐类（岩盐、钾盐等），其次是硫酸盐类（石膏、硬石膏等），再次是碳酸盐类（石灰岩、白云岩等）。其他岩石虽然也溶解于水，但溶解的程度低得多。岩石与水长期接触，其中的可溶性矿物就逐渐地被水溶解。岩石在水里的溶解度大小除取决于本身的特性外，还与温度、压力及水溶液的性质等条件有关，随温度和压力的不同而不同。比如当水的温度增高以及压力增大时，水的溶解作用就比较活跃；当水中含有 CO_2 或其他酸类时，可增强对物质的溶解能力。

溶解作用的结果是使易溶解的物质流失，难于溶解的物质残留原处，使岩石孔隙增加，削弱其坚固性，有利于物理风化作用的进行。在可溶岩分布地区，由于水对岩石的溶解作用，常常形成溶洞、溶穴等溶蚀地貌，如图 5.14 所示。

（2）氧化作用

矿物中的低价元素与大气中的游离氧化合变为高价元素的作用，称为氧化作用。

氧化作用是地表极为普遍的一种自然现象，在湿润的情况下，氧化作用更为强烈。自然界中，有机化合物、低价氧化物、硫化物最容易遭受氧化作用。尤其是低价铁常被氧化成高价铁。例如常见的黄铁矿（FeS_2）在含有游离氧的水中，经氧化作用形成褐铁矿

图 5.14　云南石林（溶蚀地貌）

（$Fe_2O_3 \cdot nH_2O$），同时产生对岩石腐蚀性极强的硫酸，可使岩石中的某些矿物分解形成洞穴和斑点，致使岩石破坏。

（3）水化作用

一些矿物和水反应生成新的含水矿物的过程，称为水化作用。

含水矿物的硬度往往比原来无水时要低，从而使岩石抵抗风化的能力减弱。同时，矿物在水化结晶过程中产生"晶胀"作用，加速岩石的物理风化作用。由于在水化过程中结合了一定数量的水分子进入矿物的成分之中，改变了原有矿物的成分，引起体积膨胀，对岩石也具有一定的破坏作用。若岩层中含有硬石膏层时，石膏发生水化作用而体积膨胀，对围岩产生很大的压力，促使岩石破碎。尤其在隧道施工中，这种压力甚至能引起支撑倾斜，衬砌开裂，应当引起足够的重视。

5-1

风化作用的影响因素

（4）水解作用

某些矿物和水反应后生成带（OH）¯的新矿物的过程，称为水解作用。

如在湿热气候条件下，花岗岩中的正长石在水解作用下，经过脱碱去硅、吸水之后，先变成高岭石，再进一步分解为铝矾土。

3）生物风化作用

生物风化是指岩石在生物活动影响下，发生破坏的过程。根据生物风化过程中是否产生新的矿物，又可以分为生物物理风化和生物化学风化。例如，植物根系在岩石裂隙中生长，引起裂隙扩大或崩解，称为根劈作用，如图 5.15 所示，属于生物物理风化；生物遗体腐烂形成腐殖质，腐殖质会加速矿物分解形成新的矿物，属于生物化学风化。

图 5.15　生物风化（根劈作用）

103

2. 主要类型及工程地质特征

根据第四纪松散沉积物的成因，一般划分为残积物、坡积物、洪积物、冲积物、湖积物、海积物、风积物等类型。

1）残积物

残积物（残积土）是指地表岩石被风化成细小颗粒后，大部分未被搬运而残留于原地形成的堆积物，如图 5.16 所示。其粒度成分和矿物成分受气候和母岩岩性的控制。其发育情况还和地形有关。

残积物具有以下主要工程地质特征：

（1）残积物位于地表以下、基岩风化带以上，其破碎程度在地表最大，越向地下越小，逐渐过渡到基岩风化带。基岩全风化带经过淋滤作用后应当包括在残积层之内。

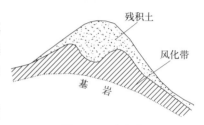

图 5.16　残积物

（2）残积物的成分与下伏基岩成分密切相关，因为残积物就是下伏原岩经过风化淋滤之后残留下来的物质，一般粗细不均匀，颗粒表面粗糙且有棱角。

（3）残积层的厚度与地形、降水量、水中化学成分等多种因素有关。若地形较陡，被破坏的物质容易冲走，残积层就薄；若降水量大，水中 CO_2 多，则化学风化作用强烈，残积层可能较厚。各地残积层厚度相差很大，厚的可达数十米，薄的只有数十厘米，甚至完全没有残积层。

（4）残积层具有较大的孔隙率、较高的含水量，作为建筑物地基，强度较低。特别是当残积层下伏基岩面倾斜、残积层中有水流动或近于被水饱和时，在残积层内开挖边坡，或把建筑物置于残积层之上，均易发生残积层滑动。

2）坡积物

坡积物（坡积土）是指雨水（或重力）将山坡高处的风化碎屑物顺坡冲洗（滑落），堆积在较平缓的山坡脚处而形成沉积物，如图 5.17 所示。

坡积物具有以下主要工程地质特征：

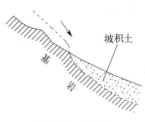

图 5.17　坡积物

（1）坡积物的堆积厚度变化很大，一般是中下部较厚，向山坡上部逐渐变薄，以至于尖灭。

（2）坡积物多由碎石和黏性土组成，其成分与下伏基岩无关，而与山坡上部基岩成分有关。

（3）坡积物未经长途搬运，碎屑棱角明显，分选性差，坡积层层理不明显。

（4）坡积层松散、富水，作为建筑物地基强度很差，坡积层很容易滑动，坡积层下原有地面越陡，坡积层中含水越多，坡积层物质粒度越小，黏土含量越高，则越容易发生坡积层滑坡。

3）洪积物

洪积物（洪积土）是由暴雨形成的暂时性山洪急流带来的碎屑物质在山沟出口处堆积

而成的沉积物，如图 5.18 所示。

洪积物具有以下主要工程地质特征：

（1）洪积物的组成物质分选不良，粗细混杂，碎屑物质多带棱角，磨圆度不佳，常常具有不规则的交错层理、透镜体、尖灭及夹层等，成分复杂，主要是由上游汇水区岩石种类决定。

（2）空间分布上，多位于沟谷进入山前平原、山间盆地、流入河流处，从外貌上看洪积层多呈扇形，故又称洪积扇。靠近山坡沟口处洪积层颗粒粗大，多为砾石、块石，其孔隙大，透水性强，地下水埋藏深，压缩性小，有较高的承载力，是良好的天然地基。洪积层外围地段洪积物颗粒渐细，由砂、黏土等组成，如果在沉积过程中受到周期性的干燥作用，黏土颗粒产生凝聚并析出可溶盐，则其结构较密实，承载力也较高。在沟口至外围的过渡带的洪积物，因常有地下水溢出，水文地质条件差，尤其是地质条件不均匀，对工程建筑不利。

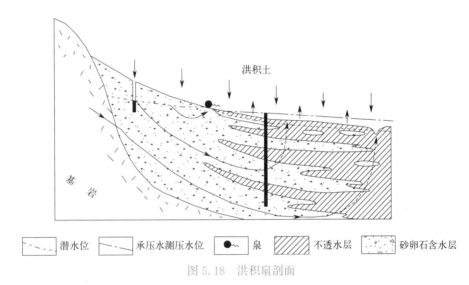

| ⌐⌐⌐ | 潜水位 | ⌐⌐ | 承压水测压水位 | ●⌐⌐ | 泉 | ////// | 不透水层 | ·:·:· | 砂卵石含水层 |

图 5.18　洪积扇剖面

4）冲积物

冲积物（冲积土）是由河流的流水作用将碎屑物质搬运到河谷坡降平缓的地带堆积而成的沉积物，如图 5.19 所示。

冲积物具有以下主要工程地质特征：

（1）冲积物分布在河床、冲积扇、冲积平原或三角洲中。冲积扇的物质成分非常复杂，河流汇水面积内的所有岩石和土都可能成为该河流冲积层的物质来源。与沉积层相比，冲积物分选性好，层理明显，磨圆度高。

（2）山区河流沉积物较薄、颗粒粗，承载力高，地基条件好，由于冲积层分布广，表面坡度比较平缓，多数大、中城市都坐落在冲积层上，道路也多选择在冲积层上通过。三角洲沉积物含量高，常呈饱和状态，承载力低。

（3）冲积层中的砂、卵石、砾石常被选用为建筑材料。厚度稳定、延续性好的砂、卵石层是丰富的含水层，可作为良好的供水水源。

5）湖积物

湖积物（湖积土）是湖浪冲蚀湖岸形成的碎屑物质在湖边沉积而形成的沉积物，如图5.20所示。

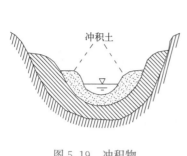

图5.19　冲积物

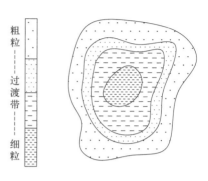

图5.20　理想的湖泊沉积

湖积物具有以下主要工程地质特征：

（1）近岸带沉积的多是粗颗粒的卵石、圆砾和砂土，远岸带则是细颗粒的砂土和黏土。

（2）湖心沉积物是由河流携带的细小悬浮颗粒到达湖心后沉积形成，主要是黏土和淤泥，常夹有薄层的细砂、粉砂，土的压缩性高，强度低。如果沉积物形成沼泽土，则主要由半腐烂的植物残体—泥炭组成，含水量极高，承载力极低，不宜作天然地基。

6）海积物

海积物（海积土）是由海洋地质作用形成的沉积物，如图5.21所示。海积物按其海洋沉积环境的不同可以分为滨海沉积物、浅海沉积物、半深海沉积物和深海沉积物。

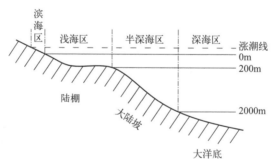

图5.21　海洋环境地貌示意图

海积物具有以下主要工程地质特征：

（1）滨海带沉积物主要由卵石、圆砾和砂组成，承载力较高。

（2）浅海带沉积物主要由细粒砂土、黏性土、淤泥和生物化学沉积物组成，有层理构造，较疏松，含水量高，压缩性大而强度低。

（3）半深海沉积物和深海沉积物主要是有机质软泥和粉细砂，海底表层沉积的砂砾层，其稳定性差，受海浪影响而不断移动变化，选择作为地基时，应慎重对待。

7）风积物

风积物（风积土）是在干旱的气候条件下，岩石的风化碎屑物被风吹扬，搬运一段距离后，在一定的条件下形成的堆积物，最常见的是风成砂地和风成黄土，如图 5.22 所示。

风积物具有以下主要工程地质特征：

（1）碎屑性。主要是砂、粉砂以及少量黏土级的碎屑物，粒度在 2mm 以下。

（2）良好的分选性。分选性较冲积物高；这是由风力搬运能力选择性所决定的。

（3）圆度好。碎屑颗粒即使是很细的粉砂，也具有较高的圆度。

（4）碎屑矿物成分复杂。除以石英为主外，还可以有较多的铁镁质及其他化学性质不稳定的矿物，如辉石、角闪石、黑云母、方解石甚至石膏（来自干盐湖）、碳酸盐鲕粒及生物骨屑（来自碳酸盐海滩）等。

（5）具有大型的交错层理。这是由于风积物大规模移动的结果，规模可达数十米。

（6）颜色多样。以红色色调占优势，还有绿色、黑色、白色，但均很少。

图 5.22　风成砂地

任务 5.3　特殊土的工程地质特征

特殊土是指具有某些特殊成分、结构及工程地质性质的土的总称。由于成土环境的不同，会形成具有不同特性的土，常见的特殊土种类有软土、黄土、红黏土、膨胀土、盐渍土、冻土和填土等。

特殊土在我国分布很广，比如黄土主要分布在我国的西北部，红黏土主要分布在南方，冻土主要分布在北方等，有很多建筑物修建在特殊土地基上。由于特殊土具有特殊的工程地质性质，因此常给建筑物的安全和正常使用造成严重的威胁。研究特殊土的形成条件、分布特征和工程地质特性，具有十分重要的意义。

1. 软土

软土是天然孔隙比大于或等于 1.0，天然含水量大于液限，并且具有灵敏性结构的细粒土，包括淤泥、淤泥质土、泥炭、泥炭质土等。

软土多为静水或缓慢流水环境中沉积，并经生物化学作用形成的，其成因类型主要有滨海环境沉积、海陆过渡环境沉积（三角洲沉积）、河流环境沉积、湖泊环境沉积和沼泽环境沉积等。

软土在我国分布很广，主要是在沿海地带及平原低地、沼泽地区，在高原山区的湖泊或内湖沼泽地区也常遇到软土。

1）软土的工程特性

软土的工程特性区别于其他一般土的工程性质，主要有：

（1）触变性。软土一旦受到扰动（振动、搅拌、挤压或搓揉等），原有结构破坏，土的强度将明显降低或很快变成稀释状态，尤其是滨海相软土触变性更强。

（2）流变性。软土除排水固结引起变形外，在剪应力作用下，土体还会发生缓慢而长期的剪切变形，对地基沉降有较大影响，对斜坡、堤岸、码头及地基稳定性不利。

（3）高压缩性。软土的压缩系数大，一般为 $0.7\sim1.5\text{MPa}^{-1}$，且随含水率的增加而增大。

（4）低强度。软土的抗剪强度低且与加荷速度及排水固结条件密切相关，软土的无侧限抗压强度为 $10\sim40\text{kPa}$。不排水直剪试验的内摩擦角 φ 在 $2°\sim5°$ 之间，黏聚力 C 在 $10\sim15\text{kPa}$ 之间；而排水条件下内摩擦角 φ 在 $10°\sim15°$ 之间，黏聚力 C 约为 20kPa。经过排水固结后，软土的强度会有明显的增长，这也是软土强度的一个重要特征。所以评价软土抗剪强度时，应根据建筑物加荷情况，选用不同的试验方法。

（5）低透水性。软土的渗透系数小，在自重或荷载作用下固结速率很慢。同时，在加载初期地基中常出现较高的孔隙水压力，影响地基的强度。

（6）不均匀性。由于沉降环境的变化，黏性土层中常局部夹有厚薄不等的粉土，使水平和垂直分布上有所差异，建筑物地基易产生差异沉降。

2）软土地基的固结与强度增长

固结是指饱和土在外界荷载作用下孔隙水逐步排出、孔隙比逐渐减小的过程。由于软土的渗透系数小，软土地基（尤其是深厚软土层）的固结时间就很长，往往长达几年，甚至十几年。由于土的固结与变形和强度有密切关系，因此软土地基的固结分析是软土工程计算分析的一个重要内容。

软土的抗剪强度会随着固结的发展而增长。因此工程中需注意控制加载速率。加载速率过快，土体来不及固结，就会产生地基失稳；在慢速加载情况下，软土地基的强度和承载力会随着固结的发展而有所提高，从而可以承受更大的荷载。

加快软土地基的固结速度对于减小建筑物使用期的沉降速度以及快速提高软土地基的强度具有重要的意义，这也是排水固结法处理软土的原理，可通过在软土中打设竖向排水体，实现加快固结速度。

3）软土地基的变形特征

由于软土的高含水量、低渗透性及高压缩性等特性，因此，就其土质本身的因素而言（当然还有上部结构的荷重、基础面积和形状、加荷速度、施工条件等因素），该类土在建筑荷载作用下的变形有如下特征：

（1）变形大而不均匀

在相同建筑荷载及其分布面积与形式条件下，软土地基的变形量比一般黏性土地基要大几倍至十几倍。此外，上部荷重的差异和复杂的建筑体型都会引起严重的差异沉降和倾斜。

（2）变形稳定历时长

因软土的渗透性很弱，水分不易排出，故使建筑物沉降变形稳定历时较长。例如沿海闽、浙一带的软黏土地基上的大部分建筑物在建成约5年之久的时间后，往往仍保持着每年1cm左右的沉降速率，其中有些建筑物则每年下沉3～4cm。另外，造成软土地基长期变形的另外一个原因是蠕变。

5-2

软土地基处理

2. 黄土

黄土是我国地域分布最广的一种特殊性土类，以黄河中游地区最为发育，多分布于甘肃、陕西、山西地区，青海、宁夏、河南地区也有部分分布。

1）黄土的主要特征

黄土具有如下六个特征：

（1）颜色为淡黄、褐色或灰黄色。

（2）粒度成分以粉粒为主，占有60%～70%，一般不含大于0.25mm的颗粒。

（3）含各种可溶盐，富含碳酸盐（$CaCO_3$），可形成钙质结核（姜结石）。

（4）孔隙多且大，结构疏松。

（5）无层理，但有垂直节理和柱状节理，天然条件下能保持近于垂直的边坡。

（6）具有湿陷性。湿陷性是指黄土浸水后在外荷载或自重作用下发生下沉的现象。

具有前五项特征的为标准黄土，只有其中部分特征的黄土叫黄土状土或黄土质土，具有湿陷性的黄土为湿陷性黄土。

2）影响黄土湿陷性的因素

影响黄土湿陷性的因素主要包括以下6个方面：

（1）黄土中的骨架颗粒越大越多、胶结物含量越少，粒间联结越脆弱，湿陷性越强。

（2）黏土粒的含量越多，土的湿陷性越弱。

（3）易溶盐成分多的土湿陷性强。

（4）天然孔隙比越大，天然含水量越小，则湿陷性越强。

（5）湿陷变形量随浸湿程度和压力增加而增大，当压力达到一定值后，湿陷变形量却又随着压力的增加而减少。

（6）从根本上与堆积年代和成因有关。黄土形成年代越久，由于盐分溶滤较充分，固结成岩程度大，大孔结构退化，土质越趋密实，强度高而压缩性小，湿陷性减弱，甚至不具湿陷性。反之，形成年代越短，湿陷性越明显。

3）黄土的湿陷起始压力及湿陷类型

湿陷性是黄土最主要的工程特性。黄土浸水后，出现湿陷性所对应的压力称为湿陷起始压力（P_{sh}）。根据自重压力与湿陷起始压力的关系将湿陷性黄土分为自重湿陷性黄土和非自重湿陷性黄土两种。

当黄土的自重压力大于湿陷起始压力（P_{sh}）时，黄土在自重作用下就会产生湿陷，这一类黄土称为自重湿陷性黄土。

当黄土的自重压力小于湿陷起始压力（P_{sh}）时，只有在自重压力与附加应力之和大于湿陷起始压力时，黄土在建筑物的荷载作用下才会产生湿陷，这一类黄土称为非自重湿陷性黄土。

将湿陷性黄土划分为自重湿陷性黄土和非自重湿陷性黄土对工程建设具有指导意义。例如，在自重湿陷性黄土地区修筑渠道，初次放水时就可能产生地面下沉，两岸出现与渠道平行的裂缝。管道漏水后由于自重湿陷可导致管道折断；路基受水后由于自重湿陷而发生局部严重坍塌；地基土的自重湿陷往往使建筑物发生很大的裂缝或使砖墙倾斜，甚至使一些很轻的建筑物也受到破坏。而在非自重湿陷性黄土地区这类现象极为少见。所以在这两种不同湿陷性黄土地区建筑房屋，采取的地基设计、地基处理、防护措施及施工要求等方面均应有较大的区别。

4）黄土地基湿陷程度

由若干个具有不同湿陷程度的黄土层所组成的湿陷性黄土地基，它的湿陷程度是由这些土层被水浸湿后可能发生湿陷量的总和来衡量。总湿陷量越大，湿陷等级越高，地基浸水后建筑物和地面的变形越严重，对建筑物的危害也越大。因此，对不同的湿陷等级，应采取相应不同的设计方案。

湿陷系数是判定黄土是否具有湿陷性，以及湿陷性的强弱程度的数值指标，以 δ_s 表示。该指标是通过室内试验的浸水试验求出的，土样在某压力下的湿陷系数 δ_s 用下式表示：

$$\delta_s = \frac{h_p - h_{p'}}{h_0} \qquad (5\text{-}1)$$

式中　h_p——保持天然的湿度和结构的土样，加压至一定压力时，下沉稳定后的高度（mm）；

$h_{p'}$——上述加压稳定后的土样，在浸水作用下，下沉稳定后的高度（mm）；

h_0——土样的原始高度（mm）；

根据试验得出的湿陷系数值可判定黄土的湿陷性，$\delta_s < 0.015$ 时，为非湿陷性黄土，当 $\delta_s \geqslant 0.015$ 时，为湿陷性黄土。

湿陷性黄土地基的湿陷等级，应根据湿陷量的计算值和自重湿陷量的计算值来判定。此部分内容详见《湿陷性黄土地区建筑标准》GB 50025—2018。

5-3

湿陷性黄土地基处理

3. 红黏土

红黏土是指在亚热带湿热气候条件下，碳酸盐类岩石及其间夹杂的其他岩石，经红土化作用形成的高塑性黏土。红黏土一般呈褐红、棕红等颜色，其液限一般大于50%，上硬下软，具有明显的收缩性，裂隙发育。红黏土的天然含水率和孔隙比很大，但其强度高、压缩性低，工程性能良好。

红黏土分布广泛，中国南方地区较多，主要分布在云贵高原、四川东部、广西、粤北及鄂西、湘西等地区，位置一般在低山丘陵顶部和山间盆地、洼地、缓坡及坡脚处。

红黏土是碳酸盐类岩石及其间夹杂的其他岩石风化后的产物，多为 Al_2O_3 和 Fe_2O_3，矿物成分为石英、多水高岭石、水云母、胶体二氧化硅及赤铁矿、三水铝土矿，无或极少有机质。这些矿物特征：多水高岭石与水结合很弱，石英、胶体二氧化硅及赤铁矿、三水铝土矿都不溶于水，性质稳定。

1）红黏土的一般物理力学特征

红黏土的一般物理力学特征主要包括以下六个方面：

（1）天然含水率高。一般为 30%～60%，有的高达 90%。

（2）密度低，孔隙比高。天然孔隙比一般为 1.4～1.7，有的高达 2.0。

（3）高塑性。颗粒细而均匀，黏粒含量很高，一般为 50%～70%，所以，塑限、液限和塑性指数都很大，液限一般为 50%～80%，有的高达 110%；塑限一般为 30%～60%，有的高达 90%；塑性指数一般为 20～50。

（4）由于塑限很高，所以尽管天然含水率高，一般仍处于坚硬或硬可塑状态。液性指数 I_L 一般小于 0.25。但是其饱和度一般在 90% 以上，因此，甚至坚硬的红黏土也可能处于饱水状态。

（5）强度高，压缩性低。固结快剪内摩擦角一般为 8°～18°，黏聚力一般为 40～90kPa；多属于中压缩性土或低压缩性土，压缩模量一般为 5～15MPa。

（6）不具湿陷性，但有明显的收缩性。原状土浸水后膨胀量很小，但失水后收缩剧烈，原状土体积收缩率为 25%，而扰动土可达 40%～50%。

2）红黏土的物理力学性质变化规律

红黏土本身的物理力学性质指标变化范围很大，以贵州省的红黏土为例，其天然含水率的变化范围可达 25%～88%，天然孔隙比 0.7～2.4，液限 36%～125%，塑性指数 18～75，液性指数 0.45～1.4。内摩擦角 2°～31°，内聚力 10～140kPa，变形模量 4～36MPa。这导致红黏土工程性能的变化十分复杂，这也是红黏土的一个重要特点。因此，为了作出正确的工程地质评价，需要弄清决定其物理力学性质的因素，掌握其变化规律。

（1）随深度的加大，天然含水率、孔隙比和压缩性都有较大的增高，强度大幅度降低。

（2）水平方向上，地势较高的部位，排水条件好，天然含水率、孔隙比和压缩性均较低，强度也较高。

（3）平面分布上，次生坡积红黏土经过搬运，结构松散，强度比原生残积红黏土差。

（4）红黏土近地表往往裂隙发育，破坏了土体的整体性和连续性，土体强度显著降低。

3）确定红黏土地基承载力的原则

确定红黏土地基承载力包括如下四个原则：

（1）在确定红黏土地基承载力时，应按地区的不同，随埋深变化的湿度和上部结构情况，分别确定。因为各地区的地质地理条件有一定的差异，使得即使同一省内各地区同一成因和埋藏条件下的红黏土的地基承载力也有所不同，如贵阳与遵义等。

（2）针对红黏土强度具有随深度递减的特征，在无冻胀影响地区、无特殊地质地貌条件，如无特殊使用的要求，基础宜尽量浅埋，把上层坚硬或硬塑状态的土层作为地基的持力层，既可充分利用表层红黏土的承载能力，又可节约基础材料，便于施工。

（3）由于地形和基岩面起伏往往造成在同一建筑地基上各部分红黏土厚度和性质很不均匀，从而形成过大的差异沉降，往往是天然地基上建筑物产生裂缝的主要原因。

在这种情况下，除了应当重视地基变形分析外，还须根据地基、基础与上部结构共同作用的原理，三者适当配合以加强上部结构刚度的措施，提高建筑物对不均匀沉降的适应能力。

（4）不论按强度还是按变形考虑地基承载力，必须考虑红黏土物理力学性质指标的垂直向变化，划分土质单元，分层统计、确定设计参数，按多层地基进行计算。

4. 膨胀土

膨胀土是指土中黏粒成分主要由亲水矿物组成，同时具有显著的吸水膨胀软化和失水收缩开裂两种变形特性的黏性土。它一般强度较高，压缩性低，易被误认为工程性能较好的土，但由于具有吸水膨胀和失水收缩特性，使建造在其上的构筑物随季节性气候的变化而反复不断地产生不均匀的升降，使得建筑物的开裂破坏具有地区性成群出现的特点，并且一般在转角处首先开裂，形成有一定分布规律的裂缝。另外膨胀土边坡也不稳定，易产生滑坡。因此在膨胀土地区进行工程建筑，如果不采取必要的设计和施工措施，会导致大批建筑物的开裂和损坏，并往往造成坡地建筑场地崩塌、滑坡、地裂等严重的灾害。

膨胀土在我国分布很广，云南、广西、贵州、河北邯郸、河南平顶山等地均有分布，山西、陕西、安徽、四川、山东等省也有不同程度的分布。从分布的气候条件看，在亚热带气候区的云南、广西等地的膨胀土与全国其他温带地区相比较，胀缩性明显强烈。

1）膨胀土的物理性质

膨胀土具有如下物理性质：

（1）黏粒含量高，一般超过35％，且大部分为亲水性很强的蒙脱石和伊利石等矿物，由于蒙脱石和伊利石具有活动晶格，吸水膨胀明显，失水收缩强烈，因此决定了膨胀土具有较大的胀缩性。

（2）液限一般大于40％，塑限大于20％，塑性指数大于17。

（3）天然密度和干密度大，孔隙比和含水率较小。在天然状态下膨胀土结构紧密，常处于硬塑或坚硬状态，强度较大，属中低压缩性土，常被误认为良好地基，但遇水膨胀或失水收缩后，使土层的原有结构破坏，其强度迅速降低。

（4）膨胀量的大小与黏土矿物成分及天然含水率的多少有关。一般说，亲水性强的蒙脱石、水云母含量越大，膨胀性和收缩性越大。

2）膨胀土的工程性质

膨胀土的工程性质主要包括以下四点内容：

（1）膨胀土具有胀缩性。膨胀土吸水后体积膨胀，使其上的建筑物隆起，如果膨胀受阻即产生膨胀力；膨胀土失水体积收缩，使其上的建筑物下沉。土中蒙脱石含量越多，其膨胀量和膨胀力也越大；土的初始含水率越低，其膨胀量与膨胀力也越大；击实膨胀土的膨胀性比原状膨胀土大，密实越高，膨胀性也越大。

（2）膨胀土具有崩解性。膨胀土浸水后体积膨胀，发生崩解。强膨胀土浸水后几分钟即完全崩解；弱膨胀土则崩解缓慢且不完全。

（3）膨胀土具有多裂隙性。土中的裂隙，主要可分为垂直裂隙、水平裂隙和斜交裂隙三种类型。这些裂隙将土层分割成具有一定几何形状的块体，从而破坏了土体的完整性，容易造成边坡的塌滑。

（4）膨胀土具有超固结性。土大多具有超固结性，天然孔隙比小，密实度大，初始结构强度高。

3）膨胀土的胀缩性指标

一般来说，黏性土都具有一定的膨胀性，只有膨胀量达到了一定程度才会对工程建筑产生危害。为了正确评价膨胀土的膨胀程度，需要借助胀缩性指标。

（1）自由膨胀率

将人工制备的磨细烘干土样，经无颈漏斗注入量杯，量其体积，然后倒入盛水的量筒中，经充分吸水膨胀稳定后，再测其体积。增加的体积（$V_w - V_0$）与原体积（V_0）的比值 δ_{ef} 称为自由膨胀率。

$$\delta_{ef} = \frac{V_w - V_0}{V_0} \qquad (5\text{-}2)$$

$\delta_{ef} \geqslant 40\%$ 为膨胀土。

（2）膨胀率

膨胀率表示原状土在侧限压缩仪中，在一定压力下，浸水膨胀稳定后，土样增加的高度（$h_w - h_0$）与原高度（h_0）之比。

$$\delta_{ep} = \frac{h_w - h_0}{h_0} \qquad (5\text{-}3)$$

（3）线缩率

线缩率指土的竖向收缩变形（$h_0 - h_i$）与原状土样高度（h_0）之比。

$$\delta_s = \frac{h_0 - h_i}{h_0} \qquad (5\text{-}4)$$

膨胀土的膨胀潜势分类见表5.2。

膨胀土的膨胀潜势分类　　　　　　　　　　　　　　表5.2

指数	分类			
	非膨胀土	弱膨胀土	中等膨胀土	强膨胀土
自由膨胀率 δ_{ef}（%）	<40	40～65	65～90	≥90

4）膨胀土对工程的影响

膨胀土受降雨、蒸发等自然环境影响而产生胀缩变形，会引起工程结构物的开裂、不均匀变形等危害，膨胀土对工程的影响主要表现在以下三个方面：

（1）对建筑物的影响

膨胀土地基上易遭受破坏的大多为埋置较浅的低层建筑物，一般是三层以下的民房。房屋损坏具有季节性和成群性两大特点。房屋墙面角端的裂缝常表现为在山墙（外横墙）上出现对称或不对称的倒八字形缝，外纵墙下部出现水平缝，墙体外侧有水平错动，由于土体的胀缩交替，还会使墙体出现交叉裂缝。

（2）对道路交通工程的影响

膨胀土地区的道路，由于路幅内土基含水率的不均匀变化，从而引起不均匀收缩，并产生幅度很大的横向波浪形变形。雨季路面渗水，路基受水浸软化，在行车荷载下形成泥浆，并沿路面的裂缝和伸缩缝溅浆冒泥。

（3）对边坡稳定的影响

膨胀土地区的边坡坡面最易受大气风化作用的影响。在干旱季节蒸发强烈，坡面剥落；雨季坡面冲蚀，冲蚀沟深一般为 0.1～0.5m，最大可达 1.0m，坡面变得支离破碎。土体吸水饱和，在重力与渗透压力作用下，沿坡面向下产生塑流状溜塌。当雨季雨量集中时还会形成泥流，堵塞涵洞，淹埋路面，甚至引发出破坏性很大的滑坡。膨胀土地区的滑坡，一般呈浅层的牵引式滑坡，滑体厚度一般为 1～3m。滑坡与边坡的高度和坡度无明显关系，但坡度超过 14°时，膨胀土坡体就有蠕动现象。经验表明，建在膨胀土地区坡度大于 5°场地上的房屋，沉降量大，损坏也较严重。

5. 盐渍土

盐渍岩土是指岩土中易溶盐含量大于 0.3%，并且有溶陷、盐胀、腐蚀等工程特性的土。盐渍土的形成及其所含盐类的成分和数量与当地的地形地貌、气候条件、地下水的埋藏深度和矿化度、土壤性质以及人类活动有关。

（1）干旱半干旱地区，年降水量小于蒸发量的地区，容易形成盐渍土。因降雨量小，毛细作用强，有利于盐分在地表的聚集。

（2）内陆盆地因地势低洼，周围封闭，排水不畅，地下水位高，有利于水分蒸发盐类聚集。

（3）农田洗盐、压盐、灌溉退水、渠道渗漏等进入含水层也会促使土壤盐渍化。

盐渍土的形成由于受上述条件的限制，因此其一般分布在地势比较低而且地下水位较高的地段，如内陆洼地、盐湖和河流两岸的漫滩、低阶地、牛轭湖以及三角洲洼地、山间洼地等地段。

盐渍土按地理分布可分为滨海盐渍土、冲积平原盐渍土和内陆盐渍土等类型。我国盐渍土分布很广，主要分布在江苏、北京、渤海沿岸、松辽平原西部和北部、河南省的北部及东部、陕西、山西、甘肃、青海、新疆等省区。

1) 盐渍土的类型及其工程性质

盐渍土的性质与所含盐的成分和含盐量有关，按土中含盐类型可分为氯盐、硫酸盐和碳酸盐三类盐渍土。

（1）氯盐盐渍土。土中含有 NaCl、KCl、$CaCl_2$、$MgCl_2$ 等盐类。这类盐具有很大的溶解度，吸湿性强，能从空气中吸收水分，例如 $CaCl_2$ 晶体可以从空气中吸收超过本身重量 4～5 倍的水分，并有保持一定水分的能力。氯盐结晶时体积不膨胀，因此，氯盐盐渍土在干燥时强度较高，且容易压实，但在潮湿时因氯盐很容易溶解，使土变软，强度大大降低，从而具有很大的塑性和压缩性。所以氯盐盐渍土的最大特点是工程地质性质变化大。

（2）硫酸盐盐渍土。土中主要含有 Na_2SO_4 和 $MgSO_4$ 等盐类，也具有很大的溶解度（110～350g/L）。硫酸盐结晶时具有结合水分子的能力，因此体积大大膨胀，失水时，晶体变为无水状态，体积相应缩小。这种胀缩现象经常是随着温度的变化而变化的。当温度降低时，硫酸盐溶液达到饱和状态，盐分从溶液中析出，体积增加；温度升高时，又溶解于溶液中，体积缩小。所以，硫酸盐渍土有时由于昼夜温差变化而产生胀缩现象，尤其在干旱地区，这种现象更为明显。这类土干旱时土层松散，潮湿时土层湿软，承载能力极低。

（3）碳酸盐盐渍土。土中主要含有 Na_2CO_3 和 $NaHCO_3$ 等盐类，也具有较大的溶解度，其水溶液有较大的碱性反应。由于这类土中含有较多的钠离子，吸附作用强，遇水使黏土胶粒得到很多的水分，土体膨胀大。碳酸盐盐渍土具有明显的碱性反应，故又称为"碱土"。此类土在干燥时紧密坚硬，强度较高；潮湿时具有很强的亲水性、塑性、膨胀性和压缩性，稳定性很低。不宜排水，很难干燥。

2）盐渍土地基的危害

盐渍土分布较广，各地盐渍土的成因、组成和特征有明显的特点，因此，不同地区盐渍土的危害表现有所不同，主要包括以下几个方面：

（1）盐渍土地基的强度变化大，并随着季节和气候的改变而变化。如氯盐盐渍土，在干燥时土中盐分呈结晶体，地基的强度较高，但浸水后晶体溶解，引起土的性质发生变化，强度降低，压缩性增大。含盐量越多，土的液限、塑限越低，即使土中含水量不大，也可能接近液限，使土处在液性状态，此时土的抗剪强度接近于零，失去强度。

（2）盐渍土地基的胀缩性使地基土的结构破坏，强度降低，并形成松胀盐土，其中的碳酸盐盐渍土有很强的吸附作用，使黏土颗粒吸附大量水分，能引起很大的体积膨胀，并使土粒间的内聚力减小，强度降低。

（3）由于盐类遇水溶解，使地基土容易产生溶蚀现象，降低了地基的稳定性。

（4）含盐量的增大，降低了盐渍土的夯实效果。当含盐量超过一定限度时，就不易达到标准密度，如用含盐量较高的土作为路堤填料，则需要加大夯实能量。

（5）盐渍土对金属管道一般具有腐蚀性。

6. 冻土

冻土是指温度等于或低于0℃，并含有冰的土。

冻土的基本特征是土中有冰。冰在土中使土颗粒冻结在一起，形成了一种特殊的联结形式，所以冻土中的冰是冻土存在的基本条件和主要组成部分，它对冻土的工程地质性质有很大的影响。冻土的强度较高，压缩性很低。当温度升高时，土中的冰融化为水，这种融化了的土称为融土，此时，强度急剧变低，压缩性则大大增强。

1）冻土的分类

冻土按冻结时间可分为季节性冻土和多年冻土。

（1）季节性冻土

受季节影响，冬季冻结，夏季全部融化，呈周期性冻结、融化的土为季节性冻土。

此类土分布在我国的华北、西北和东北地区。由于气候条件不同，冻结的深度也不同，如沈阳、北京、太原、兰州以北地区，冻结深度都超过 1m；黑龙江北部、青藏高原等地区冻结深度超过 2m。

（2）多年冻土

由于气候寒冷，冬季冻结时间长，夏季融化时间短，冻融现象只发生在表层一定深度范围内，而下面土层的温度终年低于 0℃ 而不融化，这种冻结状态持续 2 年以上或长期不融的土称为多年冻土。我国现行勘察规范规定：含有固态水，且冻结状态持续 2 年或 2 年以上的土，应判定为多年冻土。

多年冻土在世界上分布很广，约占地球陆地面积的 24%。在我国，多年冻土主要分布在两个地区：一是东北的黑龙江省和内蒙古的呼伦贝尔草原，二是青藏高原冻土区，主要为高原多年冻土，分布在海拔 4300～4900m 以上的地区。这些地区年平均气温低于 0℃，冻土厚度为 1～20m 或更大。

2）冻土的危害

冻土具有冻胀性和融沉性，它们的危害分别为：

（1）冻土的冻胀性及其危害

冻土冻结时，土中水分结冰膨胀，土体积随之增大，地基隆起。土的冻胀性，使土体膨胀，常给建筑物带来不利的影响，严重时将造成建筑物的破坏。

（2）冻土的融沉性及其危害

与冻胀性相反，冻土融化后由于冰融化为水时体积缩小，使土体产生不均匀热融沉陷，造成建筑物的开裂和破坏。

对于季节性冻土，冻胀作用的危害是主要的；对于多年冻土，热融作用的危害是主要的。冻胀和热融的关系是很密切的，一般是冻胀严重，热融也严重。

7. 填土

填土是指一定的地质、地貌和社会历史条件下，由于人类活动而堆填的土。

由于我国幅员辽阔，历史悠久，因此在我国大多数古老城市的地表面，广泛覆盖着各种类别的填土层。这种填土层无论从堆填方式、组成成分、分布特征及其工程性质等方面，均表现出一定的复杂性。

在一般的岩土工程勘察与设计工作中，如何正确评价、利用和处理填土层，将直接影响工程建设的经济效益和环境效益。

在我国 20 世纪 30、40 年代以前，对填土常不分情况一律采取挖除换土，或采用其他人工地基，大大增加了工程造价，并给环境条件带来麻烦。到 50 年代，随着我国国民经济的发展，在利用表层填土作为天然地基方面取得了不少经验，这些经验已逐步反映在一些地区的地基设计规范或技术条例中。在几经修订的《建筑地基基础设计规范》中，对于填土的分类及评价都有了不同程度的反映。

在《建筑地基基础设计规范》GB 50007—2011 中，对填土根据其组成物质和堆填方式形成的工程性质的差异，划分为素填土、杂填土和冲填土三类。

1）素填土

素填土是由碎石土、砂土、粉土和黏性土等一种或几种材料组成的填土，其中不含杂质或杂质较少。按其组成物质分为碎石素填土、砂性素填土、粉性素填土和黏性素填土。素填土经分层压实者，称为压实填土。

用素填土作为地基应注意下列工程地质问题：

（1）素填土的工程性质取决于它的密实度和均匀性。在堆填过程中，未经人工压实者，一般密实度较差，但如果堆积时间较长，由于土的自重压密作用，也能达到一定的密实度。如堆填时间超过 10 年的黏性土，超过 5 年的粉土，超过 2 年的砂土，均具有一定的密实度和强度，可以作为一般建筑物的天然地基。

（2）素填土地基的不均匀性，反映在同一建筑场地内，填土的各种指标（干重度、强度、压缩模量）一般均具有较大的分散性，因而防止建筑物不均匀沉降问题是利用填土地基的关键。

（3）对于压实填土应保证压实质量，保证其密实度。

2）杂填土

杂填土为含有大量杂物的填土。按其组成物质成分和特征分为建筑垃圾土、工业废料土和生活垃圾土。

对各类杂填土的大量试验研究认为，以生活垃圾和腐蚀性及易变性工业废料为主要成分的杂填土，一般不宜作为建筑物地基；对以建筑垃圾或一般工业废料为主要组成成分的杂填土，采用简单易行、收效好的措施进行处理后可作为一般建筑物地基；当其均匀性和密实度较好，能满足建筑物对地基承载力要求时，可不作处理直接利用。

利用杂填土作为地基应注意下列工程地质问题：

（1）不均匀性。杂填土的不均匀性表现在颗粒成分、密实度和平面分布及厚度的不均匀性。杂填土颗粒成分复杂，有天然土的颗粒，有碎砖、瓦片、石块，以及人类生产、生活所抛弃的各种垃圾，而且有些成分是不稳定的，如某些岩石碎块的风化，或炉碴的崩解，以及有机质的腐烂等。另外，对杂填土地基的变形问题，还应考虑颗粒本身强度不足以及空隙引起建筑物的沉陷。

由于杂填土颗粒成分复杂，排列无规律，而瓦砾、石块、炉碴间常有较大空隙，且充填程度不一，造成杂填土密实程度的特殊不均匀性。

杂填土的分布和厚度往往变化悬殊，但杂填土的分布和厚度变化一般与填积前的原始地形密切相关。

（2）工程性质随堆填时间而变化。堆填时间越久，则土越密实，其有机质含量相对也减少；堆填时间较短的杂填土往往在自重的作用下沉降尚未稳定。杂填土在自重下的沉降稳定速度决定于其组成颗粒大小、级配、填土厚度、降雨及地下水情况，以及外部荷载情况等因素。一般认为，填龄达 5 年左右其性质才逐渐趋于稳定，承载力则随填龄增大而提高。

（3）由于杂填土形成时间短，结构松散，干或稍湿的杂填土一般具有浸水湿陷性。这是杂填土地区雨后地基下沉和局部积水引起房屋裂缝的主要原因。

（4）含腐殖质及水化物问题。以生活垃圾为主的填土，其中腐殖质的含量常较高。随着有机质的腐化，地基的沉降将增大；以工业弃碴为主的填土，要注意其中可能含有水化物，因而遇水后容易发生膨胀和崩解，使填土的强度迅速降低，地基产生严重的不均匀变形。

3）冲填土

冲填土是由水力冲填泥砂而形成的沉积土。在整理和疏浚江河航道时，有计划地用挖泥船，通过泥浆泵将泥砂夹大量水分，吹送至江河两岸而形成的一种填土。在我国长江、上海黄浦江、广州珠江两岸，都分布有不同性质的冲填土。

由于冲填土的形成方式特殊，因而具有不同于其他类型填土的工程特性。

（1）冲填土的颗粒组成和分布规律与所冲填泥砂的来源及冲填时的水力条件有着密切的关系。在大多数情况下，冲填的物质是黏土和粉砂，在冲填的入口处，沉积的土粒较粗，顺出口处方向则逐渐变细。如果为多次冲填而成，由于泥砂的来源有所变化，则更加造成在纵横方向上的不均匀性，土层多呈透镜体状或薄层状构造。

（2）冲填土的含水量大，透水性较弱，排水固结差，一般呈软塑或流塑状态。特别是当黏粒含量较多时，水分不易排出，土体形成初期呈流塑状态，后来土层表面虽经蒸发、干缩龟裂，但下面土层仍处于流塑状态，稍加扰动即发生触变现象。因此，冲填土多属未完成自重固结的高压缩性的软土，在越近于外围方向，组成土粒越细，排水固结越差。

思政故事

地貌学一代宗师——杨怀仁

杨怀仁（1917—2009），安徽省宿州市人。1941年毕业于浙江大学史地系，1943年获本校史地系硕士学位，1949年在英国伦敦大学皇家学院从事研究工作，1951年回国。杨怀仁长期从事地貌学与第四纪地质学的研究，他在第四纪气候、环境预测等方面的研究成果，于1986年获国家级科技进步奖二等奖。

杨怀仁为我国高校地貌与第四纪地质学学科的科学研究和人才培养作出了杰出贡献。1952年他就任南京大学地理学系教授，当年在国内首次设立地貌专门化方向（后改为地貌与第四纪地质学专业）。1961年杨怀仁先生等编著《地貌学》；1962年他编著《第四纪地质学》，并于1987年改编为《第四纪地质》，该著作建立了完整的第四纪地质科学理论体系，其在以气候变化、第四纪冰川和冰期研究为主的基础上融入了新构造运动、海平面变化及古人类、古文化等方面的研究内容，获第二届全国普通高等学校优秀教材特等奖；1974年他出版了《中国第四纪冰川与冰期问题》，系统分析了长江中下游地区的古冰川遗迹和冰缘地貌现象，并荣获1978年全国科学大会奖。杨怀仁教授数十年耕耘，除著书立说外，还培养了一大批优秀人才（图5.23），其中许多人后来成为国内地貌与第四纪地质学界的学术带头人。杨先生是地貌学一代宗师，是培养地貌学家和第四纪地质学家最多的大师之一。

图 5.23 杨怀仁与学生在野外实习

模块小结

地形地貌及第四纪松散沉积物的研究在生产实践上有着广泛的应用价值。农业生产、工业和民用建设等都在现代地表和第四纪地层上进行，农业区划、农田水利建设、水土保持、水电工程、道路工程、厂矿和港口建筑、地下水勘探、砂矿勘测等都需要进行地貌与第四纪地质勘察工作。本模块主要学习了地貌的分类、山岭地貌类型、第四纪松散沉积物的主要类型及工程性质、风化作用及其类型、特殊土的类型、特殊土的工程性质及影响因素、特殊土对工程的影响。

思考题

1. 简述地貌和地形的区别。
2. 简述地貌类型的划分。
3. 山岭地貌有哪些形态要素？
4. 山坡和垭口各有哪些类型？它们和公路工程建设有何关系？
5. 第四纪沉积物的主要成因类型有哪几种？各有什么特征？
6. 风化作用分为哪几种类型？其区别是什么？
7. 特殊土有哪些？其工程特性如何？

Chapter 06

模块 6

地表水和地下水的地质作用

模块导读

　　水与人类生产、生活和工程息息相关。地球表面70％的面积都被水覆盖，而地下埋藏的水则是人类重要的淡水资源。在自然界中，水以气态、液态和固态三种相态存在。按水存在的部位，又可分为大气水、地表水和地下水。这三部分水之间既有区别，又有着密切的联系，在一定的条件下可以相互转化。利用好水资源，就必须了解地表水、地下水的特征及其地质作用，从而避免地下水带来的工程问题。

　　● **基本要求**　通过本模块的学习应掌握地表水的类型；地下水的类型及特征；暂时性水流地质作用及产物；河谷地貌；地下水的物理化学性质。

　　● **重点**　达西定律；潜水和承压水的区别。

　　● **难点**　潜水的排泄及补给；河流地质作用；地下水对工程的影响。

　　● **思政元素**　（1）水是生命之源，热爱水资源；（2）珍惜水资源，保护水资源；（3）节约用水，从我做起。

任务 6.1　地表水的类型

地表水是指陆地表面流动着的液态水，在重力作用下，沿地表从高处向低处流动，主要来自大气降水，其次来自冰雪融水和地下水。

地表水分为暂时性流水和长期性流水。

（1）暂时性流水

暂时性流水是一种季节性、间歇性流水，主要来源为大气降水，所以一年中有时有水，有时干枯，包括片流和洪流两种类型。

片流是指在大气降水的同时，山体斜坡上出现的面状流水，它随大气降水的结束而停止流动。

洪流是指在大气降水的同时或紧接大气降水之后，在山体沟谷中形成的线状流水，且在大气降水之后不久消退。

（2）长期性流水

长期性流水即河流，是指具有一定的河道，一年中流水不断，水量虽然随着季节发生变化，但不会干枯的地表水。

不论长期性流水还是暂时性流水，在流动过程中均要与地表的土石发生相互作用，产生侵蚀、搬运和堆积作用，形成各种不同地貌和不同的沉积层。在外力地质作用中，流水的侵蚀、搬运和堆积作用是塑造地貌最活跃的因素，水的循环过程中产生巨大的动力，不断地改变着地球的面貌。

任务 6.2　暂时性流水的地质作用

地表暂时性流水是指大气降水和冰雪融化后在坡面上和沟谷中运动着的水，因此雨季是它发挥作用的主要时间，特别是在强烈的集中暴雨后，它的作用特别显著，往往造成较大灾害。

1. 淋滤作用

在大气降水渗入地下的过程中，渗流水不仅能把地表附近的细小破碎物质带走，还能把周围岩石中的易溶成分溶解、带走。经过渗流水的这些物理和化学作用后，地表附近岩石逐渐失去其完整性、致密性，残留在原地的则为不易溶解的松散物质。这个过程称为淋滤作用，残留在原地的松散破碎物质称为残积层。残积层的主要工程地质特征见任务5.2，其工程性质为孔隙度大、强度低、压缩性高，均质性差，但具有一定的结构强度。

2. 片流的地质作用

1）片流的剥蚀作用

片流对山坡松散层产生的破坏作用称为片流的剥蚀作用。片流是一种在斜坡上的面状流水，流速慢，水层薄，所以它的剥蚀作用弱，且呈面状发展的特点，故又称洗刷作用。虽然片流剥蚀作用较弱，但大量风化产物剥离原地的最初动力都来自片流，河流所搬运的物质大多数是由片流提供的。片流还是大气降水形成的最初的地面流水形态，其剥蚀作用形成了地表形态的雏形，例如溶沟、石芽、小沟等地貌。现今许多地区出现的大量水土流失也与片流的剥蚀作用有关。

2）片流的搬运、沉积作用与坡积层

片流将其洗刷的碎屑物质从山坡上搬运到（带到）山坡下部的一定位置沉积下来，这种沉积物称为坡积物（坡积层），其一般顺着坡面沿山坡的坡脚或凹坡呈缓倾斜裙状分布，又称为坡积裙。坡积层的主要工程地质特征见任务 5.2，其工程性质为结构疏松，一般具有较高的压缩性，厚度不均。坡积形成的黄土湿陷性较大。

3. 洪流的地质作用

山洪急流又称洪流或山洪，是暴雨或大量积雪消融时所形成的一种水量大、流速快并夹带大量泥砂的暂时性地表水流。洪流地质作用包括剥蚀作用、搬运作用和沉积作用。

1）剥蚀作用

洪流以其自身的动力和挟带的砂石对流经的沟壁和沟底的破坏作用称为洪流的剥蚀作用。由于洪流的流量较大，流速快，挟带砂石较多，机械冲击力很强，所以常具有较强的剥蚀能力，而且以机械的作用方式为主，故又称冲蚀作用。洪流的剥蚀作用可加深和拓宽沟谷的作用，形成的沟谷称为冲沟。冲沟在纵剖面上坡降大，横剖面上呈"V"字形。

在降雨量集中，且地面缺少植被保护的情况下，在第四纪松散堆积物堆积的陡坡位置极易形成冲沟。其形成过程可以划分为四个阶段：冲槽阶段、下切阶段、平衡阶段和休止阶段，如图 6.1 所示。

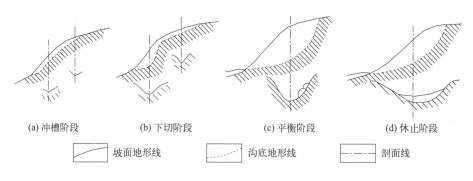

(a) 冲槽阶段　　(b) 下切阶段　　(c) 平衡阶段　　(d) 休止阶段

———— 坡面地形线　　‥‥‥‥ 沟底地形线　　—·—·— 剖面线

图 6.1　冲沟的形成和发展

（1）冲槽阶段

地表流水顺斜坡由片流逐渐汇集于凹坡，开始沿着凹坡产生集中冲刷，形成不深的冲沟，其沟底的纵剖面与斜坡坡形基本一致，沟形不太固定，易造成水土流失。

在此阶段，只要填平沟槽，使坡面水流无法汇集，并种植草皮保护坡面，即可防止冲沟进一步发展。

（2）下切阶段（或切沟阶段）

冲沟进一步发展，沟槽汇水量增大，沟头下切，沟壁坍塌，使得冲沟不断向上延伸，宽度不断增大。沟底纵剖面坡形已有一部分与斜坡面不一致，沟头出现陡坎，在横剖面上，上段窄，呈"V"字形。在沟口平缓地带开始有洪积物堆积。

在此阶段，若采取一些积极的工程防护措施，可防止冲沟进一步发展。例如，在沟顶修截水沟，以防向源侵蚀的延伸；在沟头设置多级跌水石坎以减缓水的速度，降低冲刷下切力；或在沟底采用铺石加固。

（3）平衡（冲沟）阶段

冲沟被下切加深、加宽，纵向陡坎消失，向源侵蚀已大为减缓或接近停止，横向剖面呈凹形，且达到平衡。冲刷逐渐削弱，沟底开始有洪积物沉积。

此阶段应注意冲沟发生侧蚀，可以加固沟壁，防止侧蚀造成沟壁坍塌。

（4）休止（坳谷）阶段

此阶段溯源侵蚀结束，下切作用停止，沟谷底部宽阔平缓，横剖面呈浅而宽的"U"字形，沟底有洪积物沉积。

2）洪流的搬运、沉积作用与洪积层

洪流携带大量泥砂、石块到沟口，由于沟口处纵坡放缓，地形开阔，水流分散，搬运能力骤然减小，所搬运的石块岩屑、砂砾等较粗大碎屑先在沟口沉积下来，较细的泥砂继续随水搬运，在沟口外围一带沉积下来即为洪积物（洪积层）。洪积层的主要工程地质特征见任务 5.2，其工程性质为：分选性较好，离山前较近的洪积土颗粒粗，地下水位埋藏深，具有较高的承载力，压缩性低，是工民建的良好地基；离山较远的地带，洪积土的颗粒细，透水性不好，承载力低，作为建筑物地基时应慎重对待。

任务 6.3　河流的地质作用及河谷地貌

河流是指具有明显河槽的常年性的水流，它是自然界水循环的主要形式。我国河流众多，流域面积约占国土面积的 40%，约 400 万 km^2。河流地质作用对地表形态的改造作用尤其突出，河流地质作用最终形成的谷地称为河谷。

1. 河流地质作用

河水流动时，对河床产生破坏，并将所侵蚀的碎屑物质带到适当的地方沉积下来的作用，称为河流地质作用。河流地质作用包括侵蚀作用、搬运作用和沉积作用。

1）侵蚀作用

河流以自身的化学作用和机械动力，并以所携带的泥砂和砾石作为工具，不断地破坏、改造、加深和拓宽河道的作用称为河流的侵蚀作用。

按河流侵蚀作用的方式可以分为机械侵蚀和化学侵蚀两种。机械侵蚀是河流侵蚀作用的主要方式，而化学侵蚀则只在可溶岩类分布地区的河流才体现得比较明显。

按照河流侵蚀作用的方向可以分为下蚀作用和侧蚀作用两种类型。

（1）下蚀作用

河流下蚀作用是指河水及其所携带的碎屑物质对河床底部地层进行冲刷、破坏，从而加深河谷的作用。

河水所携带的碎屑物质对河床底部的机械破坏是下蚀作用的主要因素。下蚀的强弱与流速、流量的大小，以及组成河床的物质有关。河流的上游以下蚀作用为主。

河流下蚀作用常产生峡谷、瀑布、急流和袭夺河等。

①峡谷、瀑布和急流

在河流上游，河底纵坡降大，水流速度快，向下侵蚀河谷的能力强，对河谷的加深能力大于拓宽能力，河谷横剖面呈"V"字形，称为峡谷。

若河谷底部由坚硬岩石组成，因其抗侵蚀能力强，往往形成高差较大的陡坎，造成明显的跌水现象，这就是瀑布，如图6.2所示。若陡坎高差较小，只形成水流湍急的河段，便是急流。

图6.2　黄果树瀑布

河流下蚀作用总是从河流的下游向河流源头方向推进，这种溯源推进的侵蚀作用称为溯源侵蚀，又称向源侵蚀。例如尼亚加拉瀑布平均每年后退1m，如图6.3所示。

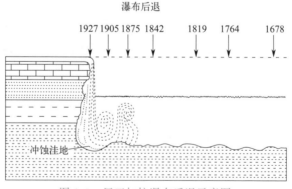

图6.3　尼亚加拉瀑布后退示意图

②袭夺河和断头河

两条河流向同一分水岭溯源侵蚀时，当分水岭两侧坡度不同时，两侧河流溯源侵蚀的速度也不相同，溯源侵蚀速度较快的一侧河流，其源头便更快地向分水岭伸展，并把另一侧侵蚀能力较弱的河流的上游河段抢夺过来，造成抢水，称为河流袭夺，如图6.4所示。

袭夺它河的河流称为袭夺河，被它袭夺的河流，其下游河段流向未变，但上游已被劫去，故称为断头河。

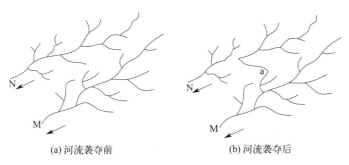

(a) 河流袭夺前　　　　　　　　　(b) 河流袭夺后

图 6.4　河流袭夺

河流下蚀作用并非无止境的，下蚀作用的极限平面称为侵蚀基准面，如海平面、湖面等。因为随着下蚀作用的发展，河床不断加深，河流的纵坡逐渐变缓，流速降低，侵蚀能量削弱，达到一定的基准面后侵蚀作用将趋于消失，该面就成为河流的侵蚀基准面，如图 6.5 所示。

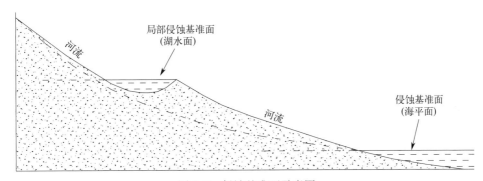

图 6.5　侵蚀基准面示意图

（2）侧蚀作用

河流侧蚀作用是指河水对河床两侧地层的冲刷、破坏而拓宽河谷的作用。

河水在运动过程中受横向环流的作用，如图 6.6 所示，是促使河流产生侧蚀的主要因素。河流侧蚀作用常常形成河曲、牛轭湖等。

①河曲

河水在惯性离心力的作用下冲向弯曲河床的凹岸，并以单向环流形式冲刷凹岸，使凹岸逐渐变陡、坍塌，凹岸在侧向侵蚀作用下变得更"凹"；而凸岸则接受单向环流带来的泥砂沉积，凸岸则更"凸"，河流的曲度变大，形成河曲。一般情况下，凹岸的坡度陡，凸岸的坡度缓。

②牛轭湖

河曲发展到一定程度时，河水作用在河曲的上下段河槽间最窄的位置，此处陆地很容易被冲开，河流则可顺利地取直畅流，这种现象称为河流的截弯取直现象。而原来被废弃的这部分河曲，逐渐淤塞断流而形成湖泊，称为牛轭湖，如图 6.7 所示。

下蚀作用与侧蚀作用是同时存在的，只是在不同的时间和空间上，其主导地位不同。

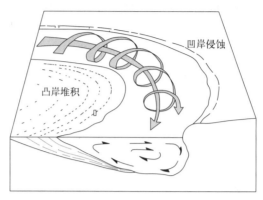

图 6.6　河水环流

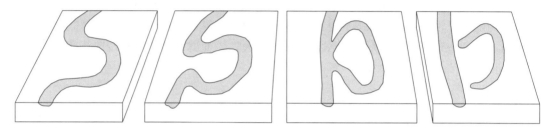

图 6.7　牛轭湖的形成

时间上，河流发育的早期以下蚀作用为主，随着坡度减小，逐渐转为以侧蚀作用为主；空间上，河流的上游以下蚀作用为主，河流的下游以侧蚀作用为主。

2）搬运作用

河流的搬运作用是指河水在流动过程中，夹带沿途冲刷侵蚀下来的碎屑物质离开原地的移动作用。所搬运物质的主要来源有两个方面：一是流域内由片流洗刷和洪流冲刷侵蚀作用产生的物质；二是由河流对自身河床的侵蚀作用产生的物质。

河流搬运作用按流水搬运的方式分为物理搬运和化学搬运。物理搬运的物质主要为泥砂石块，化学搬运的物质为可溶解的盐类和胶体物质。物理搬运根据河流流速、流量和泥砂石块的大小不同分为悬浮式、跳跃式和滚动式搬运，如图 6.8 所示。悬浮式搬运是指颗粒细小的砂和黏性土，悬浮于水中或水面，顺流而下。跳跃式搬运是指物质被急流、涡流卷入水中向前搬运，或被缓流推着沿河底滚动。滚动式搬运则是指只在水流强烈的冲击下，物质沿河底缓慢向下游滚动才能产生的搬运方式。而河流的化学搬运能力主要取决于河水的性质及流经地的岩石性质。

3）沉积作用和冲积层

河流搬运物在河水中沉积下来的过程称为沉积作用。河水在搬运过程中，由于流速和流量的减小，搬运能力也随之降低，被搬运物质中的一部分碎屑物质就从水中沉积下来，由此形成的堆积物，称为河流的冲积物或冲积层。化学搬运的物质多在进入湖盆或海洋等特定的环境后才开始发生沉积。

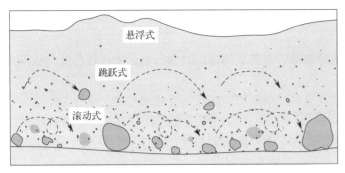

6-1

河流地貌欣赏

图 6.8 河流的物理搬运作用

当河流由山区进入平原时，流速骤然降低，大量物质沉积下来，形成冲积扇。冲积扇的形状和特征与前述洪积扇相似，但冲积扇规模更大，冲积层的分选性及磨圆度更高。冲积扇还常分布在大山的山麓地带。如果山麓地带几个大冲积扇相互连接起来，则形成山前倾斜平原。在河流下游，则由细小颗粒的沉积物组成广大的冲积平原。若河流沉积下来的泥砂大量被海流卷走，或到河口处地壳下降的速度超过河流泥砂量的沉积速度，则这些沉积物不能保留在河口或不能露出水面，这种河口则形成港湾。

冲积层的主要工程地质特征见任务5.2，其工程性质依不同的类型分别为：①古河床冲积层，压缩性低、强度较高，是良好的天然建筑地基；②现代河床冲积层，密实度差、透水性强，不宜用作水工建筑物地基；③河漫滩冲积层，一般都是较好的地基，但要注意振动液化问题；④牛轭湖冲积层，压缩性高、承载力低，不宜作为天然建筑地基；⑤三角洲冲积层，多呈饱和状态，承载力较低，但最上层（硬壳层）可用作低层建筑的天然地基。

2. 河谷及河流阶地

河谷是指在流域地质构造的基础上，经河流的长期侵蚀、搬运和堆积作用逐渐形成和发展起来的一种地貌，由河床、河漫滩、谷坡及阶地等要素构成，如图6.9所示。

1) 河谷横断面

（1）河谷的组成

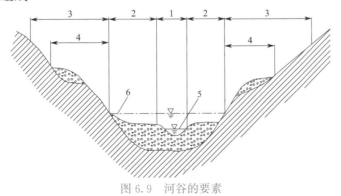

图 6.9 河谷的要素

1—河床；2—河漫滩；3—谷坡；4—阶地；5—平水位；6—洪水位

①谷底

谷底是河谷地貌最低的部分，地势较平坦，包括河床和河漫滩。河床是指平水期为河水占据的部分;河漫滩是指平水期露出水面,洪水期才被淹没的谷底部分。

②谷坡

谷坡是高出谷底的河谷两侧的坡地。谷坡上部转折处为谷肩,下部转折处为坡麓。

③阶地

阶地是沿着谷坡走向呈条带状分布或断断续续分布的阶梯状平台。

(2)河谷的分类

按河谷的发展阶段分为未成形河谷、河漫滩河谷和成形河谷。

未成形河谷也称"V"字形河谷,为山区河谷发育初期,以垂直下切作用为主,特点是谷坡陡峻甚至壁立、基岩裸露、下切很深、谷底较窄、无冲积物、常为河水充满。

河漫滩河谷也称"U"字形河谷,为河谷发育中晚期或丘陵—平原区河谷,侧蚀—冲积作用较强烈,特点是谷坡较缓、谷底较宽、河漫滩发育,河床仅占谷底最低部位。

成形河谷是经历较长地质时期后而具有复杂几何形态的河谷,显著特点是存在阶地,还发育河漫滩、河心滩等。

2)河流阶地

河流阶地是在地壳的构造运动与河流的侵蚀、堆积的综合作用下形成的。过去不同时期的河床及河漫滩由于地壳上升运动,河流下切使河床拓宽并被抬升,出现超出目前洪水位之上,呈阶梯状分布于河谷谷坡之上的地形,这就是河流阶地。在河谷中阶地依次向上分别为一级阶地、二级阶地、三级阶地等,越高的阶地形成时代越早。

河流阶地是一种分布较普遍的地貌类型,阶地上一般保留着大量的第四纪冲积物。根据阶地的成因、结构和形态特征可将其划分为侵蚀阶地、堆积阶地和基座阶地三种类型。

①侵蚀阶地

侵蚀阶地发育在地壳上升的山区河谷中,是由于河流的侵蚀作用使河床底部基岩裸露并拓宽河谷而形成的。如图6.10所示,侵蚀阶地是由于地壳上升很快,流水下切极强造成的,阶地表面只有很少的冲积物,主要由被侵蚀的基岩构成。侵蚀阶地基岩出露地表,其承载力较土层高,是良好的地基。

②堆积阶地

如图6.11所示,堆积阶地多见于河流的中、下游地段。当河流侧向侵蚀时,河谷拓宽的同时谷底发生大量堆积形成宽阔的河漫滩,之后由于地壳的上升、河水下切便形成了堆积阶地。除了更新统的冲积物具有较低的胶结成岩作用外,第四纪以来形成的堆积阶地的冲积物一般均呈松散状态,在河水冲刷下影响阶地的稳定。当以堆积阶地作为地基时,要分析冲积物性质以及土层分布情况,并注意是否有掩埋的古河道或牛轭湖堆积的透镜体,在工程地质勘察中应予查明。

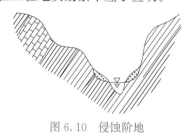

图6.10 侵蚀阶地

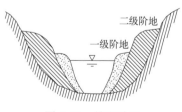

图6.11 堆积阶地

③基座阶地

基座阶地是河流的沉积作用和下切作用交替进行下形成的。如图 6.12 所示，基座阶地是在侵蚀阶地表面覆盖了一层冲积物，后经地壳上升，河水下切进入下部基岩内一定深度而形成的，也就是侵蚀阶地与堆积阶地的复合式，也称侵蚀—堆积阶地。阶地是由基岩和冲积层两部分组成的，基岩上部冲积物覆盖厚度一般比较小，整个阶地主要由基岩组成，所以称作基座阶地。以基座阶地作为地基，其覆盖土层薄，可减轻基础沉降；若采用桩基础，桩尖落在基岩上，沉降量更小。

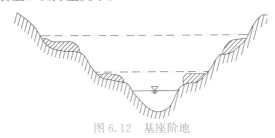

图 6.12　基座阶地

任务 6.4　地下水的类型及其特征

地下水是指存在于地表以下岩土空隙中的水，此类空隙有土孔隙、岩石孔隙、裂隙、溶穴等。地下水的物理状态有气态、液态和固态，其中以液态为主。

地下水按埋藏条件可分为三大类：即包气带水（包括上层滞水和毛细水）、潜水和承压水，如图 6.13 所示。根据含水层的空隙性质，地下水可分为三个亚类：孔隙水、裂隙水和岩溶水，见表 6.1。

地下水分类　　　　　　　　　　　　　　　　　　　　　　表 6.1

埋藏条件	类型		
	孔隙水	裂隙水	岩溶水
包气带水	包气带中土孔隙中的毛细水；包气带中局部隔水层上的重力水（上层滞水），以季节性存在	裸露于地表的裂隙岩层浅部，季节性存在的重力水	裸露岩溶岩层上部岩溶通道中季节性存在的重力水
潜水	各类松散沉积物浅部的水	基岩上部裂隙中的水，沉积岩层间裂隙水	裸露于地表的岩溶岩层中的水
承压水	山间盆地及平原松散沉积物深部的水	组成构造盆地、向斜构造或单斜构造的被掩覆的各类裂隙岩层中的水	组成构造盆地、向斜构造或单斜构造的被掩覆的岩溶岩层中的水

1. 包气带水

存在于包气带（重力水面到地表之间的非饱和带）中的水称为包气带水，其特征是受气候控制，气季变化明显，变化量也大。其中局部隔水层上的具有自由水面的重力水称为上层滞水；由于毛细作用，保持在土的毛细孔隙中的水称为毛细水。

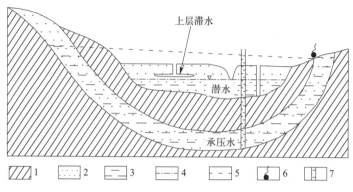

图 6.13　上层滞水、潜水及承压水

1—隔水层；2—透水层；3—饱水部分；4—潜水位；5—承压水测压水位；

6—泉（上升泉）；7—水井，实线表示井壁不进水

1）上层滞水的特点是：分布范围有限，补给区与分布区一致；直接接受当地的大气降水或地表水补给，以蒸发或逐渐向下渗透的形式排泄；水量不大且随季节变化明显，雨季获得补充，旱季水量逐渐消耗或干涸，极不稳定；水质变化大，一般较易污染。由于水量小且极不稳定，上层滞水供水意义不大。在建筑工程中，上层滞水的存在乃是不利的因素。基坑开挖工程中经常遇到上层滞水，可能导致基坑涌水，妨碍施工，应注意排除，但由于水量不大，因此易于处理。

2）毛细水的特点是能传递静水压力，并能在孔隙中运动；在砂土和粉土层中含量较多，孔隙大的砂砾层中含量较小；当地下水面离地表较浅时，毛细水有时会引起土壤沼泽化或盐碱化，以及道路冻胀和翻浆等。毛细水在农业和工程建筑方面的研究都有重要意义。

2. 潜水

1）潜水的特征

埋藏在地表以下第一个较稳定的隔水层以上，具有自由水面的重力水叫潜水，如图 6.14 所示。潜水具有自由水面，为无压水，受气候条件不同，水位有明显变化。水温随季节而有规律地变化，水质易受污染。潜水的自由水面称为潜水面（bb'），潜水面至地面的距离称为潜水埋藏深度（h_1），潜水面至隔水底板的垂直距离称为含水层厚度（h），潜水面任意一点的高程称为潜水位。

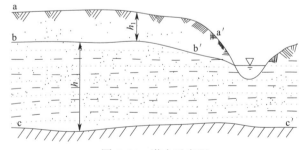

图 6.14　潜水示意图

aa'—地表面；bb'—潜水面；cc'—隔水层；h_1—潜水埋藏深度；h—含水层厚度

2）潜水的补给、径流和排泄

潜水的补给来源主要有大气降水、地表水、深层地下水及大气凝结水。大气降水是补给潜水的主要来源。一般来说，时间短的暴雨，对补给地下水不利；连绵细雨能大量地补给潜水。在干旱地区，大气降水很少，潜水的补给只能靠大气凝结水。地表水也是地下水的重要补给来源，当地表水水位高于潜水水位时，地表水就补给地下水。一般情况下，河流的中上游基本上是地下水补给河流，下游是河水补给地下水。潜水的动态变化往往受地表水动态变化的影响。如果深层地下水位较潜水位高，深层地下水会通过构造破碎带或导水断层补给潜水，也可越流补给潜水。总之，潜水的补给来源是多种多样的，某个地区的潜水可以有一种或几种补给来源。

潜水由补给区流向排泄区的过程称为径流。影响潜水径流的因素主要有地形坡度、切割程度及含水层透水性。地形坡度大，地表切割强烈，含水层透水性强，径流条件就好，反之则差。

潜水的排泄，可直接流入地表水。一般在河谷的中上游，河流下切较深，潜水直接流入河流。在干旱地区潜水也靠蒸发排泄。在地形有利的情况下，潜水则以泉的形式出露地表。

潜水从补给到排泄要通过径流。因此，潜水的补给、径流、排泄组成了潜水运动的全过程。潜水在运动过程中，其水质水量都不同程度地得到更新置换，这种更新置换称为水交替。水交替的强弱，取决于径流条件的强弱、补给量的多少，且随深度增加而减缓。

3）潜水等水位线图

可用类似于地形图的方法表示潜水面的形状，即将潜水面的水位标高相等的点连成线，且相邻两连线的标高差相等，这就是潜水等水位线图，如图 6.15 所示。

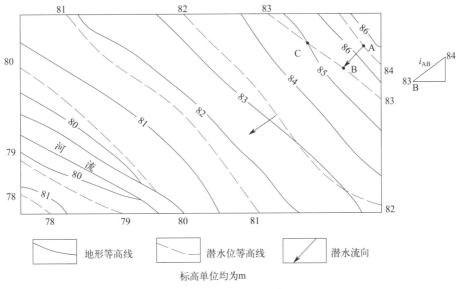

图 6.15　潜水等水位线图

潜水等水位线图主要作用如下：

（1）确定潜水的流向及潜水面的水力坡度。根据等水位线可以确定潜水的流向：垂直于等水位线，并指向标高较低的等水位线，常用箭头表示。

潜水面的水力坡度：

$$i_{AB} = \frac{H_A - H_B}{l_{AB}} \tag{6-1}$$

式中 i_{AB}——潜水面的水力坡度，无量纲；

H_A——A 点潜水水位标高（m）；

H_B——B 点潜水水位标高（m）；

l_{AB}——AB 两点水平距离（m）。

（2）确定任一点或任何一个地段中的潜水埋藏深度。地形等高线与等水位线相交点，两线的高程差就是潜水埋藏的深度，即某点潜水埋藏深度等于该点地形标高减去潜水水位标高。如图 6.15 所示，C 点潜水埋藏深度＝地形标高－潜水水位标高＝85－83＝2m。

（3）确定潜水与地表水补给关系。水总是从较高水位流向较低水位，如图 6.16 所示。

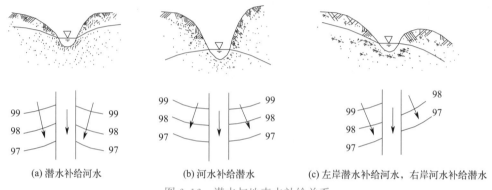

(a) 潜水补给河水　　　　　　(b) 河水补给潜水　　　　(c) 左岸潜水补给河水，右岸河水补给潜水

图 6.16　潜水与地表水补给关系

应注意，潜水面是动态变化的，因此，绘制等水位线图时，各测点水位资料的时间应大致相同，并应在等水位线图上注明。通过不同时期等水位线图的对比，有助于了解潜水的动态。一般在一个地区应绘制潜水的最高水位和最低水位时期的两张等水位线图，其他时间的潜水位在二者之间变化。

[例 6.1] 如图 6.15 所示为某区域的潜水等水位线图，请根据该图推断：（1）C 点处潜水埋藏深度是多少？（2）若 AB 两点的水平距离为 5m，则 AB 两点潜水面的水力坡度是多少？（3）确定潜水与河水补给关系。

解：

（1）C 点处潜水埋藏深度＝地形标高－潜水水位标高＝85－83＝2m。

（2）由图可知 A 点潜水位标高 84m，B 点潜水位标高 83m，AB 两点潜水面的水力坡度 $i_{AB} = \dfrac{H_A - H_B}{l_{AB}} = \dfrac{1}{5} = 0.2$

（3）水总是从较高水位流向较低水位，因此河流的东北岸潜水补给河水，西南岸则是河水补给潜水。

3. 承压水

1）承压水及其特征

承压水是指充满在两个隔水层之间的含水层中承受压力的重力水。由于隔水顶板的存在，能明显地分出补给区、承压区和排泄区三部分，如图 6.17 所示。

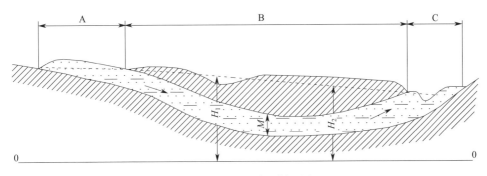

图 6.17　承压盆地剖面图

A—承压水补给区；B—承压水承压区；C—承压水排泄区；

M—承压水含水层厚度；H_1—正水头；H_2—负水头

承压区中地下水承受静水压力，当钻孔打穿隔水顶板时所见的水位称为初见水位。随后，地下水上升到含水层顶板以上某一高度稳定不变，这时的水位称为承压水位。承压水位如高出地面，则地下水可以溢出或喷出地表形成自流水。承压水位与隔水层顶板的距离称为水头，水头高出地面者称为正水头，低于地面者称为负水头。

承压水与潜水相比，具有以下特征：

（1）承压水具有静水压力，承压水面是一个势面，但实际上它并不存在，水压面的深度也不能反映承压水的埋藏深度；

（2）承压水的补给区和承压区不一致；

（3）承压水的水位、水量、水质及水温等，受气象水文因素的影响较小；

（4）水质不易受污染。

基岩地区承压水的埋藏类型，主要取决于地质构造，即在适宜的地质构造条件下，孔隙水、裂隙水和岩溶水均可形成承压水。最适宜形成承压水的地质构造有向斜储水构造和单斜储水构造两类。

向斜储水构造又称为承压盆地，如图 6.17 所示。承压盆地的规模差异很大，四川盆地就是典型的承压盆地，而小型承压盆地一般只有几平方千米。

单斜储水构造又称为承压斜地，它的形成可以是由于含水层岩性发生变化，也可以是由于含水层被断层所切，如图 6.18 所示。

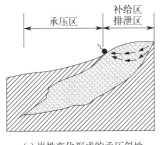
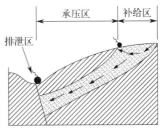

(a) 岩性变化形成的承压斜地　　　(b) 断层形成的承压斜地

图 6.18　承压斜地

133

2) 承压水的补给、排泄和径流

承压水的补给方式一般有：当承压水补给区直接出露于地表时，大气降水是主要的补给来源；当补给区位于河床或湖沼地带时，地表水可以补给承压水；当补给区位于潜水含水层之下时，潜水便直接排泄到承压含水层中。此外，在适宜的地形和地质构造条件下，承压水之间还可以互相补给。

承压水的排泄存在如下形式：承压含水层排泄区裸露于地表时，承压水以泉的形式排泄并可能补给地表水；承压水位高于潜水位时，承压水排泄给潜水，成为潜水补给源。承压水也可以在负地形或正地形条件下，形成向上或向下的排泄。

承压水径流条件决定于地形、含水层透水性和地质构造，以及补给区与排泄区的承压水位差。补给区与排泄区的地形高差和水位差越大，含水层透水性越好，构造挠曲程度越小，承压水径流便越通畅，水交替便越强烈；相反，承压水径流缓慢，水交替微弱。承压水径流条件的好坏、水交替强弱，决定了水矿化度高低及水质好坏。

3) 等水压线图

等水压线图就是承压水面的等高线图，等水压线是指承压水位标高相同点的连线。在图中同时绘出含水层顶板及底板等高线。

等水压线图可以有三个方面的用途：

（1）确定承压水的流向及其水力坡度

根据等水压线可以确定承压水的流向：垂直于等水压线，并指向标高较低的等水位线。承压水的水力坡度计算公式如下：

$$i_{AB} = \frac{H_A - H_B}{l_{AB}} \tag{6-2}$$

式中　i_{AB}——承压水的水力坡度，无量纲；

　　　H_A——A 点承压水位（m）；

　　　H_B——B 点承压水位（m）；

　　　l_{AB}——AB 两点的渗流距离（m）。

（2）确定承压水含水层的埋深和承压水位的埋深

承压水含水层的埋深等于该点地形标高减去含水层顶板标高；承压水位埋深等于该点地形标高减去承压水位标高。

（3）确定含水层的厚度

含水层厚度等于含水层顶板标高减去含水层底板标高。

[**例 6.2**] 图 6.19 为某区域的承压水等水压线图，请根据该图推断：（1）C 点处承压埋藏深度是多少？（2）D 点承压水位埋深是多少？（3）若 AB 两点的渗透距离为 5m，则 AB 两点承压水的水力坡度是多少？

解：（1）C 点承压水含水层埋深=地形标高－含水层顶板标高=93－81=12m。

（2）D 点承压水位埋深=地形标高－承压水位标高=92－87=5m。

（3）由图可知 A 点潜水位标高 89m，B 点潜水位标高 88m，

AB 两点潜水面的水力坡度 $i_{AB} = \dfrac{H_A - H_B}{l_{AB}} = \dfrac{1}{5} = 0.2$

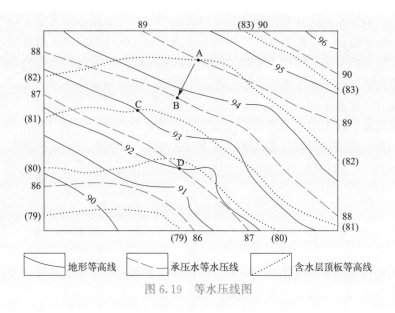

图 6.19　等水压线图

4. 孔隙水

赋存于岩土介质孔隙中的地下水叫孔隙水。孔隙水主要存在于土体中，少数存在于岩石空隙中。

孔隙水的分布和运动受到土的颗粒级配、透水性等因素的影响。土体颗粒大而均匀，则含水层孔隙大、透水性好、地下水量大、运动快、水质好；反之，则含水层孔隙小、透水性差、地下水运动慢、水质差、水量也小。孔隙水由于埋藏条件不同，可形成上层滞水、潜水或承压水。

5. 裂隙水

裂隙水是指贮存于基岩裂隙中的地下水。

裂隙水的分布和富集受岩石中裂隙的发育程度、裂隙类型和力学性质的影响。裂隙水富水性变化大，运动复杂，工程中常有间距很近的钻孔水量相差数十倍。

裂隙水按其埋藏分布特征，可划分为面状裂隙水、层状裂隙水和脉状裂隙水。面状裂隙水埋藏于各种基岩的风化裂隙中，通常相互连通，构成统一的地下水面，含水层似层状，呈面状分布。层状构造裂隙水埋藏于层状岩石的区域构造和成岩裂隙中，可以是潜水，也可以是承压水。脉状裂隙水多赋存于脉状裂隙系统中，由于裂隙分布不连续，所形成的脉状裂隙水各有自己独立的裂隙网络系统、补给源及排泄条件，它们水位不一致，分布不均，水量小，水位水量变化大。不论是面状裂隙水、层状裂隙水还是脉状裂隙水，其渗透性在不同方向上各不相同。

裂隙水按照基岩裂隙的成因不同，可划分为风化裂隙水、构造裂隙水、成岩裂隙水。

（1）风化裂隙水是指分布在风化裂隙中的地下水，多数为层状裂隙水。由于风化裂隙彼此连通，水平方向透水性均匀，垂直方向透水性随深度而减弱，在一定范围内形成的风化裂隙水也是相互连通的水体。风化裂隙水多属潜水，有时也会形成上层滞水。

（2）构造裂隙水是指分布于构造裂隙中的地下水。构造裂隙发育很不均匀，因而构造裂隙水的分布和运动情况相当复杂。当构造应力分布比较均匀且强度足够时，则在岩体中形成密集均匀且相互连通的构造裂隙，赋存层状构造裂隙水；当构造应力分布相当不均匀时，岩体中构造裂隙分布不连续、互不连通，则赋存脉状构造裂隙水。

（3）成岩裂隙水是指分布于成岩裂隙中的水，可以是潜水，也可以是承压水。沉积岩、深成岩浆岩成岩裂隙多为闭合，含水意义不大；而喷出岩（玄武岩）节理张开密集，连通良好，易构成层状裂隙含水系统；其次岩脉及侵入岩接触带，常构成垂直的带状裂隙含水系统。

6. 岩溶水

储存和运动于可溶性岩层空隙中的地下水称为岩溶水。按其埋藏条件，可以是潜水，也可以是承压水。

岩溶水在空间的分布变化很大，甚至比裂隙水更不均匀。有的地方，水汇集于溶洞孔道中，形成富水区，如岩溶水常常富集在质纯厚层的可溶岩分布地带、断层带或节理密集带、褶曲轴部和岩层急转弯处、可溶岩与非可溶岩的接触部位；而在另一地方，水可沿溶洞孔隙流走，造成一定范围内的严重缺水。

岩溶水运动特征和径流条件极为复杂：孤立水流与具有统一地下水面的水流并存；无压流与有压流并存；层流与紊流并存；明流与伏流交替出现。径流条件一般是良好的，但随着深度增加而减弱，在垂直方向显示明显分带性。

大气降水是岩溶水的主要补给源，它通过各种岩溶通道，迅速补给地下水。因此岩溶水的动态与大气降水关系十分密切。其主要特点：一是水位、流量变化异常迅猛，水位变幅可达 80m，流量变化更大。二是有些岩溶水对大气降水反应极为灵敏，雨后一昼夜甚至几小时就出现流量高峰。

岩溶水排泄的最大特征是集中和量大，如上所述雨后出现的流量高峰。但也有些泉流量恒定，如山西广胜寺泉，恒定在 $4\sim5m^3/s$ 之间。这是由于其补给区远、补给面积大、含水层容积大等因素对大气降水调节而造成的。

7. 泉

泉是地下水的天然露头，主要是地下水或含水层通道露出地表形成的。泉是地下水的主要排泄方式之一。

泉的分类方式很多，这里介绍两种常见的分类方式。

按出露原因，泉可分为三类：

（1）侵蚀泉：由于河谷和冲沟的切割，揭露潜水含水层而成的泉，称侵蚀下降泉，如图 6.20(a) 所示；由于河流和冲沟切穿了承压含水层顶板，承压水便涌出地表，形成侵蚀上升泉，如图 6.20(b) 所示。

（2）接触泉：地形切割含水层隔水底板时，地下水从两层接触处出露成泉，称为接触泉，如图 6.20(c) 所示。

（3）断层泉：当承压含水层被断层切割，且断层导水时，地下水便沿断层上升至地表成泉，如图 6.20(d) 所示。沿着断层上升的泉，常常成群分布，也叫泉带。沿断层线可看到呈串珠状分布的断层泉。

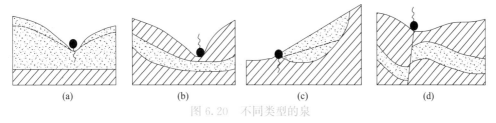

图 6.20　不同类型的泉

另外，按水的温度，泉可分为两大类：

（1）冷泉：泉水温度大致相当或略低于当地平均气温。这种泉大多由潜水补给。

（2）温泉：泉水温度高于当地平均气温，称为温泉。温泉的起源有两种，一为受地下岩浆热的影响；二为受地下深处地热的影响，一般多由深层自流水补给。

泉的特征的研究可以反映地下水的一系列特征，如泉涌水量大小反映富水程度；泉出露高程代表地下水位的高程；泉水运动特征及动态反映地下水的类型；泉的分布反映含水层补给区和排泄区的位置；泉水化学特征代表含水层的水质特点；泉水温度可反映地下水的埋藏条件。此外，泉的出露特征还有助于判断地质构造等。

泉的实际用途很广。当水量丰富，动态稳定时可用作供水水源。含有碘、硫等物质时，还可做医疗之用。同时，研究泉对了解地质构造及地下水都有很大意义。

任务 6.5　地下水的物理化学性质

水在由地表渗入地下的过程中，聚集了一些盐类和气体；地下水形成以后，又不断地在岩石空隙中运动，经常与各种岩石相互作用，溶解和溶滤岩石中的某些成分，如各种可溶盐类和细小颗粒，从而形成了一种成分复杂的动力溶液，并随着时间空间的变化而变化。研究地下水的物理化学性质，对于了解地下水的成因与动态，确定地下水对混凝土等的侵蚀性，进行各种用水的水质评价等，都有着实际的意义。

1. 地下水的物理性质

地下水的物理性质有温度、颜色、透明度、气味、味道、导电性及放射性。

（1）温度

地下水的温度与其埋藏深度、地下补给条件及地质条件等因素有关。

根据温度不同分为：小于 $0℃$ 为过冷水、$0\sim20℃$ 为冷水、$20\sim42℃$ 为温水、$42\sim100℃$ 为热水、大于 $100℃$ 为过热水。

（2）颜色

地下水的颜色决定于水中的化学成分及悬浮物，而纯水是无色的。

例如，含 Ca^{2+}、Mg^{2+} 的水为微蓝色；含 Fe^{3+} 的水为褐黄色；含有机腐殖质时为灰暗色；含悬浮物的水，其颜色取决于悬浮物。

（3）透明度

纯水是透明的，然而水中多含有一定数量的矿物质、有机质或胶体物质，从而使地下水透明度有很大的不同，所含各种成分越多，透明度越差。

根据透明度的不同可分为：透明的、微浑的、浑浊的、极浑浊的。

（4）气味

纯水无味，含一般矿物质时也无味，但当水中含有了气体或有机质时就有了某种气味。如含腐殖质时，具"沼泽"气味；含硫化氢时具有臭鸡蛋气味。

（5）味道

地下水味道主要取决于地下水的化学成分。如含 NaCl 的水具有咸味；含 $CaCO_3$ 的水清凉爽口；含 $Ca(OH)_2$ 和 $Mg(HCO_3)_2$ 的水有甜味，俗称甜水；当 $MgCl_2$ 和 $MgSO_4$ 存在时，地下水有苦味。

（6）导电性

地下水的导电性取决于所含电解质的数量与性质，即各种离子的含量与离子价，离子含量越多，离子价越高，则水的导电性越强。另外，地下水的导电性也受温度的影响。

（7）放射性

地下水的放射性取决于其所含放射性元素的含量，一般地下水的放射性极其微弱。

通过对地下水物理性质的研究，能初步了解地下水的形成环境、污染情况及化学成分，这为利用地下水提供了依据。

2. 地下水的化学成分

地下水中含有各种气体、离子、胶体物质和有机物质。自然界中存在的元素，绝大多数已在地下水中发现，但只有少数元素含量较高。

（1）地下水中的常见成分

地下水中常见的成分可以分为离子成分、气体成分、胶体成分、有机质和细菌成分。

常见的离子成分有：H^+、Na^+、K^+、NH_4^+、Mg^{2+}、Ca^{2+}、Fe^{2+}、Fe^{3+}、Mn^{2+} 等阳离子；OH^-、Cl^-、HCO_3^-、NO_2^-、SO_4^{2-}、CO_3^{2-}、SiO_3^{2-}、PO_4^{3-} 等阴离子。

地下水中也常常含有多种气体，如 N_2、O_2、CO_2、CH_4、H_2S 等。

地下水中也含有未离解的化合物构成的胶体，如 Fe_2O_3、Al_2O_3、H_2SiO_3 等。

（2）氢离子浓度（pH 值）

地下水的酸碱度取决于水中所含氢离子的浓度，常用 pH 值表示。是以 10 为底的 H^+ 浓度的负对数，即 $pH=lg[H^+]$。根据 pH 值可将地下水分为五类，见表 6.2。

地下水按 pH 值分类 　　　　　　　　　　　　　　　　　　　表 6.2

地下水类型	强酸性水	弱酸性水	中性水	弱碱性水	强碱性水
pH 值	<5	5～7	7	7～9	>9

地下水的氢离子浓度主要取决于水中 HCO_3^-、CO_3^{2-}、H_2CO_3 的含量。自然界中大多数地下水的 pH 值为 6.5～8.5。氢离子浓度为一般酸性腐蚀指标。

（3）总矿化度

地下水中含有各种离子、分子和化合物的总量称为总矿化度，简称矿化度。它表示水中含盐量的多少，以 g/L 为单位。通常以 105～110℃温度下将水蒸干所得的干涸残余物总量来确定。根据矿化度的大小，可将地下水分为五类，见表 6.3。

表 6.3

地下水按矿化度的分类

水的类别	淡水	微咸水（低矿化度水）	咸水	盐水（高矿化度水）	卤水
矿化度（g/L）	<1	1～3	3～10	10～50	>50

高矿化水能降低混凝土强度、腐蚀钢筋，并能促进混凝土表面风化，故拌和混凝土时，一般不允许使用高矿化水。

（4）硬度

水的硬度取决于水中 Ca^{2+}、Mg^{2+} 的含量。硬度分为总硬度、暂时硬度和永久硬度。

总硬度是指水中所含钙、镁离子总量；暂时硬度是指可由煮沸去掉的钙、镁离子含量；永久硬度是指煮沸后能保留下来的钙、镁离子的含量。很容易得出三种硬度间的关系：总硬度＝暂时硬度＋永久硬度。

硬度的表示方法很多，我国目前采用德国度表示，1 德国度相当于 1L 水中含 10mg 氧化钙（CaO）或 7.2 mg 氧化镁（MgO）。根据硬度可将地下水分为五类，见表 6.4。

表 6.4

地下水按硬度分类

水的类别	极软水	软水	微硬水	硬水	极硬水
德国度	<4.2	4.2～8.4	8.4～16.8	16.8～25.2	>25.2

任务6.6　地下水的渗流与达西定律

1. 地下水运动的基本形式

多孔介质是指地下水动力学中具有空隙的岩土体。广义上包括孔隙介质如含有孔隙的岩层、砂层、疏松砂岩等；裂隙介质如含有裂隙的岩层、裂隙发育的砂岩、花岗岩、石灰岩等；溶隙介质如可溶岩中发育的裂隙，可以统称为多孔介质。地下水在多孔介质中的运动称为渗流。地下水的渗流往往会对建筑工程产生不良影响，如流砂、潜蚀等。

地下水的渗流按其水位、流速、流向等运动要素是否随时间变化，可分为稳定流与非稳定流两类运动。稳定流运动各运动要素不随时间改变；运动要素随时间变化的水流运动则称为非稳定流运动。严格来讲，自然界中的地下水流均属非稳定流。但为了计算简便，也可以将某些运动要素变化微小的渗流，近似地看作稳定流。

地下水的渗流按其形态可分为层流和紊流两种运动形式。层流是指水质点作有秩序、互不混杂的流动。紊流是指水质点作无秩序、互相混杂的流动，一般只在基岩宽大洞隙及卵砾石层的大孔隙中或在水力坡度很大的情况下才会出现，如抽水井附近。本模块主要讨论地下水的层流。

2. 达西定律

1856 年，法国水利学家达西（H. Darcy）通过大量的试验，如图 6.21 所示，得到地下水的线性渗透规律，称为达西定律。

根据试验结果，得到达西定律表达式：

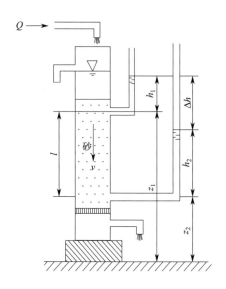

图 6.21　渗透试验装置

$$Q = k \frac{\Delta h}{l} A \tag{6-3}$$

或

$$v = q = \frac{Q}{A} = k \frac{\Delta h}{l} = ki \tag{6-4}$$

其中

$$i = \frac{\Delta h}{l} = \frac{H_1 - H_2}{l} = \frac{(h_1 + z_1) - (h_2 + z_2)}{l} \tag{6-5}$$

式中　Q——渗流流量，即单位时间通过过水断面（与水流方向垂直的土截面）的水量（cm^3/s）；

Δh——水头损失，即上下游过水断面的水头差（cm）；

l——渗透长度（cm）；

A——过水断面的面积（cm^2），包括岩土颗粒和空隙两部分的面积；

k——渗透系数（cm/s）；

i——水头梯度（又称水力坡降，水力梯度），无量纲；

v——水在土中的渗透速度（cm/s），由于土中孔隙的曲折，v 并非孔隙中水的实际流速，而是单位时间内流过单位土截面（过水断面）的水量 q。

达西定律只适用于层流，不适用于紊流。在自然条件下，地下水流动时阻力较大，一般流速较小，绝大多数属于层流运动。但在岩石的洞穴及大裂隙中地下水的运动多属于非层流运动。

渗透系数表征的是水通过多孔介质的难易程度，可以用室内渗透试验或现场抽水试验测定。渗透系数的主要影响因素有介质的孔隙比、矿物组成、水的黏滞性和温度等。

地下水是非常重要的水资源，但是在工程建设中，往往会对建筑工程产生不良影响，主要表现在：降低地下水会使软土地基产生固结沉降；不合理的地下水流动会诱发某些土层出现流砂现象和机械潜蚀；地下水对位于地下水位以下的岩石、土层和建筑物基础产生浮托作用；某些地下水对混凝土产生腐蚀等。

1. 地下水位下降引起软土地基沉降

地下水位的下降会使土中的孔隙水压力降低，从而使土体的有效应力增加，使土体被压缩产生沉降。许多大城市由于过量开采地下水致使区域地下水位下降从而引起地面沉降，就是这个原因。同样的道理，深基础施工时，往往需要人工降低地下水位。若降水周期长、水位降深大、土层有足够的固结时间，则会导致降水影响范围内的土层产生固结沉降，轻者造成邻近的建筑物、道路、底下管线的不均匀沉降；重者导致建筑物开裂、道路破坏、管线错乱等危害的产生。

人工降低地下水位导致土木工程的破坏，还有另一方面的原因。如果抽水井滤网和反滤层的设计不合理或施工质量差，那么，抽水时会将土层中的粉粒、砂砾等细小土颗粒随同地下水一起带出地面，使降水井周围土层很快产生不均匀沉降，造成土木工程的破坏。另外，降水井抽水时，井内水位下降，井外含水层中的地下水不断流向滤管，经过一段时间后，在井周围形成漏斗状的弯曲水面——降落漏斗。由于降落漏斗范围内各点地下水下降的幅度不一致，因此会造成降水井周围土层的不均匀沉降。

2. 动水压力产生流砂和潜蚀

1）流砂

流砂是地下水自下而上渗流时土产生流动的现象。当地下水的动水压大于土粒的浮密度或地下水的水力坡度大于临界水力坡度时，就会产生流砂。

（1）流砂的分类

在建筑物深基础工程和地下建筑工程的施工中所遇到的流砂现象有：

①轻微流砂。当基坑围护桩排的间隙处隔水措施不当或施工质量欠缺时，或当地下连续墙接头的施工质量不佳时，有些细小的土颗粒会随着地下水渗漏一起穿过缝隙而流入基坑，增加坑底的泥泞程度。

②中等流砂。在基坑底部尤其是靠近围护桩墙的地方，常常会出现一堆粉细砂缓缓冒起。仔细观察，可以看到粉细砂堆中形成许多小小的排水沟，冒出的水夹带着细小土粒在慢慢地流动。

③严重流砂。基坑开挖时如发生上述现象而仍继续往下开挖，流砂的冒出速度会迅速增加，有时会像开水初沸时翻泡，此时基坑底部成为流动状态，给施工带来很大困难，甚至影响邻近建筑物的安全。如果在沉井施工中，产生严重流砂，那么沉井就会突然下沉，无法用人力控制，以致沉井发生倾斜，甚至发生重大事故。

（2）防治方法

流砂对岩土工程危害极大，所以在可能发生流砂的地区施工时，应尽量利用其上面的土层作为天然地基，也可以利用桩基穿透流砂层。总之，要尽量避免水下大开挖施工，若必要时，可用下列方法防治流砂：

6-2

流砂的防治

①人工降低地下水位。使地下水位降至可产生流砂的地层之下，然后再开挖；

②打板桩。其目的一方面是加固坑壁，另一方面是改善地下水的径流条件，即增长渗透路径，减小地下水水力坡度及流速；

③水下开挖。在基坑开挖期间，使基坑中始终保持足够的水头，尽量避免产生流砂的水头差，增加基坑侧壁的稳定性；

④用冻结法、化学加固法、爆炸法等处理岩土层，提高其密实度，减小其渗透性。

2）潜蚀

潜蚀是指渗透水流在一定水力坡度，即地下水水力坡度大于岩土产生潜蚀破坏的临界水力坡度的条件下产生较大的动水压力，冲刷、挟走细小颗粒或溶蚀岩土体的现象。若潜蚀作用进一步发展，沿着渗流方向，在土层中形成管状渗流通道，又称管涌。潜蚀往往会导致岩土体结构松动或破坏，以致产生地表裂隙、塌陷，影响工程稳定。在黄土和岩溶地区的岩层、土层中最容易发生潜蚀作用。

（1）潜蚀的分类

潜蚀可分为两类：

①机械潜蚀。即在地下水动水压力作用下，土体受到冲刷，其中细颗粒被冲走，使土的结构遭到破坏。

②化学潜蚀。即水溶解土或岩石中的易溶盐分，使土或岩石的颗粒间的胶结破坏，结合力削弱，结构松动。

机械潜蚀和化学潜蚀一般是同时进行的。

（2）防治方法

防止岩土层中发生潜蚀破坏的有效措施，原则上可以分为两大类：一是改变地下水渗透的水力条件，使地下水水力坡度小于临界水力坡度；二是改善岩土性质，增强其抗渗能力。如对岩土层进行爆炸、压密、化学加固等，增加岩土的密实度，降低岩土层的渗透性。

具体可以采取如下措施：①堵截地表水流入土层；②阻止地下水在土层中流动，或减小流速和水力坡度值；③设置反滤层，改造土的性质。

3. 地下水的浮托作用

当建筑物基础底面位于地下水位以下时，地下水对基础底面产生静水压力，即产生浮托力。如果基础位于粉土、砂土、碎土、碎石土和节理裂隙发育的岩石地基上，则按地下水位100%计算浮托力；如果基础位于节理裂隙不发育的岩石地基上，则按地下水位50%计算浮托力；如果基础位于黏性土地基上，其浮托力较难确切确定，应结合地区的实际经验考虑。

地下水不仅对建筑物基础产生浮托力，同样对其水位以下的岩石、土体产生浮托力。

所以在有关规范中规定：确定地基承载力设计时，无论是基础底面以下土的天然重度还是基础底面以上土的加权平均重度，地下水位以下一律取有效重度。

4. 承压水对基坑的作用

当深基坑下部有承压含水层时，开挖基坑会减小含水层上覆隔水层的厚度，在隔水层厚度减小到一定程度时，承压水的水头压力能顶裂或冲毁基坑底板，造成突涌现象。基坑突涌会破坏地基，给施工带来困难，所以，在进行基坑施工时，必须分析承压水头是否会冲毁基坑底部的黏土层。在工程实践中，通常用压力平衡概念进行验算，即：

$$\gamma M = \gamma_w H \qquad (6\text{-}6)$$

式中　γ、γ_w——分别为黏性土的重度和地下水的重度（kN/m^3）；

H——相对于含水层顶板的承压水头值（m）；

M——基坑开挖后基坑底部黏土层的厚度（m）。

所以，基坑底部黏土层的厚度必须满足式(6-7)的要求，如图 6.22(a) 所示。

$$M > \frac{\gamma_w}{\gamma} H \qquad (6\text{-}7)$$

如果必须采用人工方法抽汲承压含水层中的地下水，如图 6.22(b) 所示，局部降低承压水头，使其下降，直至满足式(6-7)的要求，方可避免产生基坑突涌现象。

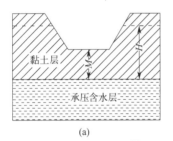 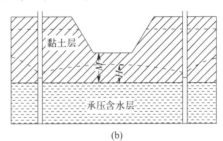

图 6.22　基坑底部隔水层最小厚度

5. 地下水对钢筋混凝土的腐蚀

地下水某些成分含量过多时，对混凝土、可溶性石料、管道、钢铁等都有侵蚀危害。地下水的腐蚀性对建筑材料的耐久性影响很大。地下水对混凝土的破坏，可分为分解性腐蚀，结晶性腐蚀和结晶分解复合性腐蚀三类。

（1）分解性腐蚀。矿化度极低的水，水中的氢离子、二氧化碳、游离碳酸及某些盐类含量处于极限值时，使混凝土碳酸化，或导致水泥石水解，使水泥石中的氢氧化钙和氧化钙及其他成分溶解流失，降低混凝土的碱度，从而使混凝土强度降低。

（2）结晶性腐蚀。水中含有某些一定量的盐，与混凝土接触，并入渗到混凝土内部，使水泥石水化，或与混凝土成分起化合作用，形成水化物及稳定的含水结晶体，因膨胀引起胀裂破坏，影响混凝土的耐久性。

（3）结晶分解复合性腐蚀。水中含有某些一定量的化学成分，与混凝土成分、水泥石产生化学反应，分解性腐蚀与结晶性腐蚀兼而存在。往往由阴离子产生结晶性腐蚀，阳离子产生分解性腐蚀。此类复合性腐蚀作用归结为结晶分解复合性腐蚀。

地下水中的主要的离子成分有：氢离子、钾离子、钠离子、镁离子、钙离子、铁离子、氢氧根、氯离子、硫酸根、硝酸根、亚硝酸根、碳酸氢根、碳酸根、硅酸根、磷酸根等，在氧和水的条件下，钢筋表面发生电化学腐蚀，阳极离子发生化学反应生成氧化亚铁、氢氧化铁等腐蚀物。钢筋腐蚀后，有效直径减小，直接危及混凝土结构的安全性；同时，钢筋锈蚀后，锈蚀生成物的体积膨胀，致使混凝土保护层顺筋开裂，混凝土抗破坏能力大幅度降低，品质迅速劣化。

思政故事

世界水日　3月22日

"世界水日"源自联合国。为了唤起公众的节水意识，加强水资源保护，建立一种更为全面的水资源可持续利用的体制和运行机制，1993年1月18日，联合国第四十七次大会通过193号决议，决定从1993年开始，将每年的3月22日定为"世界水日"，以推动对水资源进行综合性统筹规划和管理，解决日益严峻的缺水问题。同时，各国根据自己的国情，都会在这一天开展宣传教育活动，增强公众对开发和保护水资源的意识（图6.23）。

图6.23　世界水日展板

自1993年"世界水日"确定后，从1994年起，水利部决定将每年"世界水日"即3月22日至3月28日的这一周，确定为"中国水周"，提高全社会关心水、珍惜水、保护水和水忧患意识，促进水资源的开发、利用、保护和管理。在"水周"期间，各地会开展相应的活动，提高公众珍惜和保护水资源的意识。

模块小结

水的分布是十分广泛的。在大气圈、水圈、生物圈和地球内部都有水的存在，并且水处于不断运动、互相转化的过程，在这个过程中不断改造着地壳岩石圈，并对工程建设产生影响。本模块学习了地表水的类型；暂时性水流地质作用；河流地质作用；地下水的类型及特征；达西定律；地下水对工程的不良影响。通过研究地表水、地下水及其特征和作用，可以排除水的危害，应用其有利方面为建筑工程服务。

思考题

1. 简述地表水的分类。
2. 简述冲沟的形成和发展过程，并说明在各阶段如何避免冲沟进一步发展。
3. 根据洪积层的形成原因，说明洪积层的分布特征。
4. 河流地质作用有哪些？
5. 试论述野外如何辨别河流阶地。
6. 按照埋藏条件和空隙性质来分，地下水分为哪几种类型？
7. 地下水中主要包括哪些化学成分？
8. 地下水对建设工程有哪些不利影响？
9. 潜水、承压水分别有什么样的特征？
10. 怎样表示潜水面的形状？潜水等水位线图有哪些用途？
11. 承压水等水压线图有哪些用途？
12. 什么样的地质构造条件适宜储存承压水？试绘图并说明。
13. 简述裂隙水的分布特征。
14. 什么是泉？泉是怎样形成的？绘图说明泉的主要类型。
15. 写出达西定律的关系式并指出各符号的意义及达西定律的适用范围。
16. 何谓流砂和潜蚀？防治流砂和潜蚀的措施有哪些？

Chapter 07

模块 7

不良地质作用及防灾减灾

▶▶

模块导读

　　我国地域辽阔，地质构造运动强烈，导致自然地质灾害种类繁多、危害严重。每年因地质灾害造成的直接经济损失占自然灾害总损失的 20％ 以上，直接影响了人民的生活，制约了社会的可持续发展，尤其以汶川地震、玉树地震、舟曲泥石流以及云南彝良泥石流等重大地质灾害影响深远。为了辨识及防治地质灾害，增进地质灾害知识，本模块内容将对滑坡、崩塌、泥石流和岩溶进行认知并对它们的防治方法进行阐述。

　　● **基本要求**　通过本模块学习，应掌握：滑坡的形态要素、滑坡分布区的特点、滑坡分类、滑坡的识别；崩塌的分类；泥石流形态要素；岩溶的形态、岩溶形成机制。

　　● **重点**　滑坡、崩塌、泥石流、岩溶的形成条件。

　　● **难点**　滑坡、崩塌、泥石流、岩溶的防治。

　　● **思政元素**　（1）树立减灾防灾意识；（2）地灾防治，人人有责；（3）科学技术就是生产力。

不良地质作用又叫地质灾害，是指在自然或人为因素的作用下形成的，对人类生命财产造成损失、对环境造成破坏的地质作用或地质现象。它在时间和空间上的分布变化规律，既受制于自然环境，又与人类活动有关，往往是人类与自然界相互作用的结果。

地质灾害发生原因主要是地球内动力、外动力地质或人为动力作用下，地球发生异常能量释放、物质运动、岩土体变形移位以及环境异常变化。主要形式为崩塌、滑坡、泥石流、地裂缝、地面沉降等。

掌握地质变形体的发生和发展情况，进行治理或预测，从而防止地质灾害的发生、发展、减轻人员伤亡和经济损失，是一项长期任务。

任务 7.1　滑坡

滑坡是斜坡上的岩土体在重力作用下，沿着土体内部一定的软弱面整体向下滑动的现象，如图 7.1 所示。滑坡是危害性很大的常见地质灾害，主要是由于山体垮塌，将山坡下的公路、房屋掩埋，常造成一定范围内的人员伤亡、财产损失，甚至毁灭性的灾难，如图7.2 所示。

图 7.1　库岸滑坡

图 7.2　滑坡摧毁铁路和隧道

1. 滑坡的形态要素

典型滑坡的形态如图 7.3 所示，其形态要素主要包括：滑体、滑面、剪出口、滑床、滑坡后壁、滑坡洼地、滑坡台阶、滑坡台坎、滑坡前部、滑坡顶点、滑坡侧壁、滑坡周界、拉张裂缝、剪切裂缝、羽状裂缝、鼓胀裂缝、放射状（扇形）张裂缝、牵引性张裂缝、主滑线（滑坡主轴）。

（1）滑体：产生了移动的那部分岩土体，即滑坡的滑动部分，又称滑坡体。

（2）滑面：滑坡体与不动体之间的分界面，又称滑动面。

（3）剪出口：滑动面前端与斜坡面的交线。

（4）滑床：滑动面以下的稳定岩土体，又称滑坡床。

（5）滑坡后壁：滑坡体与不动体脱离后，在后缘形成的暴露在外面的陡壁。

（6）滑坡洼地：指滑坡后部，滑坡体与滑坡后壁之间被拉开或有次一级滑块沉陷而形

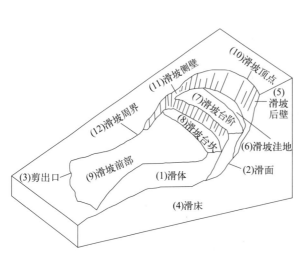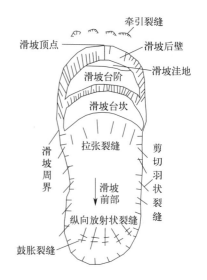

图 7.3　滑坡形态

成的封闭洼地。有时，滑坡洼地可积水成湖，称为滑坡湖。

（7）滑坡台阶：滑坡体滑动后，其表面坡度变缓并呈阶状的台地。

（8）滑坡台坎：由于滑动速度的差异，滑坡体在滑动方向上常解体为几段，每段滑坡块体的前缘所形成的台坎地形。

（9）滑坡前部：常形成滑坡鼓丘和滑坡舌。滑坡鼓丘指位于滑坡体前段由滑体推挤作用而形成的丘状地形。滑坡舌指当滑坡剪出口高于坡脚时，在滑坡体前端出现的舌状形态。

（10）滑坡顶点：滑坡主轴通过滑坡后壁的交点。

（11）滑坡侧壁：位于滑坡体两侧的滑床呈壁状，称为滑坡侧壁。

（12）滑坡周界：滑坡体与周围不动坡体在平面上的分界线。

2. 滑坡的分类

《滑坡防治工程设计与施工技术规范》DZ/T 0219—2006 对滑坡的分类如下。

1）按主要因素划分

主要因素包括滑坡体的物质组成和结构形式等，分类见表 7.1。

2）按其他因素划分

其他因素包括滑体厚度、运移方式、成因属性、稳定程度、形成年代和规模等其他因素，分类见表 7.2。

滑坡物质组成和结构形式因素分类　　　　　　　　　　　表 7.1

类型	亚类	特征描述
堆积层滑坡（土质）	滑坡堆积体滑坡	由前期滑坡形成的块碎石堆积体，沿下伏基岩或体内滑动
	崩塌堆积体滑坡	由前期崩滑等形成的块碎石堆积体，沿下伏基岩或体内滑动
	黄土滑坡	由黄土构成，大多发生在黄土体中，或沿下伏基岩面滑动

续表

类型	亚类	特征描述
堆积层滑坡 （土质）	黏土滑坡	由具有特殊性质的黏土构成,如昔格达组、成都黏土等
	残坡积层滑坡	由基岩风化壳、残坡积土等构成,通常为浅表层滑动
	人工填土滑坡	由人工开挖堆填弃碴构成,次生滑坡
岩质滑坡	近水平层状滑坡	由基岩构成,沿缓倾岩层或裂隙滑动,滑动面倾角≤10°
	顺层滑坡	由基岩构成,沿顺坡岩层滑动
	切层滑坡	由基岩构成,常沿倾向山外的软弱面滑动,滑动面与岩层层面相切,且滑动面倾角大于岩层倾角
	逆层滑坡	由基岩构成,沿倾向坡外的软弱面滑动,岩层倾向山内,滑动面与岩层层面相反
	楔体滑坡	在花岗岩、厚层灰岩等整体结构岩体中,沿多组弱面切割成的楔形体滑动
变形体	危岩体	由基岩构成,受多组软弱面控制,存在潜在崩滑面,已发生局部变形破坏
	堆积层变形体	由堆积体构成,以蠕滑变形为主,滑动面不明显

滑坡其他因素分类 表 7.2

有关因素	名称类别	特征说明
滑体厚度	浅层滑坡	滑坡体厚度在 10m 以内
	中层滑坡	滑坡体厚度为 10～25m
	深层滑坡	滑坡体厚度为 25～50m
	超深层滑坡	滑坡体厚度超过 50m
运动形式	推移式滑坡	上部岩层滑动,挤压下部产生变形,滑动速度较快,滑体表面波状起伏,多见于堆积物分布的斜坡地段
	牵引式滑坡	下部先滑,使上部失去支撑而变形滑动。一般速度较慢,多具有上小下大的塔式外貌,横向张性裂隙发育,表面多呈阶梯状或陡坎状
发生原因	工程滑坡	由于施工或加载等人类工程活动引起的滑坡。还可细分为: 1. 工程新滑坡:由于开挖坡体或建筑物加载所形成的滑坡; 2. 工程复活古滑坡:原已存在的滑坡,由于工程扰动引起复活的滑坡
	自然滑坡	由于自然地质作用产生的滑坡。按其发生的相对时代可分为古滑坡、老滑坡、新滑坡
现今稳定程度	活动滑坡	发生后仍继续活动的滑坡。后壁及两侧有新鲜擦痕,滑体内有开裂、鼓起或前缘有挤出等变形迹象
	不活动滑坡	发生后已停止发展,一般情况下不可能重新活动,坡体上植被较盛,常有老建筑
发生年代	新滑坡	现今正在发生滑动的滑坡
	老滑坡	全新世以来发生滑动,现今整体稳定的滑坡
	古滑坡	全新世以前发生滑动的滑坡,现今整体稳定的滑坡

149

有关因素	名称类别	特征说明
滑体体积	小型滑坡	$<10\times10^4\mathrm{m}^3$
	中型滑坡	$10\times10^4\mathrm{m}^3\sim100\times10^4\mathrm{m}^3$
	大型滑坡	$100\times10^4\mathrm{m}^3\sim1000\times10^4\mathrm{m}^3$
	特大型滑坡	$1000\times10^4\mathrm{m}^3\sim10000\times10^4\mathrm{m}^3$
	巨型滑坡	$>10000\times10^4\mathrm{m}^3$

3. 滑坡分布地区的特点

滑坡的发生与地质和气候等因素有关，主要发生在山区，总体来说，滑坡的易发和多发地区有以下特点：

1）有利的地形地貌条件

江、河、湖、水库、海、沟的岸坡地带，地形高差大的峡谷地区，山区、铁路、公路、工程建筑物的边坡地段等，均是有利滑坡发生的地形地貌。

2）地质构造带

地质构造带主要包括断裂带、地震带等。断裂带中的岩体破碎、裂隙发育，非常有利于滑坡的形成；地震烈度大于 7 度的地区，坡度大于 25°的坡体，在地震中极易发生滑坡。

3）易滑的岩土体

松散覆盖层、黄土、泥岩、页岩、煤系地层、凝灰岩、片岩、板岩、千枚岩等岩土体遇水或在荷载作用下之后极易软化、弯曲变形，它们是滑坡形成的良好物质基础。

4）暴雨多发或异常的强降雨

在这些地区，暴雨或异常的降雨为滑坡发生提供了有利的诱发因素。

5）人类工程活动强度大，对自然环境破坏严重

土体平衡状态遭到破坏，容易失稳滑动。

4. 滑坡的形成条件

从力学上分析，滑坡的发生包含两个必不可少的条件：①下滑力超过抗滑力；②形成一个贯通的滑动面。如图 7.4 所示。

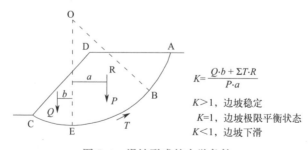

$$K=\frac{Q\cdot b+\Sigma T\cdot R}{P\cdot a}$$

$K>1$，边坡稳定

$K=1$，边坡极限平衡状态

$K<1$，边坡下滑

图 7.4　滑坡形成的力学条件

另外，如果从滑坡条件因素来考虑，滑坡的发生可从内部条件和外部条件来分析。

滑坡的内部条件是滑坡形成的主要原因，是指有利于产生滑坡的斜坡体自身的条件，主要包括地形地貌、地质构造、岩土性质。

（1）地形地貌：滑坡发生的必要条件是该地貌部位有一定的斜坡，尽管有时很平缓，也可能在入渗水的作用下发生平推式滑坡。滑坡多发地带一般为地形高低落差较大的山区与高原地区，同时还要满足斜坡具有一定的坡度、形态、高度，才能形成易于滑落的临空面。易于发生滑坡地形的特点是上下陡峭，中间平缓，三面临空呈圈椅状，如图 7.5 所示。

图 7.5　三面临空的圈椅状陡峭地形易发生滑坡

（2）地质构造：影响滑坡形成的重要原因就是地质构造。斜坡的岩石、土体被节理、断层等构造面切割成断裂状态与滑坡的形成有重要关系。由于断裂的构造面使得斜坡上的岩石、土体风化加剧，便于降水沿着断裂面流入，导致斜坡整体性被破坏，最终导致滑坡的产生。

（3）岩土性质：滑坡发生的物质基础就是岩土，其结构与质量对滑坡的形成与效果有着关键影响。对于结构相对完整且外壳坚硬的岩土，抗剪与抗风化的强度大，其组成的斜坡具有良好的整体性，因此不容易形成滑坡。反之，则容易发生滑坡。

产生滑坡现象的外部条件，也叫诱发条件，包括地下水活动和外界因素。

（1）地下水活动：地下水是形成滑坡现象的一个重要的外在因素。地下水具有将斜坡的岩土进行软化，降低其强度，并产生水压力，增加岩土重量等作用，其中对软岩的软化与降低强度方面的效果最为明显。

（2）外界因素：滑坡除了自然发生的，也有其他的外界因素引发的，如遇到洪水冲刷、人工挖掘、人为爆破、在斜坡进行局部的加载减载等情况都可能造成滑坡现象。其中由于爆破产生振动引起的滑坡最为常见，对于潜在易滑的斜坡上进行爆破产生的振动力，使斜坡的稳定性遭到破坏，从而引发滑坡，特别是软弱面的岩土斜坡更为明显。

5. 滑坡识别

滑坡发生之前和之后往往都具有一些可识别的标志。

对新生滑坡可从以下标志进行识别：

（1）地貌地物标志。形成滑坡的斜坡常呈圈椅状、马蹄状地形，坡面上常有异常台坎分布，斜坡坡脚挤占正常河床等。滑动体上常有鼓丘、多级错落平台，两侧双沟同源。在坡体上有时还可见到积水洼地、地面开裂、倾斜或开裂建筑物、管线工程变形等。

（2）岩土结构标志。在滑坡体内常可见到岩土体松散扰动现象，以及岩土层位、产状与周围岩土体不连续现象。

（3）滑坡边界标志。滑坡发生后，滑坡后缘常呈陡壁，陡壁上有顺坡向擦痕；滑体两侧多以沟谷或裂缝为界；前缘多见舌状凸起、岩土堆或小型坍塌。

（4）水文地质标志。由于坡体滑动，使滑体与不动体之间原有的水力联系破坏，造成地下水在滑体前缘成片状或股状溢出，如坡体正在滑动，溢出的地下水多为混浊状。

（5）裂缝标志。后缘拉裂缝逐渐变宽，下错台坎日趋变大；建筑物上的裂缝逐日变宽；贴在裂缝两侧的纸条被拉裂，封堵后的裂缝又被拉开等；雨季或汛期变形加剧。

对于已稳定的老滑坡体具有的识别标志为：

（1）滑坡后壁较高但十分稳定，长满了树木，找不到擦痕；

（2）滑坡体两侧的自然冲刷沟切割很深，甚至已达基岩；

（3）滑坡台阶宽大且已夷平，土体密实，有沉陷现象；

（4）滑坡前缘的土体密实，坡面较陡，树木呈马刀状，无松散崩塌现象；

（5）滑坡体舌部的坡脚有清晰的泉水流出等；

（6）滑坡前缘迎河部分有被河水冲刷过的现象，河水远离滑坡舌，甚至在滑坡舌外部已有河漫滩、阶地分布。

6. 滑坡防治

7-1

滑坡的防治

滑坡防治是指在无法绕避滑坡地段或斜坡不稳定地段进行工程建设时所采取的防治措施。这些措施必须在详细调查分析和研究对比各种方案的基础上进行。调查的内容主要有滑坡地区的工程地质条件，诱发滑动的主要和次要因素等。滑坡防治的主要任务在于减小滑动力和加大抗滑力。由于减小滑动力和加大抗滑力的机理不一样，从而产生了许多不同的抗滑措施，主要有以下几种。

（1）改变坡体几何形态

这种措施主要是通过削减坡体上方土体，减少产生下滑力的坡体重量来实现的；也可以在坡脚堆载反压，增加坡脚阻滑力来达到目的，又称砍头压脚法。另外还可以通过削方减载，做成台阶状，减缓边坡的总坡度，达到稳定坡体的目的。改变坡体几何形态是一种经济有效的防治措施，技术上简单易行且对滑坡体防治效果好，特别是对厚度大、主滑段和牵引段滑面较陡的滑坡体，治理效果尤为明显。如图7.6所示为改变坡体几何形态的处置方法及效果。

（2）排水工程

"十滑九水"，工程上素有"治滑先治水"的说法。水是形成滑坡的重要因素，特别是作用于滑面的水增大滑带土的孔隙水压力，降低强度参数，减小滑阻力，因此修建排水工程总是治理滑坡中首先应考虑的措施。排水工程包括地表排水和地下排水。地表排水以拦截和排导为原则，用截水沟将地表水排入天然沟谷，滑体表面的截水沟修建成树枝状，主沟应尽量与滑坡方向一致，支沟与滑坡方向呈30°～45°斜交。几乎所有滑坡整治工程都包括地表排水工程，只要适用得当，仅用地表排水即可整治滑坡。主要的排水措施有：①平孔排水；②真空排水；③虹吸排水；④电渗析排水。垂直排水钻孔与深部水平排水廊道

图 7.6　改变坡体几何形态

（隧洞）相结合的排水体系在工程上应用广泛，将排水措施与改变斜坡几何形态联合可以获得更佳的整治效果。如图 7.7 所示为截水沟和排水廊道。

(a) 截水沟　　　　　　　　　　　　　　　(b) 排水廊道

图 7.7　截水沟和排水廊道

（3）支挡工程

支挡工程是通过改变滑坡体的受力状态，增加坡体抗滑力的防治措施，主要有抗滑挡墙、抗滑桩、预应力锚索以及它们的联合措施。

抗滑挡墙是在滑坡底脚修建挡墙，是滑坡防治常用的一种方法，如图 7.8 所示。挡墙可采用砌石、混凝土或钢筋混凝土结构。修建挡墙不但能适当提高滑坡的整体安全性，还可有效防止坡脚的局部坍塌，以免不断恶化边坡条件。但对于大型滑坡，挡墙由于受到工程量及高度的限制，不再适宜采用。

图 7.8　抗滑挡墙

图 7.9　抗滑桩

抗滑桩是一种被实践证明效果较好的传统滑体加固方式，如图 7.9 所示。对一些中、深层滑坡，用抗滑挡墙难以整治的情况下，可以采用抗滑桩。抗滑桩是采用人工挖孔或机械成孔，放入钢筋笼，再浇入混凝土灌注而成。桩身嵌固在滑动面以下的稳固地层内，借以抗衡滑坡体的下滑力，这是整治滑坡比较有效的措施。但是，由于抗滑桩多为悬臂式设置，要克服较大的弯矩作用，往往设计的断面较大，配筋率较高，造价非常高。

预应力锚索防治滑坡是通过外端固定于坡面，另一端锚固在滑动面以内的稳定岩体中穿过边坡滑动面的预应力钢绞线，直接在滑面上产生抗滑阻力，增大抗滑摩擦阻力，使结构面处于压紧状态，以提高边坡岩体的整体性，从根本上改善岩体的力学性能，有效地控制岩体的位移，使其稳定，达到整治滑坡的目的，如图 7.10 所示。一般在滑坡中、前部施打若干排锚索，施加预应力 500～3000kN 以上。应用预应力锚索一般要在地面用梁或锚墩作反力装置给滑体施加一预应力来稳定滑坡，这样能有效地阻止滑坡的移动。锚索工程既不开挖滑体，对滑体扰动小，又能机械施工，比抗滑桩工程节省投资约 50%，因此应用十分广阔。

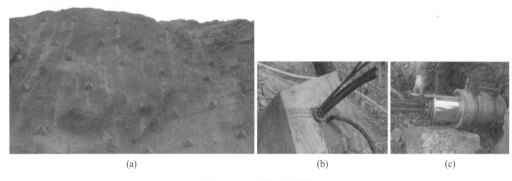

(a)　　　　　　　　　　(b)　　　　　　(c)

图 7.10　预应力锚索

锚索可以与抗滑桩联合形成锚索桩。在抗滑桩顶部加 2～4 束锚索，增加一个拉力，改变普通抗滑桩的悬臂受力状态，接近简支梁，施加预应力使桩由被动受力变为主动受力，因而大大降低了传统桩体的截面、配筋率和埋置深度，可节省工程投资 40%～50%，有较明显的经济效益。预应力锚索抗滑桩改变了桩的受力状态，变被动支挡为主动预加，提高了滑坡稳定性。预应力锚索抗滑桩如图 7.11 所示。

(a)　　　　　　　　　　(b)

图 7.11　锚索桩

此外，边坡加固措施还有微型桩群、普通砂浆锚杆锚固、复合挡土结构、土锚钉、加筋土、格构锚固等，由于各有加固特点，因而在各种边坡加固工程中均得到了较广泛的应用。

（4）改变土体性质

对于软基和由软土构成的边坡，可以采用物理或化学的处理方法，改变土体性质，以提高边坡的稳定性。这些方法有电渗法、焙烧法、灌浆法和离子交换法等。

任务 7.2　崩塌

崩塌是陡斜坡上的岩土体在重力作用下突然脱离母体崩落、滚动、堆积在坡脚的地质现象，如图 7.12 所示。

崩塌导致建筑物，甚至整个居民点遭到毁坏，使公路和铁路被掩埋。崩塌带来的损失，不只是建筑物毁坏带来的直接损失，还有交通电力中断给运输和生产带来的重大损失。

崩塌形成的原因有河流切割或人工开挖形成的高陡边坡，由于卸荷作用，应力重新分布后在边坡卸荷区内形成张拉裂缝，并与其他裂隙和结构面组合，逐步贯通形成危岩体；也有因风化作用，产生裂隙节理，由于雨水浸入，在岩体自重作用下，裂隙节理逐步贯

图 7.12　崩塌

通形成危岩体的。后期在地震或爆破震动、降水等外力触发作用下，导致危岩体突然脱离母体翻滚、坠落下来，散堆于坡脚。

不同结构的岩体崩塌形成机制和扩展特征不尽相同，按运动模式可分为如下几类：

1）倾倒式崩塌

这类崩塌的特点是崩塌体失稳时，以坡脚的某一点为支点发生转动性倾倒。

在河流的峡谷区，黄土冲沟地段，岩溶区以及在其他陡坡上，常见有巨大而直立的岩体，以垂直节理或裂缝与稳定岩体分开，如图 7.13 所示。这种岩体在断面图上的特点是高而长，横向稳定性差。如果坡脚遭受不断的冲刷掏蚀，在长期重力作用下，岩体将逐渐倾斜，最后产生倒塌，或者当有较大水平力作用时比如地震和爆破，岩体也可倾倒，产生突然崩塌。

2）滑移式崩塌

临近斜坡的岩体内存在倾向与坡向相同的软弱面，上覆的不稳定岩体在重力作用下具有向临空面滑移的趋势，当岩体的重心滑出陡坡时，产生突然崩塌，如图 7.14 所示。降水渗入岩体裂缝中产生的静、动水压力以及地下水对软弱面的润湿作用都是岩体发生滑移式崩塌的主要诱因。

3）鼓胀式崩塌

陡坡上不稳定岩体下面存在较厚的软弱岩层，上部岩体重力产生的压应力超过软岩天然的抗压强度后软岩即被挤出，发生向外鼓胀。随着鼓胀的不断发展，不稳定岩体不断下

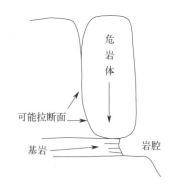

图 7.13　倾倒式崩塌

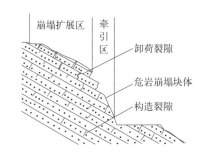

图 7.14　滑移式崩塌

沉和外移，同时发生倾斜，一旦重心移出坡外即产生崩塌，如图 7.15 所示。

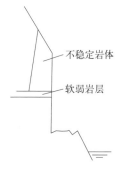

图 7.15　鼓胀式崩塌

4）拉裂式崩塌

陡坡由软硬相间的岩层组成时，由于风化作用或河流的冲刷掏蚀作用，上部坚硬岩层在坡面上常常突悬出来。突出的岩体通常发育有构造节理或风化节理，在长期重力作用下，裂隙面逐渐扩展。一旦拉应力超过连接处岩石的抗拉强度，拉张裂缝就会迅速向下发展，最终导致突出的岩体突然崩落，如图 7.16 所示。

5）错断式崩塌

长柱或板状不稳定岩体的下部被剪断，从而发生错断式崩塌。悬于坡缘的帽檐状危岩，随着后缘剪切面的扩展，当剪应力大于危岩与母岩连接处的抗剪强度时，则发生错断

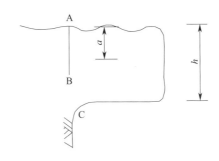

图 7.16　拉裂式崩塌

式崩塌。当锥状或柱状岩体多面临空，下伏软基抗剪强度小于危岩体自重产生的剪应力，或软基中存在的顺坡外倾裂隙与坡面贯通时，发生错断—滑移—崩塌，如图 7.17 所示。

图 7.17　错断式崩塌

1. 崩塌的形成条件

形成崩塌的条件有基本条件和外界因素。

基本条件为岩土类型、地质构造、地形地貌三个条件。

（1）岩土类型。岩、土是产生崩塌的物质条件。一般而言，各类岩、土都可以形成崩塌，但不同类型所形成崩塌的规模大小不同。

（2）地质构造。各种构造面，如节理、裂隙面、岩层界面、断层等，对坡体进行切割、分离，为崩塌的形成提供脱离母体的边界条件。坡体中裂隙越发育，越易产生崩塌，与坡体延伸方向近于平行的陡倾构造面，最有利于崩塌的形成。

（3）地形地貌。江、河、湖、沟的岸坡及各种山坡、铁路、公路边坡、工程建筑物边坡及其各类人工边坡都是有利崩塌产生的地貌部位，坡度大于 45°的高陡斜坡、孤立山嘴或凹形陡坡均为崩塌形成的有利地形。

外界因素有地震、融雪、地表水和人类活动。

（1）地震。地震引起坡体振动，破坏坡体平衡，从而诱发崩塌。一般抗震设防烈度大于 7 度以上的地震都会诱发大量崩塌。

（2）融雪。降雨特别是大雨、暴雨和长时间的连续降雨，使地表水渗入坡体，软化岩、土及其中软弱面，产生孔隙水压力等，从而诱发崩塌。

（3）地表水。河流等地表水体不断地冲刷坡脚或浸泡坡脚、削弱坡体支撑或软化岩、土体，降低坡体强度，能够诱发崩塌。

（4）人类活动。不合理地开挖坡脚、地下采空、水库蓄水、泄水等改变坡体原始平衡状态的人类活动，都会诱发崩塌活动。

2. 崩塌的防治

崩塌的防治应综合考虑灾害类型、形成机制、稳定性、动力因素及变形破坏力学机制、水文地质及工程地质条件、场地建筑物及施工影响等，分析其有利和不利因素、发展趋势及危害性。经过充分比选后，进行合理选择，确定合理的治理措施。

防治的目的并不是一定要阻止崩塌落石的发生，而是要防止它带来的危害。根据崩塌历史、潜在崩塌特征及其风险水平、地形地貌及场地条件、防治工程投资和维护费用等，崩塌防治措施可分为防止崩塌发生的主动防治和避免造成危害的被动防治两种。

1）主动防治措施

（1）锚固

板状、柱状和倒锥状危岩体极易发生崩塌错落，利用预应力锚杆或锚索可对其进行加固处理，防止崩塌的发生，如图 7.18 所示。

（2）支撑

对悬于上方、易拉断坠落的悬臂状或拱桥状等危岩采用墩、柱、墙或组合形式支撑加固，以达到治理危岩体的目的，如图 7.19 所示。

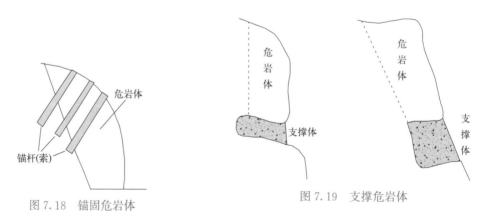

图 7.18 锚固危岩体

图 7.19 支撑危岩体

（3）灌浆

当岩体中破裂面较多、岩体比较破碎时，为了增强危岩体的整体性，可进行压力灌浆处理。灌浆技术宜与其他技术共同使用，在施工顺序上，一般先进行锚固，再逐段灌浆加固，如图 7.20 所示。

（4）封填及嵌补

当危岩体顶部存在大量较显著的裂缝或危岩体底部出现比较明显的凹腔等缺陷时，宜采用封填及嵌补技术进行防治，如图 7.21 所示。

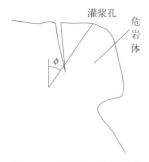

图 7.20 灌浆加固危岩体

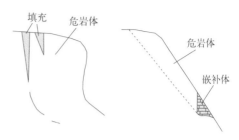

图 7.21 对危岩体凹腔进行封填和嵌补

（5）排水

通过修建地表排水系统，将降雨产生的径流拦截汇集，利用排水沟排出坡外。对于危岩体及裂隙中的地下水，可利用排水孔将其排出，从而减小孔隙水压力、降低地下水对斜坡岩土体的软化作用，如图 7.22 所示。

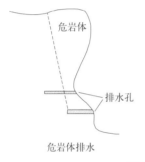

图 7.22 对危岩体进行排水

（6）削坡与清除

削坡减载是指对危岩体上部削坡，减轻上部荷载，增加危岩体的稳定程度。对规模小、危险程度高的危岩体可采用爆破或人工方法进行清除，彻底消除崩塌隐患，避免造成危害，如图 7.23 所示。

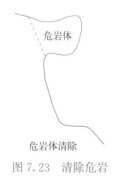

图 7.23 清除危岩

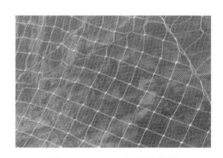

图 7.24 SNS 主动防护网

（7）软基加固

保护和加固软基是崩塌防治工作中十分重要的环节。对于陡崖、悬崖和危岩下裸露的泥岩基座，在一定范围内喷浆护壁可防止进一步风化，同时增加软基的强度。若软基已经

159

风化，应根据其深浅采用嵌补或支撑方式进行加固。

（8）SNS 主动防护系统

SNS 主动防护系统是采用锚杆和支撑绳，以固定方式将钢绳网覆盖在有潜在崩塌落石危害的坡面上，通过防止崩塌落石发生或限制崩塌落石的滚动范围来实现预防崩塌危害的目的，如图 7.24 所示。

2）被动防治措施

（1）线路绕避

对可能发生大规模崩塌的地段，必须设法绕避，或绕到河谷对岸、远离崩塌体，或移至稳定山体内以隧道通过。

（2）修筑拦挡建筑物

对中、小型崩塌可修筑遮挡建筑物或拦截建筑物。遮挡建筑物形式有明硐、棚洞等。拦截建筑物有落石平台、堤或拦石墙等，如图 7.25 所示。

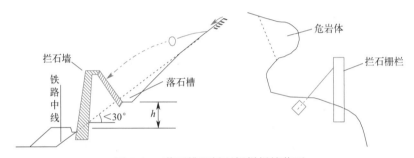

图 7.25　落石槽和拦石栅栏拦挡落石

（3）SNS 被动防护系统

SNS 被动防护系统是一种能拦截崩落的岩块，以具有足够高的强度和柔性的钢绳网为主体的金属柔性栅栏式被动拦石网。整个系统由钢绳网、减压环、支撑绳、钢柱子、拉锚 5 个主要部分构成，如图 7.26 所示。

图 7.26　SNS 被动防护网

（4）森林防护

当陡崖或山坡脚部不存在平台或危岩威胁太严重时，可以通过植树造林防治危岩崩塌。森林类型应为乔木，尽可能构建乔、灌、草相结合的生态系统。如图 7.27 所示。

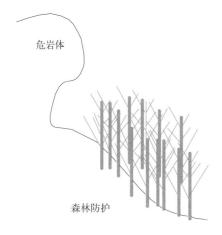

图 7.27　森林防护崩塌

任务 7.3　泥石流

泥石流是一种含有大量泥砂、石块等固体物质的特殊洪流。它的面积、体积和流量都较大，典型的泥石流由悬浮粗大固体碎屑物并富含粉砂及黏土的黏稠泥浆组成。

泥石流于暴雨或积雪迅速融化后在山区发生，常常具有暴发突然、来势凶猛、迅速的特点，并兼有崩塌、滑坡和洪水破坏的双重作用，其危害程度比单一的崩塌、滑坡和洪水的危害更为广泛和严重。最常见的危害是借助山区地形冲进城市和乡村，摧毁房屋等建筑以及矿山及其设施，造成人员伤亡。此外，泥石流还会直接埋没道路，造成交通堵塞，给后续救援带来麻烦；有时泥石流会汇入河流，引起河道河水上涨，淹没附近城市村庄（图 7.28）。

图 7.28　泥石流掩埋村庄

泥石流的发生包含三种模式。

（1）地表水在沟谷的中上段浸润冲蚀沟床物质，随冲蚀强度的加大，沟内某些薄弱段块石等固体物松动、失稳，被猛烈掀揭、铲刮，并与水流搅拌而形成泥石流。

（2）山坡坡面土层在暴雨的浸润击打下，土体失稳，沿斜坡下滑并与水体混合，侵蚀下切而形成悬挂于陡坡上的坡面泥石流。

（3）沟源崩塌、滑坡土体触发沟床物质活动形成泥石流，引起既崩、滑体发生溃决，强烈冲击并带动沟床固体碎屑物的活动而形成泥石流。

1. 泥石流的形态要素

典型的泥石流流域可划分为形成区、流通区和沉积区三个区段，形状如同一棵大树，如图 7.29 所示。

（1）形成区：多为三面环山、一面出口的半圆形宽阔地段，周围山坡陡峻，沟谷纵坡降可达 30°以上。斜坡常被冲沟切割，且崩塌、滑坡发育；坡体光秃，无植被覆盖，这样的地形有利于汇集周围山坡上的水流和固体物质。

（2）流通区：多为狭窄而深切的峡谷或冲沟，谷壁陡峻而纵坡降较大，常出现陡坎和跌水，泥石流进入此区后极具冲刷能力。流通区形似颈状或喇叭状。非典型的泥石流沟，可能没有明显的流通区。

（3）堆积区：一般位于山口外或山间盆地的边缘，地形较平缓。泥石流至此速度急剧变小，最终堆积下来，形成扇形、锥状堆积体，有的堆积区还直接成为河漫滩或阶地。

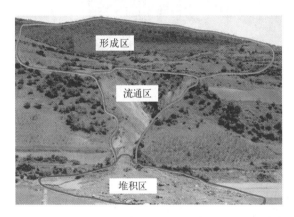 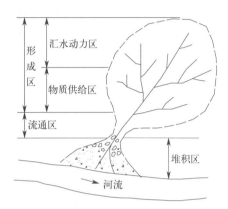

图 7.29　泥石流的形态要素

2. 泥石流的形成条件

泥石流的形成，必须同时具备三个基本条件：有利于贮集、运动和停淤的地形地貌条件；有丰富的松散土石碎屑固体物质来源；短时间内可提供充足的水源和适当的激发因素。

1）地形地貌条件

泥石流的沟谷应具备形成区、流通区、堆积区等三种不同形态。沟床纵坡降越大越有利于泥石流的发生；沟坡坡度越陡越有利于提供松散的固体物质；集水面积为 $0.5 \sim 10\text{km}^2$ 最易产生泥石流；阳坡比阴坡更有利于泥石流发育。

2）碎屑固体物源条件

碎屑固体物源与地区的地质构造、地震活动强度、地层岩性、山坡高陡程度、滑坡、崩塌等不良地质现象发育程度以及人类工程活动强度等有直接关系。

地区地质构造越复杂，褶皱断层变化越强烈，特别是规模大、至今仍活动性强的断层带，岩体破碎十分发育，宽度可达数十至数百米，常成为泥石流丰富的固体物源。如我国西部的安宁河断裂带、白龙江断裂带、怒江断裂带、澜沧江断裂带、金沙江断裂带等，成为我国泥石流分布密度最高、规模最大的地带。

在地震作用下，不仅使岩体结构疏松，而且直接触发大量滑坡、崩塌发生，特别是在 7 度以上的地震烈度区，对岩体结构和斜坡的稳定性破坏尤为明显，可为泥石流发生提供丰富物源。

地层岩性主要是指岩石的抗风化和抗侵蚀能力的强弱。一般软弱岩层、胶结成岩作用差的岩层和软硬相间的岩层比岩性均一且坚硬的岩性层易遭受破坏，提供的松散物质也多。如长江三峡地区的中三叠统巴东组，为泥岩类和灰岩类互层，是巴东组分布区泥石流相对发育的重要原因。安宁河谷侏罗纪砂岩、泥岩地层也是该流域泥石流中固体物质的主要来源。

山高坡陡时，斜坡岩体卸荷裂隙发育，坡脚多有崩坡积土层分布；滑坡、崩塌、倒石锥、冰川堆积等现象越发育，松散土层就越多；人类工程活动越强烈，人工堆积的松散层也就越多，如采矿弃碴、基本建设开挖弃土、砍伐森林造成严重水土流失等。这些均可为泥石流发育提供丰富的固体物源。

3）水源条件

泥石流水源条件包括暴雨、强降雨、冰雪融水和水库（堰塞湖）决溢水等，它们的特点是短时间内聚集大量的水体，能够形成强烈的水动力条件，对坡体松散物质进行冲卷。

3. 泥石流的分类

泥石流的分类方法很多，目前尚不统一。根据泥石流的形成、发展和运动规律，结合防治措施的需要，主要介绍两种分类方法。

1）按泥石流的固体物质组成分类

（1）泥流。所含固体物质以黏土、粉土为主（占 $80\%\sim90\%$），仅有少量岩屑碎石，黏度大，呈不同稠度的泥浆状。主要分布于甘肃的天水、兰州及青海的西宁等黄土高原山区和黄河的各大支流，如渭河、湟水、洛河、泾河等。

（2）泥石流。固体物质由黏土、粉土及石块、砂砾所组成。它是一种比较典型的泥石流类型。西藏波密地区、四川西昌地区、云南东川地区及甘肃武都地区的泥石流，大多属于此类。

（3）水石流。固体物质主要是一些坚硬的石块、漂砾、岩屑及砂等，粉土和黏土含量很少，一般小于 10%，主要分布于石灰岩、石英岩、大理岩、白云岩、玄武岩及砂岩分布地区。如陕西华山、山西太行山、北京西山及辽东山地的泥石流多属此类。

2）按泥石流流域的形态特征分类

按流域形态特征分类是一种较常用的泥石流分类方法，分为标准型泥石流、河谷型泥石流和山坡型泥石流。

（1）标准型泥石流。也称为沟谷型泥石流，具有明显的形成、流通和堆积三个区域。

（2）河谷型泥石流。流域呈狭长形，形成区分散在河谷的中、上游。固体物质被远距离从形成区带到堆积区，沿河谷既有堆积又有冲刷。沉积物棱角不明显。破坏能力较强，周期较长，规模较大。

（3）山坡型泥石流。沟小流短，沟坡与山坡基本一致，没有明显的流通区，形成区直接与堆积区相连。洪积扇坡陡而小，沉积物棱角尖锐、明显，大颗粒滚落扇脚。冲击力大，淤积速度较快，但规模较小。

7-3

泥石流的防治

4. 泥石流的防治

针对不同类型的泥石流，相应的治理措施也应有所不同。在以坡面侵蚀及沟谷侵蚀为主的泥石流地区，应以生物措施为主、辅以工程措施；在崩塌、滑坡强烈活动的泥石流形成区，应以工程措施为主、兼用生物措施；而在坡面侵蚀和重力侵蚀兼有的泥石流地区，则以综合治理效果为最佳。

1）生物措施

泥石流防治的生物措施是包括恢复植被和采取合理耕牧措施、林业措施、农业措施和牧业措施等各种措施的防治手段。充分发挥植被滞留降水、保持水土、调节径流等功能，从而达到预防和制止泥石流发生或减小泥石流规模，减轻其危害程度的目的。

2）工程措施

泥石流防治的工程措施是在泥石流的形成、流通、堆积区内，采取治理工程，以控制泥石流的发生和危害。通常适用于泥石流规模大，爆发不太频繁、松散固体物质补给及水动力条件相对集中的情况。

（1）跨越工程

跨越工程是指修建桥梁、涵洞从泥石流上方凌空跨越，让泥石流从其下方经过，是通过泥石流地区的主要工程形式。

（2）穿过工程

穿过工程是指修建隧道、明硐从泥石流下方穿过，泥石流在其上方经过。这是通过泥石流地区的又一种主要工程形式。

（3）防护工程

防护工程主要有护坡、挡墙、顺坝和丁坝等，作用是对泥石流地区的桥梁、隧道、路基、沿河线路或其他重要工程设施，构成一定防护的建筑物，用以抵御或消除泥石流对主体建筑物的冲刷、冲击、侧蚀和淤埋等危害。

（4）停淤工程

停淤工程是指在较平缓的洪积扇上或较宽阔的沟内，修建拦截建筑物，促使泥石流淤积的场地，其作用是在一定期限内，让泥石流物质在指定地段内淤积，从而减少泥石流固体物质的下排量。

（5）排导工程

泥石流排导工程包括导流堤、急流槽和束流堤三种类型，作用是改善泥石流的流速和流向，增大桥梁等建筑物的泄洪能力，使泥石流按设计意图顺利经过。导流堤的布置、堤尾方向与大河流向宜锐角相交。泥石流与大河汇流交角应尽量小，一般宜小于45°，泥石流容易被带走。

（6）拦挡工程

拦挡工程包括拦碴坝、储淤场、支挡工程、截洪工程四类，作用是控制组成泥石流的固体物质和雨洪径流，削弱泥石流的流量、下泄总量和能量，减少泥石流对下游经济建设工程冲刷、撞击和淤积等危害。前三类起拦碴、滞流、固坡作用，控制泥石流的固体物质供给，截洪工程的作用在于控制雨洪径流。对于防治泥石流的工程措施，常须采取多种措施结合应用。最常见的有拦碴坝与急流槽相结合的拦排工程，导流堤、拦碴坝和急流槽相结合的拦排工程，拦碴坝、急流槽和渡槽相结合的明硐（或渡槽）工程等。如图 7.30 所示为拦碴坝和格栅坝。

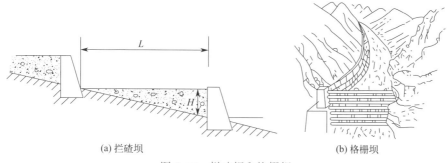

(a) 拦碴坝   (b) 格栅坝

图 7.30   拦碴坝和格栅坝

3）全流域综合治理

泥石流的全流域综合治理，是采用多种工程措施和生物措施相结合，上、中、下游统一规划，山、水、林、田综合整治，以制止泥石流形成或控制泥石流危害。主要包括稳、拦、排三个方面。

（1）稳：在泥石流形成区植树造林，在支、毛、冲沟中修建谷场，目的在于增加地表植被、涵养水分、减缓暴雨径流对坡面的冲刷，增强坡体稳定性，抑制冲沟发展。

（2）拦：在沟谷中修建挡坝，用以拦截泥石流下排的固体物质，防止沟床继续下切，抬高局部侵蚀基准面，加快淤积速度，以稳住山坡坡脚，减缓沟床纵坡降，抑制泥石流的进一步发展。

（3）排：修建排导建筑物，防止泥石流对下游居民区、道路和农田的危害。这是改造和利用堆积扇，发展农业生产的重要工程措施。

任务 7.4   岩溶

岩溶又称喀斯特（KARST），是水对碳酸盐岩、石膏、岩盐等可溶性岩石进行以化学溶蚀作用为主，流水的冲蚀、潜蚀和崩塌等机械作用为辅的地质作用，以及由这些作用所产生的现象的总称。岩溶地貌又称喀斯特地貌。

1. 岩溶的形态

岩溶形态可从地表岩溶和地下岩溶两方面进行讲述。

（1）地表岩溶形态有溶沟、石芽、石林、峰丛、峰林、孤峰、溶斗、溶蚀洼地、落水洞、干谷和盲谷等不同形态，如图 7.31 所示。

溶沟和石芽是地表水沿岩石表面流动侵蚀、溶蚀形成，其中的凹槽称为溶沟，溶沟之间的突出部分叫石芽。石芽继续溶蚀，形成高达 20～30m 的石芽，密布如林就称为石林，一

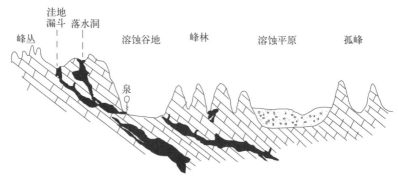

图 7.31　地表岩溶形态

般是在热带多雨条件下，由纯度高、厚度大、层面水平的石灰岩形成的，如图 7.32 所示。

(a) 溶沟　　　　　　　　　　(b) 石芽　　　　　　　　　　(c) 石林

图 7.32　溶沟、石芽、石林

当石灰岩遭受强烈溶蚀而形成山峰集合体时，就称为峰丛和峰林。其中峰丛是底部基座相连的石峰，峰林是由峰丛进一步向深处溶蚀、演化而成的。孤峰是岩溶区孤立的石灰岩山峰，多分布在岩溶盆地中，如图 7.33 所示。

(a) 峰丛　　　　　　　　　　　(b) 峰林

图 7.33　峰丛、峰林

岩溶区地表溶蚀成圆形或椭圆形的洼地就叫溶斗，而溶蚀洼地是由四周为低山、丘陵和峰林所包围的封闭洼地，如图 7.34 所示。

落水洞是岩溶区地表水流向地下或地下溶洞的通道，是岩溶垂直流水对裂隙不断溶蚀并坍塌而成。在河道中的落水洞，常使河水汇入地下，河水断流后形成干谷或盲谷，如图 7.35 所示。

（2）地下岩溶形态有溶蚀裂隙、溶洞和暗河，如图 7.36 所示。

溶蚀裂隙是地表水沿可溶性岩石的节理裂隙流动，不断地进行溶蚀和侵蚀而形成的各

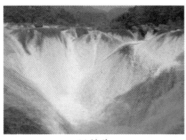

(a) 溶斗　　　　　　　　　　　　　(b) 溶蚀洼地

图 7.34　溶斗、溶蚀洼地

图 7.35　落水洞

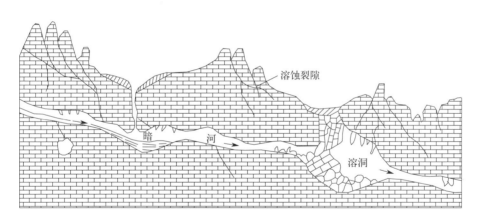

图 7.36　地下岩溶形态

种裂隙，如图 7.37 所示。

地下水沿岩石裂隙溶蚀扩大而形成的洞穴称为溶洞。溶洞形态多变，断面形成有石钟乳、石笋、石柱等喀斯特形态。溶洞往往以竖向形态为主，规模较大的溶洞，长达数十千米，如图 7.38 所示。

岩溶地区地下水沿水平溶洞流动的河称为暗河。溶洞和暗河对各种工程建筑物，特别是地下工程建筑物造成较大危害，需要引起注意，如图 7.39 所示。

2. 岩溶的形成机制

空气中的 CO_2 溶入水中，形成碳酸，再与石灰石反应形成可溶于水的 $Ca(HCO_3)_2$，

图 7.37　溶洞内的溶蚀裂隙

(a)

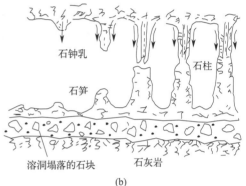

(b)

图 7.38　溶洞内石钟乳、石笋、石柱

图 7.39　溶洞的暗河

即 $CO_2 + H_2O + CaCO_3 \rightarrow Ca^{2+} + 2(HCO_3)^-$，这就是岩溶的形成机制。

该反应是可逆的，当水与空气中的 CO_2 减少，碳酸含量也随之减少，将发生沉淀，形成石灰华、石钟乳、石笋等，即：

$$Ca^{2+} + 2(HCO_3)^- \rightarrow CO_2 \uparrow + H_2O + CaCO_3 \downarrow$$

3. 岩溶的形成条件

岩溶的形成包括以下四个必不可少的条件。

1）岩石的可溶性

岩石的可溶性取决于岩石的成分和结构。一些岩石可溶性大小比较如下：

（1）卤盐类岩石（石盐、钾盐）＞硫酸盐类岩石（石膏、芒硝）＞碳酸盐类岩石；

（2）石灰岩＞白云岩＞泥灰岩＞泥云岩；

（3）石灰岩等可溶岩中含黄铁矿、石膏时，增大溶解；

（4）石灰岩等可溶岩中含有机质、沥青、硅质物质时，减少溶解；

（5）晶粒大、岩层厚的岩石＞晶粒小、岩层薄的岩石。

2）岩石的透水性

岩石的透水性主要取决于岩石的裂隙性。各种成因的裂隙相互贯通，为水的运动提供了途径，为地下水的储存提供了场所，有利于地下岩溶的发育。

3）水的溶蚀能力

水的溶蚀能力与 CO_2 含量密切相关。

（1）土壤层中微生物不断制造 CO_2，使岩溶强度增长（↑）；

（2）大气压增长（↑）→水中 CO_2 含量增长（↑）→溶蚀能力增长（↑）；

（3）水温增长（↑）→水中 CO_2 含量下降（↓）且化学反应速度增长（↑）→溶蚀能力增长（↑）。

（4）水的流动性

水的溶蚀能力与水的流动性关系密切。在水流停滞的条件下，随着 CO_2 不断消耗，水溶液达到平衡状态，成为饱和溶液而完全失去溶蚀能力，溶蚀作用便终止。只有当地下水不断流动，与岩石广泛接触，富含 CO_2 的渗入水不断补充更新，水才能经常保持溶蚀性，溶蚀作用才能持续进行。

4. 岩溶水的运动与循环

岩溶水的循环包含垂直循环带、季节循环带、水平循环带和深部循环带，如图 7.40 所示。

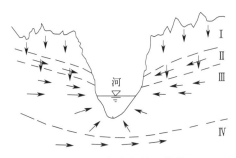

图 7.40　岩溶水循环分类

Ⅰ—垂直循环带；Ⅱ—季节循环带；Ⅲ—水平循环带；Ⅳ—深部循环带

垂直循环带：位于地面以下包气带内，岩溶水以垂直向下运动为主，岩溶形态多为漏斗、落水洞等垂直洞穴。

季节循环带：位于地下潜水最高水位与最低水位之间，高水位时岩溶水以水平运动为主，低水位时岩溶水以垂直运动为主，岩溶形态既有水平形态又有垂直形态。

水平循环带：位于最低水位之下，岩溶水多是水平运动，以水平溶洞、暗河的水平岩溶形态为主，若深层承压地下水，由四面向河谷汇集、排泄，则形成发射状溶洞。

深部循环带：位于地下深处，岩溶水运动缓慢，与地表水、上部地下水无关，流向取决于地质构造，向远处排泄，岩溶发育程度轻微，多为蜂窝状溶孔。

5. 岩溶的危害

岩溶是一种缓变型地质灾害，具有累进性特征，其危害主要体现在：

1) 岩溶渗漏

在岩溶地区修建水库，库水会沿着岩溶通向周边产生渗流，有时会严重影响工程的正常使用，岩溶渗漏问题是水利水电等工程中的主要工程地质问题之一。

按库水渗漏的特点可分为暂时性渗漏和永久性渗漏。

（1）暂时性渗漏。水库饱和之后库底包气带的岩溶洞穴和裂隙所消耗的水量。洞穴、裂隙饱水后渗漏停止，库水贮藏于岩体空隙中，不造成水量的损失。

（2）永久性渗漏。库水通过岩溶岩体流向本河下游、邻谷、低地及干流等处，造成库水的损失。永久性渗漏的方式通常表现为：坝区库水通过坝基及绕坝肩向本河流坝后渗漏；库区通过库岸经河间地块向邻谷、低地或干流渗漏；库水通过库岸经河弯地段向本河下游渗漏；在悬河谷区，库水通过库底垂直渗流，至地下水面后向本河下游或更远的排泄区（如干流）渗漏。水库永久性渗漏的形式如图7.41所示。

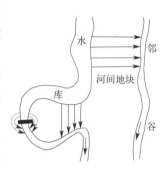

图7.41 水库永久性渗漏的形式

2) 岩溶地基的稳定性

在岩溶地基上进行建设时，由于荷载等原因，产生地基塌陷破坏或失稳。岩溶地基破坏的主要形式有地基承载力不足、地基不均匀沉降、地基滑动以及地表塌陷。

（1）地基承载力不足

在覆盖型岩溶区，上覆松软土强度较低或建筑荷载过大，使地基发生剪切破坏，进而导致建筑物的变形和破坏。

（2）地基不均匀沉降

在覆盖型岩溶区，下伏石芽、溶沟、落水洞、漏斗等造成基岩顶面起伏较大，当其上部分布性质不同、厚度不等的细粒土时，在建筑物附加荷载作用下，产生地基不均匀沉降，从而导致建筑物的倾斜、开裂、倾倒及破坏。

（3）地基滑动

在裸露型岩溶区，当基础砌置在溶沟、落水洞、漏斗附近时，基础可能沿岩体中倾向临空的软弱结构面产生滑动，进而引起建筑物的破坏。

3) 地表塌陷

在地基主要受压层范围内，如有溶洞、暗河、土洞等时，在自然条件下，因人工抽汲地下水等而引起水位大幅度下降，产生洞顶坍塌，引起地面沉陷、开裂，致使地基突然下沉，形成地表塌陷，进而导致建筑物破坏。这种形式是岩溶地基变形破坏最为复杂而特殊的一种形式。潜蚀、真空吸蚀、振动、土体软化、建筑荷载都有可能造成岩溶地表塌陷。

图 7.42　天生桥隧道因
岩溶大厅而绕行

4）岩溶洞穴的危害

（1）岩溶洞穴使建筑物悬空

线路通过有岩溶洞穴分布的地段时，建筑物基础若悬空，悬空程度视洞穴大小而有区别。如遇大洞穴乃至岩溶大厅，则整个建筑物不论路基或桥隧，都有可能处于四壁临空的溶洞之中，此时往往很难处理，如图 7.42 所示。

（2）岩溶洞穴堆积物的危害

在漏斗、落水洞底部分布许多堆积物，它们松散、富水，如果作为地基，会产生沉降；当隧道通过时，常引起坍塌。

5）岩溶水的危害

对岩溶地表水，危害主要表现在岩溶洼地、谷地，这些地方形成洪水时，会对桥涵、路基、房屋等建筑物进行冲刷、浸泡、淹没。需要注意的是，岩溶地区的地表水与地下水往往互相补给。

对岩溶地下水，危害主要表现在基坑、地下硐室的开挖。若挖穿了暗河或地表水下渗通道，则会造成突然涌水或突水，且伴随涌泥、涌沙。

7-4

岩溶的防治

6. 岩溶危害的防治

为了消除岩溶造成的危害，可以从以下方面进行防治。

1）防渗处理

防渗处理应根据不同渗漏形式和特点选择相应的处理方法。对集中型渗漏以"堵""截"为主，对分散型渗漏以"铺""灌"为主，如图 7.43 所示。多数情况下，由于渗漏形式和通道较为复杂，需要采取综合处理。堵是处理集中渗漏通道的有效办法。

（1）灌浆：借助钻孔向地下渗漏通道灌注水泥、沥青或黏土浆液，充填岩体中的裂隙及洞穴，形成灌浆帷幕，以降低岩体的透水性，适于溶隙及规模较小的洞穴，且岩溶发育深度较大的河段。

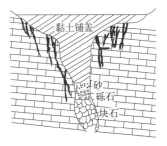

图 7.43　落水洞的堵塞
及堵体结构

（2）铺盖：在坝上游或库区内，用透水性较小的黏土或混凝土填筑成人工铺盖，以处理地表附近面积较大的分散性渗漏通道，适用于地表岩溶不发育，而以溶隙、数量较多的小洞穴为主的地段。

（3）堵截：用块石、砂、混凝土、黏土等材料，堵塞地表规模较大的岩溶洞穴。如井状落水洞、漏斗等，这是处理地表岩溶集中渗漏的有效措施。

（4）截渗：在地下岩溶管道的集中漏水处，用混凝土或浆砌块石等筑成截水墙，以截断地下水平集中渗漏通道。

（5）疏导：库区岩溶十分发育，落水洞与暗河相互沟通，洞中地下水位变幅较大，有时在库底有泉反复出露时，不宜随意堵塞洞穴，宜采取相应措施进行疏导。

2）岩溶地基处理

岩溶塌陷后的岩土体作为地基的稳定性不能满足要求时，须视具体条件采取合理的措施进行处理。

（1）当洞穴埋藏不深时，可挖除洞中松软充填物，回填碎石、灰土、混凝土等，以增强地基强度；或以刚性较大的板梁跨越，也可调整柱距，采用刚度较小的板梁跨越；或用强夯法，事先破坏已存在的岩洞和土洞，提高其强度，降低其压缩性。

（2）当洞穴埋藏较深时，可通过钻孔灌注水泥砂浆、混凝土、沥青等，以堵填洞穴、岩隙，提高其强度。

（3）当基岩顶面起伏不平，上覆土层性质软弱，厚度又较大时，可用桩基处理，以调节地基沉降和强度的不均匀性。

3）岩溶洞穴的处理

工程上对岩溶洞穴的处理可以采取以下方法。

（1）跨越：采用梁、板、拱、桥等措施，如图 7.44 所示。

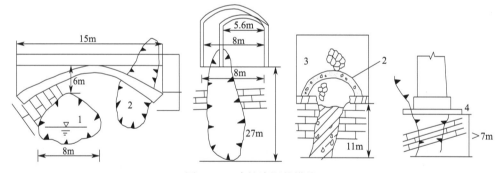

图 7.44　跨越溶洞的措施

（2）加固：灌浆、灌混凝土、回填片石；桩、浆砌片石支柱；锚杆加固。

某隧道在施工过程中，为保护隧道衬砌使不受溶洞壁破碎岩石的过大压力或坍塌而遭到破坏，将不稳定的破碎岩用锚杆加固。

4）洞穴堆积物的处理

（1）清除：直接将洞穴堆积物挖运清理掉。

（2）换填：为增强基础强度，可用碎石、块石、砂等材料换填一定厚度或全部换填。

（3）压浆：适用于很厚的块石、碎石堆积物。

（4）桩基：通过桩基支承建筑物荷载。

5）岩溶地下水的处理

应持谨慎的态度，供水或采矿时，抽排地下水的井孔不要过于集中，不要快速大量集中抽排地下水，以免形成过大的水力梯度或真空腔；不过量开采地下水，以保持岩溶水的承压状态；若有多个含水层时，宜尽量不开采上部含水层的水；在可能形成真空腔的部位，安置通气管，破坏其真空状态，避免形成塌陷的条件。

在已产生部分塌陷的地区，要采取分流措施，做好地表水截流和堵漏措施，防止地表水和降水大量灌入地下，避免土体的冲蚀和塌陷的发生。

思政故事

"地灾智治"——地灾防治中的科技力量

"地灾智治"即地质灾害智能化防治，综合运用合成孔径雷达测量、高分辨率卫星遥感、无人机遥感、机载激光雷达测量、GIS 等多种新技术手段监测、预估并辅助治理地质灾害。在新兴技术不断更新迭代的大背景下，地质灾害防治的应用技术也得以蜕变。从某种程度来讲，地灾防治工作就是科技工作。相较国外，我国对"地灾智治"的研究与行动开展起步较晚，但发展十分迅速。

地质灾害如何"智治"呢？可以利用 ISAR、无人机遥感监测技术在广域范围识别正在发生变形的地质灾害体，排查和发现隐患点。人们通过揭示变形体长时间序列的形变位置、范围、量级，掌握地质灾害隐患的变形状态和动态发展趋势，从而提前判断地质灾害的危险性，追溯灾害发生前长时间历史形变情况，查明灾害发生的前兆信息、发生前的形变位移与速率特征，并与其他气象水位因素一起综合分析，确定地质灾害的关键致灾因子。

习近平总书记曾说："广大科技工作者要把论文写在祖国的大地上，把科技成果应用在实现现代化的伟大事业中。"如今，全国各地正积极探索"地灾智治"，推进自然灾害防治体系和防治能力现代化。卫星遥感、北斗高精度定位、测绘地信等正在成为地灾防治产业的新增长点。由于地质灾害特殊的专业技术背景及要求，许多传统的方法难以被新兴技术完全取代。随着一些新兴技术的不断革新，如何在传统的地质灾害调查方法中最大限度地融合新技术的优势，并在调查过程中既能保证第一手资料的真实准确，又能提高地质灾害调查工作的效率，结合好"人防＋技防"，将是今后地质灾害调查工作者们必然且持续面对的问题。

模块小结

我国不良地质现象种类多，包括崩塌、滑坡、泥石流、地面塌陷、地裂缝、地面沉降等，每年给我国造成了重大的灾难和损失。不良地质现象主要分布于山区沟、河两岸陡坡地形，也有少数分布在丘陵缓坡地形，并受地层岩性的控制。它们的形成、发生的条件很多，主要有地形、地层岩性、地质构造、地震、岩体结构、节理裂隙、降雨以及不合理的人为工程、经济活动等。不同的灾种，形成、发生的基本条件也不尽相同。如滑坡形成的基本条件是地形、地层岩性及地质构造等内部条件，加上降雨、河流冲刷以及人为开挖坡脚等 1~2 个外部条件就会发生；泥石流发生的基本条件是高陡的地形（沟床比降）、丰富的松散固体物质和强降雨（动力条件）等。本模块学习了滑坡、崩塌、泥石流和岩溶不良地质现象的形成条件和机制，对野外辨识、工程防治作了理论和实践上的阐述，强调基本概念的理解，从机制上对不良地质现象作出分析，并采取合适的工程治理。采用案例教学法，理论联系实际，为今后从事防灾减灾工作打下基础。

思考题

1. 滑坡的发生必须具备哪些条件？其中最重要的条件是什么？
2. 如何进行滑坡的野外识别？
3. 滑坡的防治方法有哪些？
4. 什么是崩塌？崩塌的形成必须具备哪些基本条件？
5. 如何进行崩塌防治？
6. 泥石流流域可分为哪些区？各区有何特点？
7. 泥石流的形成条件和防治方法分别是什么？
8. 什么是岩溶？岩溶现象包括哪些？
9. 岩溶形成的基本条件有哪些？
10. 岩溶地区可能遇到哪些工程地质问题？应采取哪些防治措施？
11. 滑坡与崩塌有何区别？它们的稳定性如何判断？
12. 试述不良地质现象对工程建设的影响。

模块 8

Chapter **08**

工程地质勘察

 模块导读

工程地质勘察是工程地质领域非常重要的工作内容，在城建规划和建（构）筑物、交通等的基本建设工程兴建之前，通常都先要进行测量、工程地质、水文地质以及其他有关内容的工程勘察工作，以获取建筑场地的自然条件的原始资料，从而制定技术正确、经济合理和效益良好的设计和实施方案。本模块内容将学习工程地质勘察目的与任务、工程地质勘察阶段划分、工程地质勘察方法、工程地质勘察报告书和图件、房建工程地质勘察、高层建筑工程地质勘察、路基工程地质勘察、桥梁工程地质勘察、隧道工程地质勘察、水利枢纽工程地质勘察。

● **基本要求**　通过本模块学习，应掌握工程地质勘察各阶段的内容；工程地质勘察的基本手段；工程地质勘察报告书和图件的内容。

● **重点**　工程地质勘察报告书的阅读；工程地质勘察图件的识读；房建、高层建筑、路基、桥梁、隧道和水利枢纽工程地质勘察的基本内容和要求。

● **难点**　工程地质勘察报告的编写和工程地质勘察图件的编制。

● **思政元素**　（1）热爱祖国，建设家园；（2）扎根地质，艰苦奋斗；（3）注重实践，坚持真理。

工程地质勘察是为查明影响工程建筑物的地质因素而进行的地质调查研究工作。勘察的地质因素包括地质构造、地貌、水文地质条件、土和岩石的物理力学性质、不良地质现象和天然建筑材料等，这些通常称为工程地质条件。

工程地质勘察在查明工程地质条件后，需根据设计建筑物的结构和运行特点，预测工程建筑物与地质环境相互作用的方式、特点和规模，并作出正确的评价，为确保建筑物稳定与正常使用提供依据。

任务 8.1　概　　述

1. 工程地质勘察的目的与任务

工程地质勘察工作目的是查明工程地质条件，分析存在的地质问题，对建筑地区作出工程地质评价，为工程的规划、设计、施工和运营提供可靠的地质依据，以保证工程建筑物的安全稳定、经济合理和正常使用。因此，工程地质勘察必须按勘察阶段的要求，正确反映工程地质条件，提出工程地质评价，为设计、施工提供依据。

工程地质勘察的任务主要有下列几个方面：

（1）查明工程建筑地区的工程地质条件，阐明其特征、成因和控制因素，并指出其有利和不利的方面。

（2）分析研究与工程建筑有关的工程地质问题，作出定性和定量的评价，为建筑物的设计和施工提供可靠的地质资料。

（3）选择工程地质条件相对优越的建筑场地。在选址或选线工作中，工程地质条件常是重要因素之一，选择有利的工程地质条件，避开不利条件，可以降低工程造价，保证工程安全。

（4）配合工程建筑的设计与施工，根据地质条件提出建筑物类型、结构、规模和施工方法的建议。建筑物应适应场地的工程地质条件，施工方法和具体方案也与地质条件有关。

（5）提出改善和防治不良地质条件的措施和建议。任何一个建筑场地或工程线路，从地质条件方面来看都有不足之处，但几乎任何不良地质条件都是可以通过工程措施克服的。场地选完之后，必然要制定改善和防治不良地质条件的措施。只有在了解不良地质条件的性质、范围和严重程度后才能拟定出合适的措施方案。

（6）预测工程兴建后对地质环境造成的影响，制定保护地质环境的措施。大型工程的兴建常改变或形成新的地质应力，因此可以引起一系列不良的环境地质问题，如开挖边坡引起滑坡、崩塌；矿产或地下水的开采引起地面沉降或塌陷；水库引起浸没、塌岸或诱发地震等，所以保护地质环境也是工程地质勘察的一项重要任务。

2. 工程地质勘察阶段

工程地质勘察阶段一般分为可行性研究勘察阶段、初步勘察阶段、详细勘察阶段和施工勘察阶段。

1）可行性研究勘察阶段

可行性研究勘察阶段，也是选址阶段，该阶段应对拟建场地的稳定性和适宜性作出评价，宜避开下列地区或地段：

（1）不良地质作用发育，且对场地稳定性有直接危害或潜在威胁的。

（2）地基土性质严重不良的。

（3）对建（构）筑物抗震危险的。

（4）洪水或地下水对建（构）筑场地有严重不良影响的。

（5）地下有未开采的有价值矿藏或不稳定的地下采空区的。

本阶段的工程地质勘察工作要求：

（1）搜集区域地质、地形地貌、地震、矿产、当地的工程地质、岩土工程和建筑经验等资料。

（2）在充分搜集和分析已有资料的基础上，通过踏勘了解场地的地层、构造、岩性、不良地质作用及地下水等工程地质条件。

（3）当拟建场地工程地质条件复杂，已有资料不能满足要求时，应根据具体情况进行工程地质测绘和必要的勘探工作。

2）初步勘察阶段

初步勘察阶段应对场地内拟建建筑地段的稳定性作出评价，勘察工作有：

（1）搜集拟建工程的可行性研究报告、工程地质和岩土工程资料以及工程场地范围的地形图。

（2）初步查明地质构造、地层结构、岩土工程特性、地下水埋藏条件及冻结深度，初步判定水和土对建筑材料的腐蚀性。

（3）查明场地不良地质作用的成因、分布、规模、发展趋势，并对场地的稳定性作出评价。

（4）对抗震设防烈度大于或等于 6 度的场地，应初步判定场地和地基的地震效应。

（5）对高层建筑可能采取的地基基础类型、基坑开挖与支护、工程降水方案进行初步分析评价。

初步勘察应在搜集分析已有资料的基础上，根据需要进行工程地质测绘或调查以及勘探、测试和物探工作。

3）详细勘察与施工勘察阶段

详细勘察应密切结合技术设计或施工图设计，按单体建（构）筑物或建筑群提出详细的工程地质资料和设计、施工所需的岩土参数，对建筑地基作出岩土工程评价，并对地基类型、基础形式、地基处理、基坑支护、工程降水和不良地质作用的防治等提出建议。详细勘察的具体内容应视建筑物的具体情况和工程要求而定。

基坑或基槽开挖后，若发现岩土条件与勘察资料不符合，或者施工中发现必须查明的异常情况时，应进行施工勘察，并进行必要的检测和监测，以解决施工中的工程地质问题，提供相应的勘察资料。具体内容视工程要求而定。

8-1

工程地质主要
勘察方法

3. 工程地质勘察方法

勘察方法和测试手段主要有：工程地质测绘和调查；工程地质勘探，包括坑探、槽探、钻探和物探；工程地质室内和野外（现场或原位）试验；现场检测与监测。

勘察方法是相互配合的，由点到面、由浅入深，在实际勘察的基础上，再进行工程地质勘察资料内业整理的报告编写。

1）工程地质测绘和调查

岩石出露或地貌、地质条件较复杂的场地，应进行工程地质测绘。对地质条件简单的场地，可用调查代替工程地质测绘。工程地质测绘和调查宜在可行性研究或初步勘察阶段进行，在详细勘察阶段可对某些专门地质问题作补充调查。

（1）工程地质测绘和调查的内容及比例尺

工程地质测绘和调查任务是在地形地质图上填绘出测区的工程地质条件。测绘和调查的成果是提供给其他工程地质工作进行规划、设计和实施的基础，如勘探、取样、试验、监测等。在山区和河谷地区，工程地质测绘和调查是最主要的工程地质勘察方法。通过工程地质测绘和调查可以大大减少勘探和试验的工作量，并具有指导勘探和试验的作用。

工程地质测绘和调查的内容包括工程地质条件的全部要素，即测绘和调查拟建场地的地层、岩性、地质构造、地貌、水文地质条件、不良地质作用、已有建筑物的变形和破坏状况和建筑经验、可利用的天然建筑材料的质量及其分布等。

工程地质测绘和调查的范围，应包括场地及其附近地段，测绘的比例尺一般可有以下三种：

①小比例尺测绘：比例尺1：5000～1：50000，一般在可行性研究勘察（选址勘察）阶段采用，是为了了解区域性的工程地质条件。

②中比例尺测绘：比例尺1：2000～1：5000，一般在初步勘测阶段时采用。

③大比例尺测绘：比例尺1：500～1：2000，适用于详细勘察阶段。

当遇有滑坡、断层、软弱夹层、洞穴等对工程有重要影响的地质单元体，可采用扩大的比例尺。

（2）工程地质测绘和调查方法

工程地质测绘和调查方法主要有像片成图法和实地测绘调查法。像片成图法是利用地面摄影或航空（卫星）摄影的像片，在室内进行解译，结合所掌握的区域地质资料，划分地层岩性、地质构造、地貌、水系和不良地质作用等，并在像片上选择需要调查的若干地点和路线，然后据此做实地调查，进行核对修正和补充。将调查得到的资料转绘在等高线图上而成工程地质图。

当该地区没有航测等像片时，工程地质测绘和调查主要依靠野外工作，即实地测绘调查法，主要有以下三种：

①路线法——沿着选择路线，穿越测绘场地，将沿线所测绘或调查到的地层、构造、地质现象、水文地质、地质和地貌界线等填绘在地形图上。路线形式可为直线形或折线形。观测路线应选择在露头及覆盖层较薄的地方。观测路线方向应大致与岩层走向、构造线方向及地貌单元相垂直，这样可以用较少的工作量获得较多工程地质资料。路线法一般用于中、小比例尺的工程地质测绘。

②布点法——根据地质条件复杂程度和测绘比例尺的要求，预先在地形图上布置一定数量的观测路线和观测点。观测点一般布置在观测路线上，但观测点应根据观察目的和要

求进行布点，例如为了研究地质构造、地质界线、不良地质作用、水文地质等不同目的。布点法是工程地质测绘的基本方法，常用于大、中比例尺的工程地质测绘。

③追索法——沿地层走向或某一地质构造线或某些不良地质作用界线进行布点追索，主要目的是查明局部的工程地质问题。追索法常在布点法或路线法基础上进行，它是一种辅助方法。

（3）遥感技术在工程地质测绘中的应用

遥感是指根据电磁辐射的理论，应用现代技术中的各种探测器，对远距离目标辐射来的电磁波信息进行接收、传送到地面接收站加工处理成遥感资料（图像或数据），用来探测识别目标物的整个过程。

将遥感资料应用于工程地质测绘和调查中需经过初步解译、野外踏勘和验证以及成图三个阶段：

①初步解译阶段：根据摄影像片上地质体的光学和几何特征，对航片和卫片进行系统的立体观测，对地貌及第四纪地质进行解译，划分松散沉积物与基岩界线，进行初步构造解译等工作。

②野外踏勘和验证阶段：由于气候、地形、植被等因素变化会使地质信息随地而异，同时由于视域覆盖的影响和遥感影像的特点，使一些资料难以获得，因此需在野外对遥感像片进行检验和补充。在这一阶段，需携带图像到野外，核实各典型地质体在照片上的位置，并选择一些地段进行重点研究，以及在一定间距穿越一些路线，做一些实测地质剖面和采集必要的岩性地层标本。现场对地质体观测点数，宜为工程地质测绘点数的 30%～50%。

③成图阶段：将解译取得的资料、野外验证取得的资料以及其他方法取得的资料，集中转绘到地形底图上，然后进行图面结构的分析。如有不合理现象，要进行修正，重新解译。必要时，到野外复验，直至整个图面结构合理为止。

遥感影像资料比例尺，可按下列要求选用：

①航片比例尺，宜采用 1∶25000～1∶100000。

②陆地卫星影像宜采用不同时间各个波段的 1∶250000～1∶500000 黑白像片和假彩色合成或其他增强处理的图像。

③热红外图像的比例尺不宜小于 1∶50000。

2）工程地质勘探

工程地质勘探一般在工程地质测绘的基础上进行。它可以直接深入地下岩层取得所需的工程地质条件资料，是探明深部地质情况的可靠方法。

（1）坑探和槽探

坑探和槽探是在建筑场地挖探井或探槽以取得直观资料和原状土样的方法，是一种不使用专用机具的常用勘探方法。当场地地质条件比较复杂时，利用坑探可以直接观测地层的结构和变化，但坑探可达的深度较浅。坑探的种类有探槽、探坑和探井，如图 8.1 所示。

探槽是挖掘成长条形且两壁常为倾斜上宽下窄的槽子，其断面有梯形或阶梯形两种。较深的探槽两壁要进行必要的支护。一般覆盖土层小于 3.0 m 时使用探槽，适用于了解地质构造线、断裂破碎带宽度、地层分界线、岩脉宽度及其延伸方向和采取原状土试样等。

(a) 探槽　　　　　　　　　　(b) 探坑　　　　　　　　　　(c) 探井

图 8.1　探槽、探坑和探井

凡挖掘深度不大且形状不一的坑，或呈矩形的较短的探槽状的坑为探坑，深度一般为 1.0～2.0m。若挖掘深度大且断面形状为方形、矩形和圆形，则为探井，一般深度都大于 3.0m。圆形探井在水平方向能承受较大的侧压力，比其他形状的探井安全。

坑探中采取原状土样可按照以下步骤进行：首先在井底或井壁的指定深度处挖一土柱，土柱的直径必须大于取土筒的直径，将土柱顶面削平，套上两端开口的金属筒并削去筒外多余的土，一面削土一面将筒压入，直到筒完全套入土柱体后切断土体柱。然后削去两端多余的土体，盖上筒盖，用熔蜡密封后贴上标签并注明土柱的上下方向、编号等即完成取样工作。

在工程地质勘察中，主要的坑、槽、井、洞等几种类型，见表 8.1。

工程地质勘探中坑、槽、井、洞的类型　　　　　　　　　表 8.1

类型	特点	用途
试坑	数十厘米的小坑，形状不定	局部剥除地表覆土，揭露基岩
浅井	从地表向下垂直，断面呈圆形或方形，深 5～15m	确定覆盖层及风化层的岩性及厚度，取原状样，载荷试验，渗水试验
探槽	在地表垂直岩层或构造线挖掘成深度不大（小于 3～5m）的长条形槽子	追索构造线、断层、探查残积坡积层，风化岩石的厚度和岩性
竖井	形状与浅井相同，但深度可超过 20m，一般在平缓山坡、河漫滩、河流阶地等岩层较平缓的地方，有时需要支护	了解覆盖层厚度及性质、构造线、岩石破碎情况、岩溶、滑坡等，岩层倾角较缓时效果较好
平硐	在地面有出口的水平通道，深度较大，适用于较陡的基岩坡面	调查斜坡地质构造，对查明地层岩性、软弱夹层、破碎带、风化岩层时，效果较好，还可取样或做原位试验

（2）钻探

钻探是指在地表下用钻头钻入地层的勘探方法。

工程地质钻探是获取地表下准确的地质资料的重要方法，通过钻探的钻孔还可以采取原状岩土样和做现场力学试验。

在地层内钻成直径较小并具有相当深度的圆形的孔称为钻孔，直径大于等于 800mm 以上的钻孔称为大直径钻井。

钻孔的要素如图 8.2 所示。钻孔上部口径较大，下部口径较小，呈阶梯状。钻孔的上部为孔口，底部为孔底；四周侧壁为孔壁。钻孔断面的直径为孔径；由大孔径改为小孔径称为换径。从孔口到孔底的距离称为孔深。

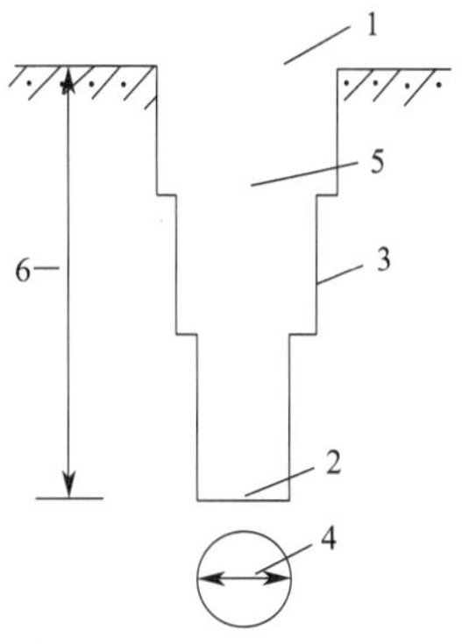

①钻探过程和钻进方法

根据自然条件的复杂性以及工程要求选择钻探设备和钻进方法，有回转式和冲击式两种钻机。

回转式钻机是利用钻机的回转器带动钻具旋转，磨消孔底地层而钻进，通常使用管状钻具，能取柱状岩芯样品。

冲击式钻机则利用卷扬机借钢丝绳带动有一定重量的钻具上下反复冲击，使钻头击碎孔底地层而形成钻孔后，用抽筒提取岩石碎块或扰动土样。

钻探过程包括破土、取芯和护壁三个基本程序。

工程地质钻探可根据岩土破碎的方式，将钻进的方法分为冲击钻进、回转钻进、冲击—回转钻进和冲击—回转—振动钻进四种，各种工程地质钻进方法见表8.2。

图 8.2　钻孔示意图
1—孔口；2—孔底；3—孔壁；
4—孔径；5—换径；6—孔深

工程地质钻进方法　　　　　　　　　　表 8.2

钻进方法	主要钻具		适用条件	优点	缺点
冲击钻进	洛阳铲、钢丝绳钻探、锤击钻探		碎石土、砂土、黏性土、软质岩石	设备简单经济，能准确了解含水层	劳动强度大，难以取得完整岩芯，孔深较浅
	CZ-20C 型		除上述岩土外，还可用于坚硬岩层	可钻进用其他方法难以钻进的漂石及大卵石土	不能取完整岩芯，无法钻斜孔
	CZ-22C 型				
	CZ-30C 型				
回转钻进	螺旋钻、勺钻		均匀砂、粉土及黏土	设备简单，能采取试样	劳动强度大，孔深较浅
	硬质合金钢粒钻头	XJ-100 型	除漂石、大卵石以外的各种硬度的岩石和土	岩石采取率高，能采取岩样，可钻斜孔。可做孔内各种试验	硬质合金只适用Ⅷ级硬度以下的岩石，钢粒钻进孔壁不易均匀平整。机具较重
		UX300-2A 型			
		SGZI-Ⅲ 型			
		XY2-3 型			
		YDC-100 型			
	金刚石钻头	XY-TA 型等	钻进Ⅷ级硬度以上的最坚硬岩层最有效	钻孔质量好，岩芯采取率高，机具较轻	在软弱和破碎断层应慎重使用，一般不适用于漂石、卵石层
冲击-回转钻进	SH30-2 型		碎石土、砂土、粉土、黏性土	钻进效率较高，适用于各种土体	孔深较浅，设备较复杂
冲击-回转-振动钻进，复合钻进	G1-G3 系列型		上述土层以及不太坚硬的基岩	半液压传动、回转、冲击、振动钻进等功能齐全，可静压取土	大部分钻具孔深较浅，至硬岩层不适用
	GYC150 型				
	GJD-2 型				
	JK-1 型				

②钻孔地质柱状图

钻孔地质柱状图是表示该钻孔所穿过的地层综合而成的图表。图中表示有地质年代、土层埋藏深度、土层厚度、土层底部的绝对标高、岩土的描述等，如图8.3所示。柱状图的比例尺一般为1：100～1：500。

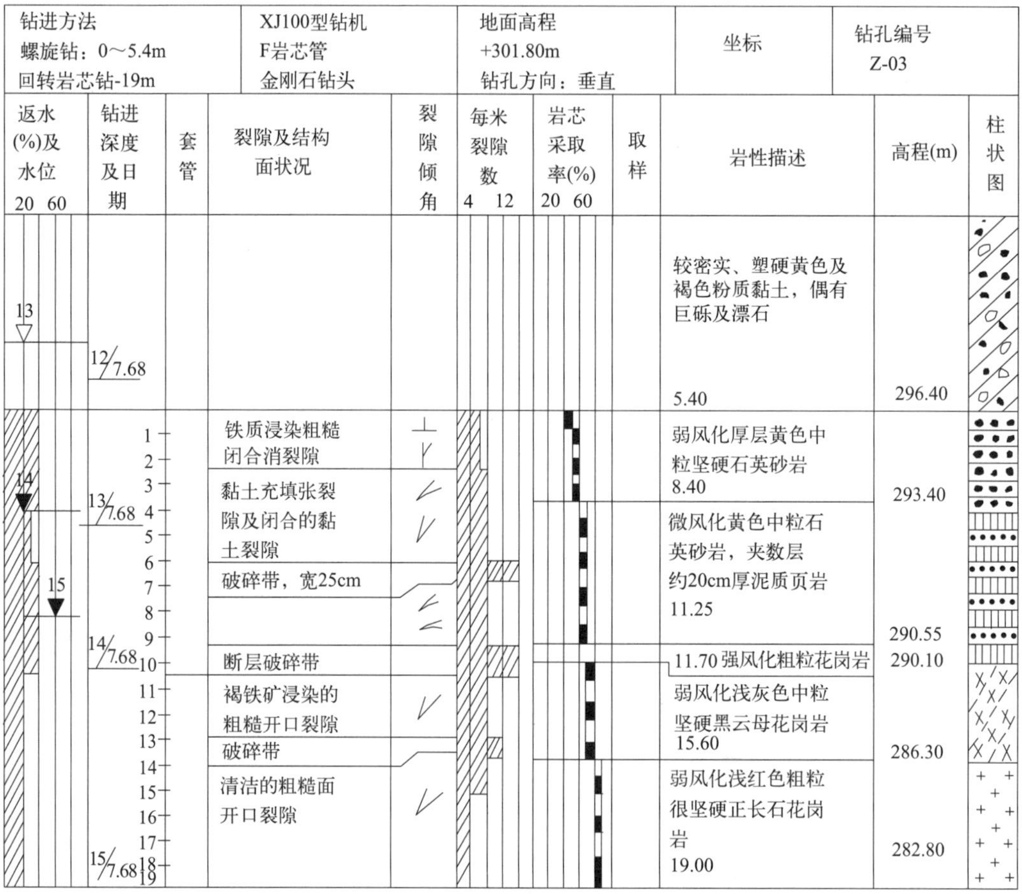

钻进方法 螺旋钻：0～5.4m 回转岩芯钻-19m			XJ100型钻机 F岩芯管 金刚石钻头			地面高程 +301.80m 钻孔方向：垂直			坐标	钻孔编号 Z-03	
返水(%)及水位 20 60	钻进深度及日期	套管	裂隙及结构面状况	裂隙倾角	每米裂隙数 4 12	岩芯采取率(%) 20 60	取样	岩性描述	高程(m)	柱状图	
13	12/7.68							较密实、塑硬黄色及褐色粉质黏土，偶有巨砾及漂石 5.40	296.40	
14 15	13/7.68 1 2 3 4 5 6 7 8		铁质浸染粗糙闭合消裂隙 黏土充填张裂隙及闭合的黏土裂隙 破碎带，宽25cm					弱风化厚层黄色中粒坚硬石英砂岩 8.40 微风化黄色中粒石英砂岩，夹数层约20cm厚泥质页岩 11.25	293.40 290.55	
	14/7.68 9 10 11 12 13 14 15 16 17		断层破碎带 褐铁矿浸染的粗糙开口裂隙 破碎带 清洁的粗糙面开口裂隙					11.70强风化粗粒花岗岩 弱风化浅灰色中粒坚硬黑云母花岗岩 15.60 弱风化浅红色粗粒很坚硬正长石花岗岩 19.00	290.10 286.30 282.80	
	15/7.68 18 19									

图8.3　钻孔地质柱状图

③岩芯试样的采取

工程地质钻探的主要任务之一是在岩土层中采取岩芯或原状土试样。在采取试样过程中应该保持试样的天然结构（原状土样），如果试样的天然结构已受到破坏，则此试样已受到扰动，这种试样称为"扰动样"，在工程地质勘察中是不容许的。除非有明确说明另有所用，否则此次扰动试样作废。

由于土工试验所得出的土性指标要保证可靠，因此工程地质勘察中所取得的试样必须是保留天然结构的原状试样。但是在实际工程地质勘察的钻探过程中，要取得完全不扰动试样是不可能的。造成土试样扰动有三个原因：一是外界条件引起的土试样的扰动，如钻进工艺、钻具选用、钻压、钻速、取土方法选择等。若在选用上不够合理，都能造成其土质的天然结构被破坏；二是采样过程造成的土体中应力条件发生了改变，引起土样内的质点间的相对位置和组织结构的变化，甚至出现质点间的初始黏聚力的破坏；三是采取土样时，需用取土器采取，当切入土层时，会使土样产生一定的压缩变形。取土器壁越厚，所排开土体越多，其变形量越大，这就造成土样更大的扰动。

按照取样方法和试验目的，岩土工程勘察规范对土试样的扰动程度分成如下的质量等级：

一级：不扰动，可进行的试验项目有土类定义、含水率、密度、强度系数、变形参数、固结压密系数。

二级：轻微扰动，可进行的试验项目有土类定义、含水率、密度。

三级：显著扰动，可进行的试验项目有土类定义、含水率。

四级：完全扰动，可进行的试验项目有土类定义。

在钻孔取样时，采用薄壁取土器所采得的土样定为一～二级；

对于采用中厚壁或厚壁取土器所采得的土样定为二～三级；

对于采用标准贯入器、螺纹钻头或岩芯钻头所采得的黏性土、粉土、砂土和软岩的试样皆定义为三～四级。

因此，为取得一级质量的土试样，普遍采用薄壁取土器来采取，以正确获得土工试验全部的物理力学参数。

为保证土样少受扰动，采取土试样的前后及过程中应注意如下事项：

合理的钻进方法是保证取得不扰动土样的第一前提，钻进方法的选用首先应着眼于确保孔底拟取土样不被扰动。这一点几乎对任何种类土样都适用，而对结构敏感或不稳定的土层尤为重要。从国内外的经验看，主要有以下几点要求：

首先，在结构性敏感土层和较疏松砂土层中需采用回转钻进，而不得采用冲击钻进。

其次，以泥浆护孔，可以减少扰动。需要注意在孔中保持足够的静水压力，防止因孔内水位过低而导致孔底软黏性土或砂层产生松动或涌起。

再次，取土钻孔的孔径要适当，取土器与孔壁之间要有一定的距离，避免下放取土器时切削孔壁，挤进过多的废土。尤其在软土钻孔中，时有缩径现象，则更需加大取土器与孔壁的间隙。钻孔应保持孔壁垂直，避免取土器切刮孔壁。

还有，取土前的一次钻进不宜过深，以免下部拟取土样部位的土层受到扰动。注意在正式取土前，把已受一定程度扰动的孔底土柱清理掉，避免废土过多，取土器顶部挤压土样。

最后，取土深度和进土深度要等尺寸，在取土前都应丈量准确。

取土过程中，如提升取土器、拆卸取土器等每个操作工序，均应细致稳妥，以免造成扰动。取出的土应及时用蜡密封，并注明上下，贴上标签，做好记录；另外，在土样封存、运输和开工做试验时，都应注意避免扰动。做到严防振动、日晒、雨淋和冻结。

3）地球物理勘探

地球物理勘探简称物探。它是通过研究和观测各种地球物理场的变化来探测地层岩性、地质构造等地质条件的。各种地球物理场有电场、重力场、磁场、弹性波的应力场、辐射场等。由于组成地壳的不同岩层介质往往在密度、弹性、导电性、磁性、放射性以及导热性等方面存在差异，这些差异将引起相应的地球物理场的局部变化。通过量测这些物理场的分布和变化特征，结合已知地质资料进行分析研究，就可以达到推断地质性状的目的。该方法兼有勘探与试验两种功能。和钻探相比，具有设备轻便、成本低、效率高、工作空间广等优点。但物探不能取样，不能直接观察，故多与钻探配合使用。

物探宜运用于下列场合：

（1）作为钻探的先行手段，了解隐蔽的地质界线、界面或异常点。

（2）作为钻探的辅助手段，在钻孔之间增加地球物理勘探点，为钻探成果的内插、外推提供依据。

（3）作为原位测试手段，测定岩土体的波速、动弹性模量、动剪切模量、卓越周期、电阻率、放射性辐射参数、土对金属的腐蚀性等参数。

物探方法有电法勘探、磁法勘探、重力勘探和地震勘探等多种，但在工程地质物探方法上，采用得最多、最普遍的物探方法，首推电法勘探。它常在初期的工程地质勘察中使用，以初步了解勘察区的地质情况，并配合工程地质测绘使用。此外，它还常用于古河道、暗浜、洞穴、地下管线等的勘察。

电法勘探是研究地下地质体电阻率差异的勘探方法，也称电阻率法。电阻率是岩土的一个重要电学参数，它表示岩土的导电特性。不同的岩土有不同的导电特性，具有不同的电阻率。电阻率在数值上等于电流在材料里均匀分布时，该种材料单位立方体所呈现的电阻，常用单位为欧姆·米，记作 $\Omega \cdot m$。岩土的电阻率变化范围很大，各种岩土有其自身的电阻率，但是它们之间仍存在着很大的差异。正是由于存在电阻率的差异，才有可能进行电阻率法勘探。各类岩土的电阻率变化范围见表 8.3，其中岩浆岩的电阻率最高，变质岩次之，沉积岩最低。

各类岩土电阻率变化范围 表 8.3

岩土类别		电阻率($\Omega \cdot m$)						
		0　　　10^0　　　10^1　　　10^2　　　10^3　　　10^4　　　10^5　　　10^6						
岩浆岩								
变质岩								
沉积岩	黏土							
	软页岩							
	硬页岩							
	砂							
	砂岩							
	多孔灰岩							
	致密灰岩							

影响岩土电阻率大小的因素很多，主要是岩土成分、结构、构造、孔隙裂隙、含水性等。如第四纪的松软土层中，干的砂砾石电阻率高达几百至几千 $\Omega \cdot m$，饱水的砂砾石电阻率显著降低。在同样饱水情况下，粗颗粒的砂砾石电阻率比细颗粒的细砂、粉砂高。潜水位以下的高阻层位反映粗颗粒含水层的存在，作为隔水层的粒土类电阻率远比含水层低。因而利用电阻率的差异可勘探砂砾石层与黏土层的分布。

在地面电阻率法工作中，将供电电极 A 和 B 与测量电极 M 和 N 都放在地面上，如图 8.4 所示，A 和 B 极在观测点 M 上产生的电位为点 μ_M，在 N 点上产生的电位为 μ_N，则 MN 两极的电位差为：

$$\Delta\mu_{MN}=\mu_M-\mu_N \tag{8-1}$$

即可求得该点的视电阻率 ρ_s 为：

$$\rho_s=\frac{2\pi}{\dfrac{1}{AM}-\dfrac{1}{AN}-\dfrac{1}{BM}+\dfrac{1}{BN}}\cdot\frac{\Delta\mu_{MN}}{I}=K\frac{\Delta\mu_{MN}}{I}$$

式中　K——装置系数；

I——A 极经过地层流到 B 极上的电流量，也就是供电回路的电流强度。

$\Delta\mu_{MN}$ 和 I 可以用电位计和电流计测得。

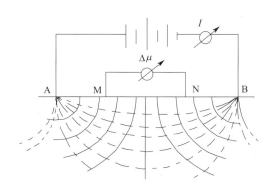

图 8.4　电法勘探原理示意图（虚线表示流线分布图，实线表示电位线）

电法勘探利用图 8.4 所示的四极排列和极间距离的变化而产生两种常用的电探法：电剖面法和电测深法。

（1）电剖面法

采用固定极距的电极排列，沿剖面线逐点供电和测量，获得视电阻率剖面曲线，通过分析对比，了解地下勘探深度以上沿测线水平方向上岩土的电性变化。在工程地质中能帮助查明地下的构造破碎带、地下暗河、洞穴等不良地质现象。

（2）电测深法

也称电阻率垂向测深法，它的原理是：当电源接到 AB 两点上，电流从一个接地流出，进入岩土层中并流到第二个接地。电流密度由流线的密度决定。电流在接地附近最大，并且在某一深度处减到最小。随着两个接地间距离的增加，电流密度重新改变分布情况，即流线分布得更深些。这样，当改变 A 和 B 两点间的距离时，就可以改变电测深的深度。这个深度一般为电极 A、B 间距离的 $1/4\sim1/3$。测量供电电极 A 与 B 之间的电流强度以及接收 M 与 N 之间的电位差就可以求得岩土层的电阻率及其随深度的变化，从而得到解译地下地质状况的依据。如图 8.5 所示即为根据地下随深度增加的电阻变化情况而绘制的地层剖面。

4. 工程地质勘察报告书和图件

工程地质勘察报告书和图件是在总结归纳该工程勘察资料的基础上，用书面方式来表达工程地质勘察成果的最终体现，并作为设计部门进行设计的最重要的基础资料。

8-2

工程地质勘察报告

在现场勘察工作告一段落或整个勘察工程结束后要进行工程地质勘察的内业整理，包括现场和室内试验数据的整理和统计、工程地质图件的编制以及工程地质报告书的编写，将现场勘察得到的工程地质资料和与工程地质评价有关的其他资料进行统计、归纳和分析，并编成图件和表格，提取有用的勘察信息并系统整理，以满足工程设计和工程地质评价的需要。

1）工程地质报告书的内容

报告书应有充分的实际资料作为依据，并附有必要的插图、照片、表格以及文字说明，要阐明拟建工程的工程地质条件，分析存在的工程地质问题，并作出工程地质评价，得出结论，内容主要包括：

（1）勘察目的、任务要求和依据的技术标准；

（2）工程概况；

（3）勘察方法和勘察工作布置；

（4）场地地形、地貌、地层、地质构造、岩土性质及其均匀性；

（5）各项岩土性质指标、岩土的强度参数、变形参数、地基承载力的建议值；

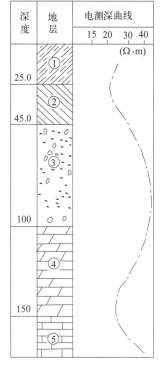

图 8.5　第四系含水层
电测深曲线

（6）地下水埋藏情况、类型、水位及其变化；

（7）土和水对建筑材料的腐蚀性；

（8）可能影响工程稳定性的不良地质作用的描述和对工程危害程度的评价；

（9）场地稳定性和适宜性的评价。

报告书同时应对工程的可行性以及方案进行分析论证，并进行不同方案的技术经济论证，提出对设计、施工和现场监测要求的建议；对工程施工和使用期间可能发生的工程地质问题也需要进行预测，提出相应监控和预防措施的建议。

当需要对岩土工程测试、检验或监测，对工程事故以及其他一些专题工程地质问题进行分析论证时，可撰写专题报告书，以使这些专题问题得到十分明确的分析和评价。

报告书的结论部分必须明确具体，措辞必须简练正确。

对丙级工程地质勘察的成果报告内容可以适当简化，采用以图表为主，辅以必要的文字说明的方式。

2）工程地质图件和其他附件

工程地质报告书应附有各种工程地质图，如分析图、专门图、综合图等，对报告辅以进一步的说明，包括：

（1）勘探点平面位置图

在地形图上进行绘制，除标明各勘探点（包括探井、探槽、钻孔等）的平面位置、各现场原位测试点的平面位置和勘探剖面线的位置外，还应绘出工程建筑物的轮廓位置，并附场地位置示意图、各类勘探点、原位测试点的坐标及高程数据表。

（2）工程地质剖面图

在地质剖面图基础上，反映地质构造、岩性、分层、地下水埋藏条件、各分层岩土的物理力学性质指标等，依据各勘探点的成果和土工试验成果绘制而成。工程地质剖面图用来反映若干条勘探线上工程地质条件的变化情况。由于勘探线的布置是与主要地貌单元的走向垂直或与主要地质构造轴线垂直或建筑主要轴线相一致的，故工程地质剖面图能最有效地揭示场地工程地质条件。

（3）地层综合柱状图（或分区地层综合柱状图）

反映场地（或分区）的地层变化情况，并对各地层的工程地质特征等作简要的描述，有时还附各土层的物理力学性质指标。

（4）土工试验图表

主要是土性参数、土的抗剪强度曲线和压缩曲线，一般由土工试验室提供。

（5）现场原位测试图件

如载荷试验、标准贯入试验、十字板剪切试验、静力触探试验等的成果图件。

（6）其他专门图件

对于特殊性土、特殊地质条件及专门性工程，根据各自的特殊需要，绘制相应的专门图件，如各种分析图等。

任务 8.2　房建工程地质勘察

房屋建筑工程地质勘察的主要内容是工程测量、水文地质和工程地质勘察。勘察任务在于查明房屋建筑地点的地形地貌、地层岩性、地质构造、水文条件等自然地质条件资料，作出鉴定和综合评价，为房屋建筑的选址、工程设计和施工提供科学可靠的依据。

1. 房屋建筑的主要工程地质问题

对一般的房屋建筑即工业与民用建筑，所遇到的主要工程地质问题有：地基稳定性问题、地下水的影响等。

（1）地基稳定性问题

地基稳定性问题一般包括地基的强度和变形两方面的内容，对于斜坡地区而言，还应考虑抗滑稳定性问题。

地基的强度是指地基土抵抗上部结构及其基础荷载作用不使其发生剪切破坏的承载能力。影响地基强度的因素主要有两个：首先是地基岩土的特性，包括成因类型、堆积年代、结构特征、各岩土层的物理力学性质及其分布情况以及水文地质条件；其次是基础的类型、大小、形状、埋置深度和上部结构及其形式的特点等。

地基的变形是指在上部结构及其基础荷载的作用下，地基土中产生的附加应力使地基土体被压缩而产生相应的变形。地基变形必须控制在允许范围内，若变形过大，即使沉降均匀且满足承载力要求，也将影响建筑物的正常使用，会给工程结构带来严重危害。

（2）地下水的影响

地下水对建筑工程的影响有：地面沉降、地面塌陷、浮托作用、基坑突涌、对钢筋混凝土的腐蚀等。

基坑开挖需要关心坑底地下水的问题。如果坑底以下有承压水存在，有可能造成基坑底板隆起或被冲溃；若基坑开挖到地下水位以下时，边坡变形，流砂、流土等问题需要考虑。

在沿海软土中进行深基础施工时，往往需要人工降低地下水位。若降水不当，会使周围地基土层产生固结沉降，轻者造成邻近建筑物或地下管线的不均匀沉降；重者则使建筑物基础下的土体颗粒流失，甚至掏空，导致建筑物开裂和危及使用安全。

当岩石、土层的空隙完全被水饱和时，黏土颗粒之间除结合水以外的水都是重力水，可传递静水压力。此外，重力水能产生浮托力，还能对岩土产生化学潜蚀，导致土的成分及结构的破坏。

2. 勘察的基本内容与要求

房屋建筑工程勘察应在了解荷载、结构类型和变形要求基础上进行，在工程进入设计阶段前要对建筑物区域进行地质勘察，对地层类别进行勘察，为工程设计提供基础设计依据。其关键工作内容应符合下列要求。

（1）查明场地地基稳定性，地层类别、厚度和坡度，持力层和下卧层工程特征、应力和地下水条件等。

（2）提供满足设计、施工所需要的岩土技术参数。

（3）确定地基承载力，估计地基沉降及其均匀性。

（4）提出地基和基础设计方案提议。

1）可行性研究勘察阶段

在可行性研究勘察阶段，应对拟建场地稳定性和适宜性作出评价，并应符合下列要求。

（1）搜集区域地质、地形地貌、地震、矿产和周围地域岩土工程地质资料及当地建筑经验。

（2）在搜集和分析已有资料基础上，经过踏勘，了解场地地层、结构、岩石和土的性质、不良地质现象及地下水等岩土工程地质条件。

（3）对岩土工程地质条件复杂、已有资料不能符合要求，但其他方面条件很好且倾向于选择的场地，应依据具体情况进行岩土工程地质测绘及必要的勘探工作。

确定建筑场地时，在岩土工程地质条件方面，宜避开下列地域或地段。

（1）地质现象发育且对场地稳定性有直接危害或潜在威胁。

（2）地基土性质严重不良。

（3）对建筑物抗震危险。

（4）洪水或地下水对建筑场地有严重不良影响。

（5）地下有未开采的有价值矿藏或未稳定的地下采空区。

2）初步勘察阶段

初步勘察阶段应对场地内建筑地段稳定性作出岩土工程评价，并进行下列关键工作：

（1）搜集可行性研究阶段岩土工程勘察汇报，取得建筑区范围地形图及相关工程性质、规模的文件。

（2）初步查明地层、结构、岩土物理力学性质、地下水埋藏条件及冻结深度。

（3）查明场地不良地质现象成因、分布、对场地稳定性影响及其发展趋势。

（4）对抗震设防烈度大于或等于 7 度场地，应判定场地和地基地震效应。

3）详细勘察阶段

详细勘察阶段应按不同建筑或建筑群提出具体岩土工程资料和设计所需要岩土技术参数；对建筑地基作出岩土工程分析评价，并应对基础设计、地基处理、不良地质现象防治等具体方案作出论证和提议，并进行下列关键工作：

（1）取得附有坐标及地形建筑物总平面部署图，拟建建筑物地面整平标高，建筑物性质、规模、结构特点，可能采取的基础形式、尺寸、估计埋置深度，对地基基础设计特殊要求等资料。

（2）查明不良地质现象成因、类型、分布范围、发展趋势及危害程度，并提出评价和整改所需岩土技术参数和整改方案提议。

（3）查明建筑物范围各层岩土类别、结构、厚度、坡度和特征，计算和评价地基稳定性和承载力。

（4）对需进行沉降计算的建筑物，提供地基变形计算参数，估计建筑物沉降、差异沉降或整体倾斜。

（5）对抗震设防烈度大于或等于 6 度场地，应划分场地土类型和场地类别；对抗震设防烈度大于或等于 7 度场地，尚应分析估计地震效应，判定饱和砂土或饱和粉土地震液化可能性，并计算液化指数。

（6）查明地下水埋藏条件。基坑降水设计时，应查明水位改变幅度和规律，提供地层渗透性资料。

（7）判定水环境和土对建筑材料和金属的腐蚀性。

（8）判定地基土及地下水在建筑物施工和使用期间可能产生的改变及对工程的影响，提出防治方法及建议。

4）施工勘察阶段

施工勘察不是一个固定勘察阶段，而是在一定的需要下进行的勘察工作。其目的是配合设计、施工单位，解决与施工有关的岩土工程问题，并提供相应的勘察资料。它不仅包括施工阶段的勘察工作，还包括可能在施工完成后进行的勘察工作（如检验地基加固效果等）。

基坑或基槽开挖后，岩土条件与勘察资料不符或发现必须查明的异常情况时，应进行施工勘察；在工程施工或使用期间，当地基土、边坡体、地下水等发生未曾估计到的变化时，应进行监测，并对工程和环境的影响进行分析评价。

对工程地质条件复杂的或有特殊施工要求的重大建筑物地基，当基槽开挖后，地质情况与原勘察资料严重不符而可能影响工程质量时，还应配合设计和施工部门进行补充性的施工阶段地质勘察工作。

施工勘察的主要工作内容有以下几种。

（1）施工验槽：检查核对原勘察资料，与设计、施工单位一起研究与处理地基问题。按具体情况，可进行基坑地质素描，划分及实测地层界线，查明人工填土等对地基有较大影响并影响地层的分布及其均匀性的情况，调查地下水位有无变化等情况，必要时应进行补充勘探测试工作。

（2）地基处理、加固的勘察：应根据地基处理、加固方法确定勘察内容。

（3）深基础施工勘察：对深基础施工进行的勘察要根据不同的施工方法，确定勘察内容。

任务 8.3　高层建筑工程地质勘察

相对一般房屋建筑，八层以上建筑统称为高层建筑，它们往往在城市中形成建筑群，对地基勘察要求很高，跟一般的房建勘察有很大区别。

1. 高层建筑的主要工程地质问题

1）建筑场地的稳定性问题

高层建筑一旦发生地基变形，不仅仅是地表的软土结构以及基岩风化带将受到严重的影响，建筑物地基的持力层以及下卧层对地基土体的稳定性也会受到很大影响，因为下卧层稳定的首要前提条件就是岩性和土体结构以及水文地质条件、抗震性等因素必须满足工程建设要求。所以，高层建筑场地应该选择在已经完成城市地震烈度划分的区域，然后经过更进一步的勘察工作证实高层建筑场地的地质结构能够满足各项施工条件，以便高层建筑工程顺利进行。

2）基础类型选择的工程地质论证

（1）箱形基础

箱形基础具有抗弯性强、刚度大、整体性能突出的显著特点，适合地基情况复杂且不均匀的场地条件。箱形基础可以充分利用中空的部分作为地下室使用，这样能有效地减少高层建筑物因为地基软弱或是不均匀而发生的沉降。

（2）桩基础

桩基础，简称桩基。桩基的主要特点是承载力强、不易发生沉降。它适合上覆软土比较厚或者具有膨胀性的土层。施工中应采取何种类型的桩基主要依据建筑工程的地基土特征以及施工场地的条件而定。

（3）复合基础

复合基础主要是采用箱基下加桩基的方法。它能够弥补箱形基础和桩基单独使用的不足，复合地基的部分土体被置换成增强体，可以很大程度地提高地基的承载能力，更好地满足高层建筑承载力和变形要求。由于复合地基施工工艺比较复杂而且造价比较高，宜根据建筑工程地质的实际条件及要求进行使用。

2. 勘察的基本内容与要求

高层与超高层建筑地质勘察一般是在城市详细规划的基础上进行的，勘察阶段分为初步勘察和详细勘察两个阶段。

1）初步勘察阶段

初步勘察阶段应对高层与超高层建筑场地的适宜性和地基稳定性作出正确结论，为确定高层与超高层建筑物的规模、平面造型、地下室层数以及基础类型等提供可靠的地质资料，并进行下列关键工作：

（1）收集和利用城市规划中已有的气候（特别是风向和风力）、工程地质和水文地质等资料。

（2）着重研究地质环境中的地震以及地基中是否存在软弱土层和其他不稳定因素。

（3）在地震烈度较高的地区，必须查明地基中可能液化土层的埋深及分布情况，并提供有关抗震设计所需的参数。

（4）对关键性的软弱土层做少量试验工作，初步确定其工程地质性质。

上述工作相关技术要求为：每一建筑场地的勘探孔数为 3～5 个，孔距不小于 30m，保证每一幢单独高层或超高层建筑不少于 1 个勘探孔，并应联成纵贯场地且平行地质地形变化最大方向的勘探线，以便作出能说明地质变化规律的工程地质剖面图。

2）详细勘察阶段

详细勘察阶段应为高层建筑基础设计和施工方案提供准确的定量指标和计算参数，并进行下列关键工作：

（1）进行大量的钻探和室内试验以及大型现场原位测试。

（2）勘探工作以钻探为主，适当布置一些坑槽和浅井，勘探坑孔按网格布置以便能制图。

（3）对勘察等级为甲级的高层建筑，应在中心点或电梯井、核心筒部位布设勘探点，勘察等级的划分可查《高层建筑岩土工程勘察标准》JGJ/T 72—2017。

（4）高层建筑对抗震、抗风等有较高要求。在室内试验中，除了对地基土进行一定数量的常规物理力学试验外，采用箱形基础时还要做前期固结压力试验和反复加、卸荷载的固结试验，为估算基底土层回弹提供参数；同时还要在加载和卸载条件下测定弹性模量以及无侧限抗压强度。

（5）在高地震烈度地区，需做动三轴试验，求得动剪切模量、动阻尼比等，为抗震设计提供动力参数。

（6）在高层建筑物基础的关键部位，一般需要进行现场原位试验，如静载荷试验、静力触探试验、标准贯入试验、波速试验、十字板剪切试验、回弹测试和基底接触反力测试等，以校核室内试验的成果。

（7）采用箱形基础时，需测定地基土中地下水位以下至设计箱形基础底面附近各土层的渗透系数。

（8）桩基础需做压桩试验，确定其抗压承载力和沉降；做抗拔试验求得其抗拔力及验证单桩的桩侧摩擦阻力；有时也要做桩的水平承载力试验，了解其水平承载力。必要时，还要做单桩或群桩刚度试验，求其刚度系数及阻尼比。

上述工作相关技术要求如下：

（1）单幢高层建筑的勘探点的数量，对勘察等级为甲级的不应少于 5 个，乙级不应少于 4 个。控制性勘探点的数量不应少于勘探点总数的 1/3 且不少于 2 个。相邻的高层建筑，勘探点可相互共用。

（2）箱形基础探孔的间距，一般根据地层的变化和建筑物的具体要求而定，通常为

191

15～35m，孔的深度从箱基底面算起；若遇基岩、硬土或软土时，孔深可适当减小或增大。

（3）桩基础探孔的间距，一般根据桩端持力层顶板起伏情况而定。当其起伏不大时，孔距为12～24m；否则适当加密，甚至按每桩一孔布置。控制孔的深度，从预制桩桩端深度算起，再往下（与群桩相当的）实体基础宽度的0.5～2倍。

（4）室内试验中所需原状土样的采取数量，对箱形基础和桩基础的持力层以及摩擦桩所穿过的各土层，每层取原状土样不少于8个；对端承桩及爆扩桩的持力层以上各上覆层和箱形基础底面以上各土层以及下卧层等各土层的测试数量可适当减少，每层取原状土样1～2个。

任务8.4　路基工程地质勘察

路基工程地质勘察主要内容有：①路堑边坡变形及边坡值的确定；②路堤基底的地质结构及稳定性；③选择填料和确定取土位置；④勘察路基的水文地质条件，提出排水措施；⑤一些自然地质作用对道路的影响等。

1. 路基工程地质问题

在路基的工程地质勘察中，路基存在的主要工程地质问题有路基边坡稳定性问题、路基基底稳定性问题、道路冻害问题等。

（1）路基边坡稳定性问题。路基边坡在重力作用下，其内部应力状态不断变化，当剪应力大于岩土体的强度时，边坡发生不同形式的变形和破坏，主要表现为滑坡、崩塌和错落。边坡变形除受地质、水文地质和自然因素影响外，与施工方法是否正确也有很大关系。土质边坡变形主要取决于土的矿物成分，特别是亲水性强的黏土矿物及其含量。岩质边坡的变形主要决定于岩体中各种软弱结构面的性状及其组合关系。路堑开挖后，由于加大了边坡的陡度和高度，影响边坡岩土体的稳定性，此时要注意可能造成的边坡失稳或古滑坡复活。

（2）路基基底稳定性问题。基底土的变形性质和变形量的大小主要取决于基底土的力学性质、基底面的倾斜程度、软土层或软弱结构面的性质与产状等。如果基底稳定性条件得不到满足，往往发生很大的塑性变形而造成路基的破坏。

（3）道路冻害问题。道路的冻害具有季节性，冬季在负气温长期作用下，土中水分重新分布，形成平行于冻结界面的数层冻层，局部尚有冻透镜体，因而使土体积增大（约9%）而产生路基隆起现象；春季地表面冰层融化较早，而下层尚未解冻，融化层的水分难以下渗，致使上层土的含水量增大而软化，在外荷载作用下，路基出现翻浆现象。

2. 勘察的基本内容与要求

一般路基、高路堤、陡坡路堤和深路堑的初步勘察和详细勘察阶段有不同的勘察内容与要求。高路堤是指填土高度大于20m，或填土高度虽未达到20m，但基底有软弱地层发育，填土有可能失稳而产生过量沉降及不均匀沉降的路堤。陡坡路堤是指地面横坡坡率陡于 1：2.5，或坡率虽未陡于 1：2.5，但填土有可能沿斜坡产生横向滑移的路堤。深路堑是指垂直挖方高度超过 20m 的土质边坡或超过 30m 的岩质边坡，或者需要特殊设计的边坡。

1）初步勘察阶段

（1）一般路基：根据现场地形地质条件，分段基本查明工程地质条件。对基底发育有软弱层的填方路段，应对路堤的沉降及剪切滑移进行评价。对外倾结构面进行开挖时，应评价边坡产生滑动的可能性。一般路基工程地质调查和测绘（调绘）可与路线工程地质调绘一并进行，调绘的比例尺宜为 1：2000。当工程地质条件简单时，勘探测试点数量每千米不少于 2 个；而当工程地质条件较复杂或复杂时，应增加勘探测试点数量。勘探深度不小于 2m。

（2）高路堤：基本查明工程地质条件，对工程建设场地的适宜性进行评价，分析、评估高路堤产生过量沉降、不均匀沉降及地基失效导致路堤产生滑动的可能性。应沿拟定的线位及其两侧的带状范围进行 1：2000 工程地质调绘，调绘宽度不宜小于两倍路基宽度。应根据现场地形地质条件选择代表性位置布置横向勘探断面，每段高路堤的横向勘探断面数量不得少于 1 条。每条勘探横断面上的钻孔数量不得少于 1 个，勘探深度宜至持力层或岩面以下 3m，并满足沉降稳定计算要求。

（3）陡坡路堤：基本查明工程地质条件，对工程建设场地的适宜性进行评价，分析、评估陡坡路堤沿斜坡产生滑动的可能性。应沿拟定的线位及其两侧的带状范围进行 1：2000 工程地质调绘，调绘宽度不宜小于两倍路基宽度。每段陡坡路堤的横向勘探断面数量不宜少于 1 条；当工程地质条件复杂时，应增加勘探断面的数量。每条勘探横断面上的勘探点数量不宜少于 2 个，勘探深度应至持力层或稳定的基岩面以下 3m。

（4）深路堑：基本查明工程地质条件，对工程建设场地的适宜性进行评价，分析深路堑边坡的稳定性。应沿拟定的线位及其两侧的带状范围进行 1：2000 工程地质调绘，调绘宽度不宜小于边坡高度的 3 倍。对地质构造复杂、岩体破碎、风化严重、有外倾结构面或堆积层发育、上方汇水区域较大以及地下水发育的边坡，应扩大调绘范围。有岩石露头时，岩质边坡路段应进行节理统计，调查边坡岩体类型和结构类型。应根据现场地形地质条件选择代表性位置布置横向勘探断面，每段深路堑横向勘探断面的数量不得少于 1 条。每条勘探横断面上的勘探点数量不宜少于 2 个。控制性钻孔深度应至设计高程以下稳定地层中不小于 3m。

2）详细勘察阶段

在确定的路线上查明一般路基、高路堤、陡坡路堤和深路堑的工程地质条件，应对初步勘察阶段调绘资料进行复核。当路线偏离初步设计线位或地质条件需进一步查明时，应进行 1：2000 补充工程地质调绘。一般路基、高路堤、陡坡路堤和深路堑在详细勘察阶段的勘探、取样和测试要求同初步勘察阶段的要求相同。

任务 8.5　桥梁工程地质勘察

桥梁工程地质勘察一般包括两项内容：①对各比较方案进行调查，配合路线、桥梁专业人员，选择工程地质条件比较好的桥位；②对选定的桥位进行详细工程地质勘察，为桥梁及其附属工程的设计和施工提供所需要的工程地质资料。工程地质条件是评价桥位好坏的重要指标之一。

1. 桥梁工程地质问题

不同类型的桥梁，对地基有不同的要求，工程地质条件是选择桥梁结构的主要依据。桥梁工程建设主要有活动性地质构造、不良地质作用及岸坡稳定性、地基稳定性和冲刷等工程地质问题。

（1）活动性地质构造。桥位及其附近的区域性断裂及活动性断裂威胁桥梁的安全，一旦发生断裂活动，对桥梁的破坏是致命性的。因此，对于跨江、跨海大桥及特大桥等重要性桥梁，应选择多个桥位方案，并充分调查桥位及其附近的活动性断裂，以对桥位方案进行比选。

（2）不良地质作用及岸坡稳定性。桥位及其附近的滑坡、崩塌、泥石流等不良地质作用及岸坡稳定性对桥梁结构及通行构成威胁，严重的可以损毁或冲毁桥梁。

（3）地基稳定性和冲刷。桥梁墩台地基稳定性主要取决于墩台地基中岩土体承载力的大小。它对选择桥梁的基础和确定桥梁的结构形式起决定作用。超静定结构的桥梁，对各桥梁墩台之间的不均匀沉降特别敏感，对拱脚处地基的地质条件要求较高。另外，墩台的修建，使原来的河床过水断面减少，局部增大了河水流速，改变了流态，对桥基产生强烈冲刷，威胁桥梁墩台的安全。

由此，根据工程地质条件选择桥位应符合下列原则：

（1）桥位应选择在河道顺直、岸坡稳定、地质构造简单、基底地质条件良好的地段。

（2）桥位应避开区域性断裂及活动性断裂。无法避开时，应垂直断裂构造线走向，以最短的距离通过。

（3）桥位应避开岩溶、滑坡、泥石流等不良地质及软土、膨胀性岩土等特殊性岩土发育的地带。

2. 勘察的基本内容与要求

1）初步勘察阶段

桥梁初步勘察阶段的工程地质调绘应符合下列规定：

（1）跨江、跨海大桥及特大桥应进行1∶10000区域工程地质调绘，调绘的范围应包括桥轴线、引线及两侧各不小于1000m的带状区域。存在可能影响桥位或工程方案比选的隐伏活动性断裂及岩溶、泥石流等不良地质时，应根据实际情况确定调绘范围，并辅以必要的物探等手段探明。

（2）工程地质条件较复杂或复杂的桥位应进行1∶2000工程地质调绘，调绘的宽度沿路线两侧各不宜小于100m。当桥位附近存在岩溶、泥石流、滑坡、危岩、崩塌等可能危及桥梁安全的不良地质时，应根据实际情况确定调绘范围。

（3）工程地质条件简单的桥位，可对路线工程地质调绘资料进行复核，不进行专项1∶2000工程地质调绘。

桥梁初步勘察应基本查明场地的各种工程地质条件，包括褶皱的类型、规模、形态特征、产状及其与桥位的关系、水下地形的起伏形态、冲刷和淤积情况以及河床的稳定性、桥梁通过煤气层和采空区时有害气体对工程建设的影响等。

桥梁初步勘察应以钻探和原位测试为主，勘探测试点应结合桥梁的墩台位置和地貌地质单元沿桥梁轴线或在其两侧交错布置，勘探测试点的数量和深度应能控制地层、断裂等重要的地质界线和反映桥位工程地质条件。

桥梁初步勘察应对工程建设场地的适宜性进行评价；受水库水位变化及潮汐和河流冲刷影响的桥位，应分析岸坡、河床的稳定性；位于含煤地层、采空区、气田等地区的桥位，应分析、评估有害气体对工程建设的影响；并应分析、评价锚碇基础施工对环境的影响。

2）详细勘察阶段

桥梁详细勘察应查明桥位工程地质条件，对初步勘察工程地质调绘资料进行复核。当桥位偏离初步设计桥位或地质条件需进一步查明时，应进行 1∶2000 补充工程地质调绘。

桥梁详细勘察阶段的工程地质勘探应符合下列要求：

（1）桥梁墩台的勘探钻孔应根据地质条件在基础的周边或中心布置，如图 8.6 所示。当有特殊性岩土、不良地质或基础设计施工需进一步探明地质情况时，可在轮廓线外围布孔，或与原位测试、物探结合进行综合勘探。

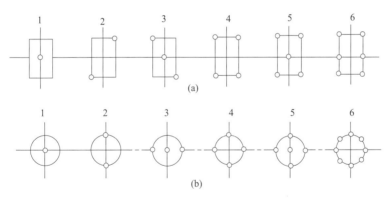

图 8.6　桥梁勘探钻孔布置图
（a）方形布置；（b）圆形布置

（2）工程地质条件简单的桥位，每个墩台宜布置 1 个钻孔；工程地质条件较复杂的桥位，每个墩台的钻孔数量不得少于 1 个。遇有断裂带、软弱夹层等不良地质或工程地质条件复杂时，应结合现场地质条件及基础工程设计要求确定每个墩台的钻孔数量。

（3）沉井基础或采用钢围堰施工的基础，当基岩面起伏变化较大或遇涌砂、大漂石、树干、老桥基等情况时，应在基础周围加密钻孔，确定基岩顶面、沉井或钢围堰埋置深度。

（4）悬索桥及斜拉桥的桥塔、锚碇基础、高墩基础，其勘探钻孔宜按图 8.6 中的 4、5、6 布置，或按设计要求研究后布置。

（5）桥梁墩台位于沟谷岸坡或陡坡地段时，宜采用井下电视、硐探等探明控制斜坡稳定的结构面。

（6）钻孔深度应根据基础类型和地基的地质条件确定：对于天然地基或浅基础，钻孔钻入持力层以下的深度不得小于3m；对于桩基、沉井、锚碇基础，钻孔钻入持力层以下的深度不得小于5m。持力层下有较弱地层分布时，钻孔深度应加深。

任务8.6　隧道工程地质勘察

隧道往往是路线布设的控制点，长隧道可影响路线方案的选择。隧道勘察工作通常包括两项内容：一是隧道方案的选择；二是隧道洞口与洞身的勘察。当地下水对隧道影响较大时，应进行地下水动态观测，并计算隧道涌水量。

1. 隧道工程地质问题

隧道工程地质问题主要有洞口附近的不良地质作用、洞口边坡稳定性、围岩失稳塌方及大变形、突水突泥、瓦斯岩爆等。

（1）洞口附近不良地质作用。洞口附近的滑坡、崩塌、泥石流和山洪灾害等均可能会严重威胁隧道的安全性，不仅可能会冲毁或堵塞通向隧道的道路，而且其中的流体碎屑物可能穿越和淤塞隧道。

（2）洞口边坡稳定性。隧道洞口段一般地质条件较差，岩体较破碎，地表水及地下水较丰富，施工开挖不当容易导致洞口坍塌和边坡失稳事故。

（3）围岩失稳塌方及大变形。无论是塑性还是脆性围岩，在围岩自重应力、构造应力、节理裂隙发育分布等作用下产生周边位移和拱顶下沉，当其变形达到一定限值（硬质、脆性围岩的变形限值远小于塑性围岩）后，将失去其自身的稳定性并发生围岩的塌方，包括高地应力下发生的岩爆。对于塑性围岩，则可能会产生隧道的大变形。另外，块状镶嵌结构岩体因处于临空面倒楔形块体（关键块体）塌落，或倾斜岩层隧道边墙和拱部的张拗折部位塌落，也容易引发隧道围岩的塌方。当隧道覆盖层厚度不大时，隧道围岩的塌方和大变形则可导致地表的变形和塌陷。

（4）突水突泥。突水是指由于隧道的开挖，造成隧道开挖面与前方水体间、隧道洞壁外侧与含水体间岩体厚度过薄，水压力突破岩体向隧道内大量涌出。若开挖面前方存在饱水或过饱水黏土岩溶等含泥构造，则会引发突泥灾害。突水突泥灾害常见于岩溶地质结构隧道的施工中。若围岩中的水体与地表水体有联系，突水突泥还会造成地表水源的枯竭。

（5）瓦斯岩爆。隧道穿越含瓦斯煤层或穿越其附近的破碎、节理发育的围岩时，可能遇到瓦斯问题。瓦斯含量在5%～16%时，遇到明火会引起爆炸。高地应力区的隧道存在岩爆问题。岩爆发生前，并无明显的预兆，会突然发生岩石爆裂声响，石块有时应声而下，有时暂不坠下。在没有支护的情况下，对施工安全威胁极大。

根据工程地质条件，隧道选址应符合下列规定：

（1）隧道应选择在地层稳定、构造简单、地下水不发育、进出口条件有利的位置，隧道轴线宜与岩层、区域构造线的走向垂直。

（2）隧道应避免沿褶皱轴部，平行于区域性大断裂，以及在断裂交汇部位通过。

（3）隧道应避开高应力区，无法避开时，洞轴线宜平行于最大主应力方向。

（4）隧道应避免通过岩溶发育区、地下水富集区和地层松软地带。

（5）隧道洞口应避开滑坡、崩塌、岩堆、危岩、泥石流等不良地质，以及排水困难的沟谷低洼地带。

（6）傍山隧道，洞轴线宜向山体一侧内移，避开外侧构造复杂、岩体卸荷开裂、风化严重以及堆积层和不良地质地段。

2. 勘察的基本内容与要求

1）初步勘察阶段

隧道初步勘察应根据现场地形地质条件，结合隧道的建设规模、标准和方案比选，确定勘察的范围、内容和重点，并应基本查明隧址的工程地质条件。

隧道初步勘察的工程地质调绘应符合下列规定：

（1）工程地质调绘应沿拟定的隧道轴线及其两侧各不小于 200m 的带状区域进行，调绘比例尺为 1∶2000。

（2）当两个及以上特长隧道、长隧道方案进行比选时，应进行隧址区域工程地质调绘，调绘比例尺为 1∶10000～1∶50000。

（3）特长隧道及长隧道应结合隧道涌水量分析评价进行专项区域水文地质调绘，调绘比例尺为 1∶10000～1∶50000。

（4）工程地质调绘及水文地质调绘采用的地层单位宜结合水文地质及工程地质评价的需要划分至岩性段。

（5）有岩石露头时，应进行节理调查统计。节理调查统计点应靠近洞轴线，在隧道洞身及进出口地段选择代表性位置布设，同一围岩分段的节理调查统计点数量不宜少于 2 个。

隧道初步勘察的勘探应以钻探为主，结合必要的物探、挖探等手段进行综合勘探。钻孔宜沿隧道中心线，并在洞壁外侧不小于 5m 的地层分界线、地质构造、高应力区、特殊性岩土分布地段、岩溶和突水突泥地段、煤系地层等位置布置。勘探深度应至路线设计高程以下不小于 5m。遇采空区、岩溶、地下暗河等不良地质时，勘探深度应至稳定底板以下不小于 8m。

隧道初步勘察应对隧道工程建设场地的水文地质及工程地质条件进行说明，分段评价隧道的围岩等级；分析隧道进出口地段边坡的稳定性及形成滑坡等地质灾害的可能性；分析高应力区岩石产生岩爆和软质岩产生围岩大变形的可能性；对傍山隧道产生偏压的可能性进行评估；分析隧道通过储水构造、断裂带、岩溶等不良地质地段时产生突水、突泥、塌方的可能性；隧道通过煤层、气田、含盐地层、膨胀性地层、有害矿体、富含放射性物质的地层时，分析有害气体（物质）对工程建设的影响；对隧道的地下水涌水量进行分析计算；评估隧道工程建设对当地环境可能造成的不良影响及隧道工程建设场地的适宜性。

2）详细勘察阶段

隧道详细勘察应根据现场地形地质条件和隧道类型、规模制订勘察方案，查明隧址的工程地质条件。隧道详勘应对初步勘察阶段工程地质调绘资料进行核实。当隧道偏离初步设计位置或地质条件需进一步查明时，应进行补充工程地质调绘，补充工程地质调绘的比

197

例尺为 1：2000。

隧道详细勘察的勘探测试点应在初步勘察的基础上，根据现场地形地质条件及水文地质、工程地质评价的要求进行加密。

任务 8.7　水利枢纽工程地质勘察

在水利枢纽工程建设中，工程地质勘察是一项基础工作，是为工程规划、设计和施工取得所需要的地质资料的必要手段。从事水资源规划与利用的工程技术人员，只有了解工程地质勘察的内容与方法，才能和地质人员配合，做好工程建设的各项工作。

1. 水利枢纽工程主要地质问题

从地质环境稳定性考虑，水利枢纽工程主要地质问题大体可分为地壳稳定性、地表稳定性和地基稳定性三方面的内容。地壳稳定性主要为由地球内因影响下的地壳表层的相对稳定性；地表稳定性是地面由于在人类工程活动的外因条件下结合内外动力工程地质作用的稳定性；地基稳定性指水利工程影响范围内地基岩土体的稳定性。

（1）地壳稳定性。地壳稳定性是在地球内、外动力地质作用下，由于水利工程的影响导致的断层错动，以及引起水库诱发地震和次生的滑坡、崩塌、泥石流等。对于水利工程来说，影响地壳稳定性的突出因素是全新活动断裂和地壳升降运动，最重要的是由于现有的水环境平衡状态的改变而引起的各种工程地质现象，造成应力场和渗流场的重新分布。

（2）地表稳定性。地表稳定性主要表现为滑坡、崩塌、泥石流等动力工程地质现象和地面沉陷、黄土湿陷、砂土液化、水库边岸再造等各种地表变形破坏，还包括地表岩土体的性质变化，如地下水位上升促使的沼泽化、土壤盐渍化等。

（3）地基稳定性。地基稳定性主要是指地基的承载能力和变形问题，不仅仅是指水工构筑物的地基稳定性，还包括区域性的地基稳定性。坝基的稳定性除了承载能力和变形问题，还有坝体的抗滑移问题，如坝基岩层的产状对坝基的抗滑移稳定性影响很大。水利工程的地基不仅承受水利构筑物本身的自重，还得承受水自重及由于水的作用形成的各种荷载作用，承受这些荷载后地基必然产生一定的变形来平衡，以应力能转化为应变能。特别是对于岩基，在荷载作用下，既有岩石的弹性变形，也有由岩石的塑性变形或者沿某节理裂隙发生剪切破坏引起基础沉降。

2. 勘察的基本内容与要求

水利枢纽工程地质勘察一般分为规划阶段、可行性研究阶段、初步设计阶段和技施设计阶段。各个勘察阶段的勘察范围、勘察内容和深度有所不同。

1）规划阶段工程地质勘察

应对河流开发方案和水利水电近期开发工程选择进行地质论证，并应提供工程地质资料，其勘察范围包括区域地质和地震概况、水库和坝址的工程地质条件。

（1）区域地质和地震勘察应包括下列内容：区域内侵入岩、喷出岩、变质岩和沉积岩的分布范围，形成时代和岩性岩相特点，第四纪沉积物的成因类型和组成物质；区域内的主要构造单元、褶皱和断裂的类型、产状、规模和构造活动史，历史地震情况和地震烈度等；区域的地形地貌形态、阶地发育情况和分布范围；大型泥石流、滑坡、喀斯特（岩溶）、移动沙丘及冻土等分布情况；主要含水层和隔水层的分布情况、潜水的埋深、泉水的出露高程、类型及流量等。

（2）水库勘察应包括下列内容：了解水库的地质和水文地质条件；了解可能威胁水库的滑坡、潜在不稳定岸坡、泥石流、坍岸和浸没等的分布范围；了解可溶岩地区的喀斯特发育情况，含水层和隔水层的分布范围，河谷和分水岭的地下水位，并对水库产生渗漏的可能性进行分析；了解重要矿产和名胜古迹的分布情况。

水库勘察可结合区域地质研究工作进行。当水库可能存在渗漏、坍岸、浸没等工程地质问题时应进行水库区工程地质测绘，并可根据需要布置勘探工程。水库工程地质测绘比例尺可选用（1∶100000）～（1∶50000），可溶岩地区比例尺可适用（1∶50000）～（1∶25000），水库渗漏的工程地质测绘范围应扩大至分水岭及邻谷。

（3）坝址勘察应包括下列内容：了解坝址的地貌特征；了解坝址第四纪沉积的成因类型，两岸及河床覆盖层的厚度、层次和组成物质，特殊土的分布及土的渗透性；了解坝址的地层岩性，基岩的类型及软弱岩层的分布规律，岩体风化卸荷深度和岩体的渗透性；了解坝址的地质构造、大断层、缓倾角断层和第四纪断层的发育情况；了解坝址的物理地质现象和岸坡稳定情况；了解坝址的地震基本烈度；了解可溶岩地区的喀斯特洞穴发育情况、透水层及隔水层的分布情况；了解地下水埋深及水力特性；了解坝址附近天然建筑材料的种类及数量。

近期开发工程坝址勘察除应符合以上要求外，尚应包括下列内容：坝基中主要软弱夹层的层位、天然性状和分布情况；坝基中主要断层、缓倾角断层和断层破碎带的性状及其延伸情况；坝肩岩体的稳定情况；对于建筑在第四纪沉积物上的坝闸，应了解坝基上层的层次、厚度、级配、性状、渗透性和地下水状态。

坝址勘察方法应符合下列规定。

①坝址工程地质测绘比例尺，峡谷区可选用（1∶10000）～（1∶5000），丘陵平原区可选用（1∶25000）～（1∶10000）。测绘范围应包括比较坝址、绕坝渗漏的岸坡地段，以及附近低于水库水位的堀口、古河道等。当比较坝址相距大于 2km 时，可分别进行工程地质测绘。

②坝址物探应采用地面物探方法。横河物探剖面线不应少于 3 条。近期开发工程的坝址，物探剖面线可增加 1～2 条。

③坝址勘探布孔应符合下列规定：a. 各梯级坝址勘探剖面线上可布置 1～3 个钻孔，近期开发工程坝址勘探剖面线上可布置 3～5 个钻孔，其中河床部位宜为 1～3 个钻孔，两岸各不应少于 1 个钻孔或平洞；b. 河床钻孔深度应为坝高的 1 倍，在深厚覆盖层河床或地下水位低于河水位地段，钻孔深度可根据需要加深（深厚覆盖层河床指覆盖层厚度大于 40m 的河床）；c. 基岩钻孔应进行压水试验。

④对坝区主要岩、土、地表水和地下水应进行鉴定性试验。近期开发工程可根据需要进行现场简易试验。对各梯级坝址应进行天然建筑材料普查，包括对土料、砂砾料和块石料的调查。

2）可行性研究阶段工程地质勘察

应在流域规划阶段选定方案的基础上选择坝址，对坝址、坝基、枢纽布置和引水线路方案等进行地质论证，提供关于坝址勘察、水库勘察和区域构造稳定性等方面的工程地质资料。

3）初步设计阶段的工程地质勘察。

应在可行性研究阶段选定的坝址和建筑物场地上进行，查明水库及建筑物区的工程地质条件，进行选定坝型、枢纽布置的地质论证，并提供建筑物设计所需的工程地质资料。

4）技施设计阶段的工程地质勘察

应在已选定的水库及枢纽建筑物场地上，检验前期勘察的地质资料与结论，补充勘察与验证专门性工程地质问题，并提供优化设计所需的工程地质资料。

各勘察阶段应依序进行，并逐步加深对水库和坝址及其附属建筑物的水文地质与工程地质条件的论证，预测工程地质问题并提出防治处理措施建议，提供设计和施工的工程地质依据。

水利枢纽工程地质勘察采用的勘察方法一般包括：踏勘线路调查，遥感航片、卫片解译，地质测绘，坑槽探，物探，钻探，井硐探和现场及室内试验等。

其处理流程是：分析研究通过以上方法获取的各种地质资料，如果资料不满足规范要求则进行补充勘察，宜到满足规范要求为止，并在此基础上编制各类水文地质、工程地质图件和编写工程地质勘察报告，完成后报有关部门审查，审查通过后作为设计和施工建设的依据提交并归档。

思政故事

吾家吾国——卓宝熙攻克青藏铁路勘测世界级难题的故事

他被誉为中国工程勘察大师，也是我国地质工程遥感技术的奠基者和开拓者；他曾负责主持了成昆、青藏、朔黄等 30 多条铁路线路的工程地质遥感工作。1954 年，卓宝熙从同济大学铁道建筑专业毕业，被分配到原铁道部东北设计分局勘探队。中华人民共和国成立后，由于我国东西部发展不平衡，为了加强民族团结和文化交流，国家提出要建设一条进藏铁路。1975 年 5 月，包括卓宝熙在内的上千人踏上了青藏高原全线，进行航空摄影、航测制图和遥感地质调查。青藏高原地形复杂，气候恶劣，海拔高达约4300m。卓宝熙和他的团队就在这样的环境下攻克了四个月，取得了大量宝贵的第一手地质资料。一年后，卓宝熙二次进藏。这一次，他的任务是要解决青藏高原冻土的问题，而这是一个世界级的难题。在青藏高原上修建铁路，如果处理不好冻土问题，火车经过时路基就会塌陷造成翻车。经过近半年的实地勘测，卓宝熙等人提出冻土分区方案，将冻土区分为三个大区和十个小区，让铁路修建避开冻土严重区域。冻土分区的方案在之后青藏铁路的建设中起到了关键作用。

卓宝熙开始从事遥感地质工作的时候，全国很少人做这份工作。而近年来，我国遥感技术实现了质的跨越，我们不仅可以直接接收、处理卫星的遥感信息，而且具有了航空航天遥感信息采集的能力。随着遥感地质队伍不断扩大，卓宝熙也不遗余力地培养着新的工程师。如果说这个事业是一棵大树，卓宝熙就是这棵树的树根，如今这棵大树已经郁郁葱葱，枝繁叶茂。

模块小结 💡

工程地质勘察是土木建筑工程中的重要环节，是工程建设首先开展的基础性工作。它的基本任务，就是按照工程建设不同勘察阶段的要求，为工程的设计、施工等，提供地质资料和必要的技术参数，对有关的岩土工程问题作出论证、评价。本模块学习了工程地质勘察的内容、基本要求；工程地质勘察阶段划分；工程地质勘察方法；工程地质勘察报告和图件的编制方法及要求；对路基、桥梁、隧道、房建和水利枢纽有关的工程地质问题作出论证、评价，为毕业后从事勘察、设计工作打好基础。

思考题

1. 工程地质勘察查明的工程地质条件有哪些？
2. 工程地质勘察阶段的划分及内容有哪些？
3. 工程地质勘察报告应包括哪些内容？
4. 试述工程地质勘察的主要任务。
5. 试述路基勘察中的主要工程地质问题。
6. 试述桥梁勘察中的主要工程地质问题。
7. 试述隧道勘察中的主要工程地质问题。
8. 试述房建勘察中的主要工程地质问题。

模块 9

Chapter 09

室内矿物岩石鉴定实验

模块导读

　　岩石矿物在工程地质勘察中起着十分重要的作用，可以为建筑、隧道和水利等工程的设计与施工提供依据，可以阐明不良地质现象发生的原因，在地质灾害防治中采用正确的处置措施，还可以规范工程施工，合理地使用自然资源，尽可能地避免工程对自然生态环境的损害。本模块内容将学习矿物实验、岩浆岩实验、沉积岩实验和变质岩实验，对它们进行肉眼鉴定。

　　● **基本要求**　通过本模块学习，应掌握矿物的肉眼鉴定；岩浆岩的肉眼鉴定；沉积岩的肉眼鉴定；变质岩的肉眼鉴定。

　　● **重点**　常见矿物和岩石的颜色和形态的识别。

　　● **难点**　常见矿物和岩石物理化学及力学性质的掌握；岩石和矿物的命名。

　　● **思政元素**　（1）勤奋好学，自强不息；（2）一丝不苟，严谨治学；（3）勇于探索，敢于创新。

工程地质实验是工程地质课程整个教学过程中主要的实践环节。通过感性认识，加深课堂上所学的有关矿物、岩石、地质构造及工程地质的理论知识。本教材工程地质实验包括主要造岩矿物的认识与鉴定、三大类岩石的认识与鉴定。

任务9.1 矿物实验

1. 实验的目的与要求

实验的目的是全面地观察矿物的形态及物理性质等特征，认识矿物晶体形态在几何形态上反映的特征，理解矿物的结晶习性，掌握常见的矿物晶体形态、矿物的光学特性和力学特性，初步掌握肉眼鉴定的基本方法，学会常见矿物的鉴定并写出简单的鉴定报告。

2. 实验方法与步骤

矿物的鉴定和研究方法有多种，不同的方法常常从不同的角度直接或间接地揭示矿物的特征。为了比较全面准确地进行矿物的鉴定和研究，常常需要采用多种方法综合研究，才能获得对矿物的全面认识，得出准确的结论。但在很多情况下，如野外缺乏实验条件的情况下，可以采用矿物的肉眼鉴定方法。本实验讲述矿物的肉眼鉴定方法（以下同）。

肉眼鉴定法，又叫矿物质标本外观鉴定法。它是根据矿物的形态以及诸如颜色、光泽、硬度和解理等直观的物理性质特征，参考矿物的成因产状，或辅以普通的化学试剂。鉴定过程是从观察矿物的形态着手，然后观察矿物的光学性质、力学性质，进而参照其他物理性质或借助于化学试剂与矿物的反应，最后综合上述观察结果，查阅有关矿物鉴定表，即可查出矿物的定名。

3. 矿物的肉眼鉴定方法

矿物是天然产出的自然元素形成的单质和化合物，其化学成分和物理性质是相对均一和固定的，一般为晶体，极少数为胶体。

矿物的肉眼鉴定是一种简便、迅速而又经济的方法，是地质工作者的基本功之一。矿物的形态——外表特征和矿物的物理性质，乃是肉眼鉴定矿物的两项主要依据，必须学会使用简单的工具认识、鉴别、描述矿物的这些性质。

4. 矿物的基本知识

1) 矿物的形态

按矿物的发育情况及生长方式可将矿物的形态分为单体形态和集合体形态。

（1）单体形态：根据单晶体在三度空间发育程度不同，大致分为三类。

①粒状：单体在三维空间的发育程度基本相等，如黄铁矿（立方体）、磁铁矿（八面体）、石榴子石（十二面体）等，如图9.1所示。

②板状、片状：晶体两维发育，第三维不发育，如斜长石（板状）、白云母（片状）等，如图9.2所示。

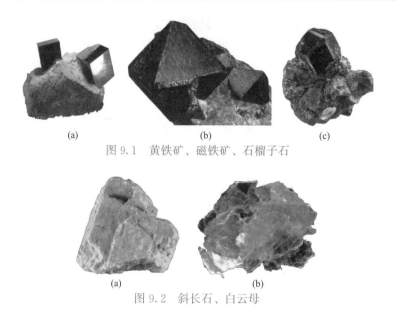

图 9.1 黄铁矿、磁铁矿、石榴子石

图 9.2 斜长石、白云母

③针状、柱状：晶体一维发育，另两维不发育，如石英（锥柱状）、角闪石（长柱状）等，如图 9.3 所示。

图 9.3 石英、角闪石

（2）集合体形态：根据集合体中矿物结晶程度、颗粒大小可分为显晶集合体、隐晶和胶状集合体。

①显晶集合体：肉眼可以辨认集合体中的矿物单体。按单体的形态及集合方式不同可分为如下几类。

粒状集合体：由许多粒状矿物单体集合而成，如橄榄石、磁铁矿，如图 9.4 所示。

图 9.4 橄榄石、磁铁矿

片状集合体：由许多片状矿物集合而成，如白云母、黑云母，如图9.5所示。

(a)   (b)

图9.5 白云母、黑云母

纤维状集合体：由许多针状矿物晶体平行排列而成，如纤维石膏，如图9.6所示。

放射状集合体：由针状或柱状矿物晶体以一点为中心向外呈放射状排列而成，如放射状线红柱石，因像菊花又名菊花石，如图9.7所示。

图9.6 纤维石膏   图9.7 菊花石

晶簇状集合体：由丛生于同一基底上的矿物晶体集合而成，如石英晶簇、方解石晶簇，如图9.8所示。

(a)   (b)

图9.8 石英晶簇、方解石晶簇

②隐晶和胶状集合体：肉眼不能辨认集合体中的矿物单体，但在显微镜下能分辨隐晶集合体中的矿物单体。胶状集合体为非晶质则不能看出其单体界线；隐晶集合体可以由溶液直接结晶而成，也可以由胶体沉积而来，按其外表形态可进一步划分如下。

鲕状集合体：由许多呈鱼卵状的球体、椭球体所组成的矿物集合体，鲕状体的大小一般小于 2mm，具有同心层状构造，如鲕状赤铁矿、鲕状灰岩，如图 9.9 所示。

（a）　　　　　　　　　　　　　　　　（b）

图 9.9　鲕状赤铁矿、鲕状灰岩

肾状集合体：外表形态呈扁平长圆形，大小一般为几厘米，常见的如肾状赤铁矿等，如图 9.10 所示。

钟乳状集合体：在岩石的洞穴或空隙中，由同一基底向外逐层生长而形成的圆锥形、圆柱形或乳房状的矿物集合体，如方解石组成的钟乳状集合体，如图 9.11 所示。

图 9.10　肾状赤铁矿

图 9.11　钟乳状方解石

2）矿物的光学性质

矿物的光学性质是光线投射到矿物上后所产生的特性。这些性质表现的方面很多，实验中应主要学会观察矿物的颜色、条痕和光泽。

（1）矿物的颜色

对颜色的描述应力求确切、简明、通俗，使人易于理解。一般常用的矿物颜色命名法，除用红、橙、黄、绿、青、蓝、紫这日光七色光光谱外，多与常见矿物的颜色作对比来进行描述。以下矿物的颜色比较稳定，常用来作为比较的标准。

紫色—紫水晶；锡白色—毒砂；

蓝色—蓝铜矿；铅灰色—方铅矿；

绿色—孔雀石；钢灰色—镜铁矿；

黄色—雌黄铁；黑色—磁铁矿；

橙色—雄黄铜；红色—自然铜；

红色—辰砂铜；黄色—黄铜矿；

褐色—褐铁矿；金黄色—自然金。

因自然界矿物色调千变万化，有时以复合两种标准色谱的方法来描述矿物的颜色。例如，黄铁矿为淡铜黄色，说明其色较铜黄色淡。绿帘石为黄绿色，说明它以绿色为主，绿中带黄；蔷薇辉石为玫瑰红色，说明其红色和玫瑰的颜色相似。

根据呈色的原因与矿物本身的关系，可将矿物的颜色分为自色、他色和假色三类。

自色：指矿物自身所固有的颜色。对于一种矿物来说，自色总是比较固定的，在鉴定矿物上具有重要的意义。

他色：指矿物由于外来带色杂质的机械混入所染成的颜色。矿物的他色不固定，一般不能作为鉴定矿物的依据。

假色：指由于某种物理原因所引起的颜色，物理过程的发生不直接决定于矿物本身所固有的化学成分或内部构造。例如，斑铜矿的新鲜面上本是暗铜红色，但由于其氧化表面上的薄膜的影响，造成了紫蓝混杂的斑驳色彩。又如，白云母、方解石等具完全解理的透明矿物，由于一系列解理裂缝、薄层包裹体表面对入射光层层反射所造成的干涉现象的结果，可呈现如同彩虹般的不同色带所组成的晕色，它常常呈现同心环状的色环。晕色也属于假色。假色只对特定的某些矿物具有鉴定意义。

（2）矿物的条痕

矿物在无釉瓷板上研磨时所留下的粉末的颜色。矿物的条痕可以与其本身的颜色一致，也可以不一致。如，方铅矿的颜色是铅灰色，条痕却是黑色，斜长石的颜色是白色，条痕也是白色。大多数浅色透明矿物的条痕为无色或白色，对矿物鉴定意义不大，但对不透明的金属矿物具有鉴定意义，因矿物的条痕可以消除假色，减弱他色，对判定矿物较为准确。值得注意的是，不是所有矿物都有条痕，摩氏硬度大于等于 7 的矿物没有条痕。另外，获得条痕时，不可用力过猛，以免压碎矿物而得不到矿物的粉末。同时，测试的矿物应保证新鲜，否则不易获得矿物的真正条痕。

（3）矿物的光泽

矿物受光线照射后，在晶面、解理面所具反射光的能力称矿物光泽。不透明矿物折射率大，都呈金属光泽；透明矿物折射率小，都呈玻璃光泽。

矿物的光泽决定于矿物新鲜表面反光的强弱，又随光源强弱、矿物表面性质、颜色透明度及集合体方式等因素而变化，因此鉴定矿物光泽要选面积较大、较平滑和新鲜的表面。

矿物的光泽分为以下四级。

①金属光泽：反射光很强，如同金属表面闪烁的光芒，如方铅矿、黄铜矿、辉相矿。条痕黑色或金属色，一般颜色较深（金、铜等例外）、透明度较差。

②半金属光泽：反射光强，如同金属表面的亮光，多出现在黑色金属矿物表面，如磁铁矿、铬铁矿、赤铁矿。条痕彩色、深褐或深棕红色，磁铁矿、软锰矿例外，条痕黑色。

③金刚光泽：反射光较强，灿烂耀眼，标准的金刚石状光泽，如钻石、锡石、闪锌矿、辰砂和白铅矿。条痕彩色，一般见于浅色。

④玻璃光泽：反射光较弱，标准的玻璃状光泽，透明矿物基本均属于玻璃状光泽，如蓝宝石、祖母绿、石英、方解石和萤石。条痕白色或浅彩色，透明度较好。

由于矿物表面性质和矿物集合体的集合方式对光线的影响，光线照射矿物表面后，光线呈散射状、内反射或在不平坦表面产生如下几种特殊光泽。

①油脂光泽：具玻璃光泽的矿物，由于散射原因减弱了表面反射光能力，表面像涂了一层油似的，如霞石、石英。

②松脂光泽：光泽如同松香状，在颜色较深的矿物中，如黄褐色的闪锌矿、镉闪锌矿的断口处光泽，具有金刚光泽矿物的断口处光泽。

③沥青光泽：标准光泽如同沥青矿物，多出现在黑色半金属光泽矿物。

④珍珠光泽：标准光泽如同蚌壳内侧闪光晕彩，具完全解理的透明矿物，如珍珠、白云母、透石膏。

⑤丝绢光泽：结晶呈纤维状、鳞片状集合体的透明矿物，如同蚕丝束状，是玻璃光泽变种，如纤维石膏、绢云母、石棉。

⑥蜡状光泽：光泽如同蜡烛表面，多出现在隐晶质、显微粒、胶体矿物中，是玻璃光泽变种，如叶蜡石、蛇纹石、玉髓和蛋白石。

⑦土状光泽：出现在松散、多孔、细分散状矿物中，是玻璃光泽变种，如高岭土、膨润土、硅藻土。

用人为方法严格划分光泽等级是困难的，要多观察、慢慢体会、逐步掌握。

（4）矿物的透明度

矿物的透明度就是指矿物透过可见光波的能力。透明度决定于矿物对光线的反射与吸收程度，吸收越强，反射越强，透过越少，透明度越低。

晶体光学中，将磨制的厚度为 0.03mm 岩石薄片放在透射偏光显微镜下观察，透光的矿物为透明矿物，反之为不透明矿物。

对矿物进行肉眼鉴定观察时，通常以观察矿物碎块边缘，隔之可清晰见到对面物象的为透明，模糊为半透明，看不见为不透明。如为深色矿物，对光观察，矿物中心部位的颜色明亮程度与矿物边缘不同的矿物为半透明矿物；没有差异为不透明矿物。

鉴定矿物透明度时，常常用矿物的条痕来配合：透明矿物的粉末为无色或白色；半透明矿物，由于呈粉末状态时更有条件显示出对不同光波吸收的差异程度，而呈各种彩色（例如红、黄和褐色等）；对于不透明矿物来说，其条痕常为黑色。杂色、裂隙、包裹体、颜色和集合体方式都能影响透明度。

3）矿物的力学性质

（1）解理与断口

矿物晶体受力后常沿一定结晶学方向破裂并产生光滑平面的性质称为解理。裂开的光滑平面为解理面；不具方向性的不规则破裂面，称为断口。不同的晶质矿物，由于内部构造不同，在受力作用后开裂的难易程度、解理数目以及解理面的完全程度会有差别。依据解理的完全程度，可将解理分为以下几种：

极完全解理：受力后极易沿解理面分裂成薄片，解理面大而平整光滑，如黑云母。

完全解理：受力后沿解理面分裂，解理面显著且平滑，难见断口。如方解石。

中等解理：受力后常沿解理面分裂，解理面清楚，但不是很平滑。碎块可见小面，断口不平，呈阶梯状，常不连续，例如辉石。

不完全解理：受力后沿解理面分裂较为困难，仅断续见到不明显的解理面，解理面不平滑，碎块难见小面，断口贝壳状，不平，例如橄榄石。

矿物解理的完全程度和断口是相互消长的，解理完全时，则断口不显。反之，解理不完全或无解理时，则断口显著。如石英晶体受力后，只会出现贝壳状的断口。

（2）硬度

矿物硬度指矿物抵抗外来机械作用力，如刻划、压入、研磨等侵入的能力。

在矿物学中所称的硬度，通常多是指摩氏硬度，即矿物与摩氏硬度计相比较的刻划硬度。

摩氏硬度由软至硬分为十级：①滑石；②石膏；③方解石；④萤石；⑤磷灰石；⑥正长石；⑦石英；⑧黄玉；⑨刚玉；⑩金刚石。

利用摩氏硬度计测定矿物硬度的方法为：将预测矿物和硬度计中某一矿物相互刻划，如某一矿物能划动方解石，说明其硬度大于方解石，但又能被萤石所划动，说明其硬度小于萤石，则该矿物的硬度为3到4之间，可写成3-4。

在野外工作中，常可借助指甲（2.5）、小刀（5.5～6）和石英测试矿物的摩氏硬度。污手的为1，不污手而指甲能划动者为2，指甲划不动而刀刻极易者为3，刀刻中等者为4，刀刻费力者为5，刀刻不动而石英能刻动为6，石英为7。

（3）密度与相对密度

矿物的相对密度可分为三级：

①轻级：相对密度在2.5以下，如石盐、石膏、石墨等。

②中级：相对密度为2.5～4，如石英、白云石、正长石等。

③重级：相对密度在4以上，如磁铁矿、黄铁矿、重晶石和方铅矿等。

在肉眼鉴定中，通常用手掂量来估计矿物的相对密度等级。较准确估计需要有相当丰富的经验，初学者应对照已知矿物，反复掂量练习。

（4）其他物理化学性质

矿物的其他物理性质包括磁性、导电性、发光性、放射性、延展性、脆性、弹性和挠性等，可以利用这些性质对矿物进行鉴定。

另外还可以利用简单的化学反应等对矿物进行鉴定：如方解石遇稀盐酸强烈起泡，白云石遇稀盐酸微弱起泡，并可与镁试剂反应呈蓝色。

5. 常见矿物的肉眼鉴定特征

9-1

矿物欣赏

1）自然元素形成的矿物

（1）自然金（Au）

形状：晶形呈八面体或立方体、菱形十二面体，完好晶体少见，常呈粒状星散分布，或呈片状、树枝状、偶见团块状。

物理性质：颜色和条痕均为金黄色，随银的含量增加，变为浅黄色。强金属光泽；硬度2～3；无解理；密度15.6～18.3g/cm³，纯金达19.3g/cm³；具强延展性；有高度的导热、导电性；熔点为1064℃。

成因产状：主要产于与中酸性岩浆活动有关的热液矿床中。由于化学性质稳定，亦常产于砂床中，可富集成砂金矿床。

主要鉴定特征：金黄色、强金属光泽、密度大、硬度低、不溶于酸。具强延展性。

（2）自然硫（S）

形状：呈斜方双锥或厚板状晶形。集合体多呈块状、粒状、粉末状。

物理性质：黄色，常因含杂质而带有红、绿、灰、黑等色调；条痕白色至淡黄色；晶面呈金刚光泽；断口为油脂光泽；透明至半透明；硬度1～2；解理不完全，断口呈贝壳状；密度2.05～2.08g/cm³；性脆；熔点低，为120℃；易燃烧具蓝紫色火焰，有硫臭味。

成因产状：自然硫主要由火山喷出的硫质蒸汽升华物，或由生物化学沉积作用生成，以及在硫化矿床氧化带下部由黄铁矿等分解形成。

主要鉴定特征：黄色、油脂光泽、硬度低、密度轻、性脆、易燃烧、有硫臭味。

（3）金刚石（C）

形态：呈八面体、菱形十二面体或立方体的晶形，其中八面体、菱形十二面体以聚形为主。结晶体的角度是$54°44'8''$，晶面、晶棱呈凸弯曲，所以，晶体常呈浑圆状。以粒状产出为主，颗粒一般很细，偶有较大的晶体。

物理性质：纯者无色透明，常因含杂质而带不同的色调。典型金刚光泽。硬度10（最高），所以无条痕；绝对硬度大于石英（硬度7）1000倍，大于刚玉（硬度9）150倍，它与任何矿物的硬度之差远大于其他矿物之间的硬度之差。金刚石性脆，在不大的冲击下会沿晶体解理面裂开，具有平行八面体的中等或完全解理，平行十二面体的不完全解理；贝壳状或参差状断口。密度3.47～3.56g/cm³。抗磨性最强。熔点高，在空气条件下加热到850～1000℃时，它会缓慢地变成石墨。导电性弱，绝缘性强，高热导率，具有亲油疏水性。

金刚石化学性质稳定，耐酸耐碱。具发光性，在日光暴晒后，或夜间置于暗处，发淡青蓝色的磷光，在紫外光下发紫色、蓝绿色荧光。

金刚石为四大宝石之首（金刚石、红宝石、蓝宝石、祖母绿），对各种色光的折射率非常高，达2.40～2.48，色散性能也很强，这也是金刚石会反射出五彩缤纷闪光的原因。

成因产状：金刚石产于超基性岩的金伯利岩中，也产于砂矿中。

主要鉴定特征：晶体浑圆、强金刚光泽、最高硬度、具发光性。

2）硫化物矿物

（1）黄铁矿（FeS₂）

形状：立方体或块状。

物理性质：浅铜黄色；绿黑条痕；无解理；参差状断口；性脆；密度4.9～5.2g/cm³；强金属光泽；硬度5～6；良导体。

成因产状：主要产于热液矿床中。

主要鉴定特征：形状、光泽、颜色、条痕、硬度。

（2）闪锌矿（ZnS）

形状：晶体呈四面体，多为粒状或块状集合体。

物理性质：无色、黄色、黑色和褐色；颜色和条痕均随Fe^{2+}含量的增加而变深；光泽也由金刚光泽变为半金属光泽；不透明至半透明；硬度3.5～4；六组完全解理；密度3.9～4.2g/cm³；不导电。

成因产状：主要产于热液矿床中。

主要鉴定特征：六组完全解理、金刚光泽、常与方铅矿共生。

3) 卤化物矿物——萤石（CaF_2）

形态：常呈现立方体、八面体、菱形十二面体，以及它们所组成的聚形。

物理性质：浅绿色、浅紫色、浅蓝色、红色、黄色和黑色；条痕无色；玻璃光泽；硬度 4；四组完全解理；性脆；密度 $3.18g/cm^3$；在阴极射线下发荧光，受热后可发磷光，熔点 $1270 \sim 1350℃$。

成因产状：主要产于富含挥发组分的热液矿床中。

主要鉴定特征：晶形、颜色、硬度、四组完全解理、荧光性及磷光性。

4) 碳酸盐矿物

（1）白云石 $[CaMg(CO_3)_2]$

形状：常为菱面体，晶面可弯曲成马鞍形；集合体常为柱状、片状、块状等。

物理性质：纯者为灰白色，随含 Fe^{2+} 量的增加，颜色从灰带黄变为灰褐色；条痕为白色；硬度 $3.5 \sim 4$；玻璃光泽至珍珠光泽；三组完全解理；密度 $2.86 \sim 3.20g/cm^3$。

成因产状：白云石主要是浅海相沉积物，亦可由热液交代和变质作用而形成。

（2）方解石（$CaCO_3$）

形状：菱形粒状或块状。

物理性质：白色或无色透明；条痕无色；玻璃光泽；硬度 3；三组完全解理；密度 $2.60 \sim 2.80g/cm^3$。

成因产状：主要在沉积作用中形成，也见于热液矿脉及变质岩中。

主要鉴定特征：形状、解理、硬度、与稀盐酸起泡。

5) 硅酸盐矿物

（1）正长石（$KAlSi_3O_8$）

形状：短柱状或板状。

物理性质：肉红色、粉红色等；白色条痕；玻璃光泽；硬度 6；二组完全解理，解理面夹角为 90°；密度 $2.57g/cm^3$；宝石级的正长石称作月光石。

成因产状：正长石是中、酸性及碱性岩浆岩的主要造岩矿物。

主要鉴定特征：解理、光泽、颜色、硬度。

（2）斜长石 $[(100-n)Na(AlSi_3O_8)-nCa(Al_2Si_2O_8)]$

斜长石属长石族中的一个亚族，包括钠长石、奥长石、中长石、拉长石、钙长石和培长石。前两种矿物统称为酸性斜长石，后三种矿物统称为基性斜长石，其中最为常见的是奥长石。

形状：晶体为柱状、板状。常见聚片双晶。在岩石中多呈板状或不规则粒状。集合体呈粒状。

物理性质：白色、灰色，有时带浅蓝、浅绿、浅棕、浅红等色调；条痕为白色；半透明—透明；玻璃光泽；硬度 $6 \sim 6.5$；两组解理（一组完全，一组中等），解理交角为 86°94′，故得名斜长石；密度 $2.61 \sim 2.76g/cm^3$。

成因产状：斜长石是岩浆岩和变质岩中最主要的造岩矿物之一。

主要鉴定特征：颜色、晶形、双晶、硬度及解理夹角。

（3）白云母 $[KAl_2(AlSi_3O_{10})(OH)_2]$

形状：为六方晶体或细粒集合体，通常呈板状、片状，外形呈假六方形或菱形。柱有明显的横条纹，双晶常见，多依云母律生成接触双晶或穿插三连晶。

物理性质：薄片无色透明，因含杂质而带有不同色调；解理面常见珍珠光泽、玻璃光泽、丝绢光泽；硬度 2.5～3；底面解理极完全；密度 2.7～3.1g/cm^3；薄片有弹性；具绝缘性和耐热性；可抗强酸和强碱。

成因产状：白云母是花岗岩、花岗伟晶岩、云英岩等的主要造岩矿物。

主要鉴定特征：颜色、片状、极完全解理、薄片具有弹性、绝缘性强。

（4）黑云母 $[K(MgFe)_3(OH)_2(AlSi_3O_{10})]$

形状：晶体呈假六方板状、短柱状或角锥状；集合体呈叶片状或鳞片状形态。常见依云母律形成的双晶。

物理性质：黑或棕黑色；透明～半透明；条痕无色；玻璃光泽；解理面显珍珠光泽；硬度 2.5～3.0；一组极完全解理，断口不平坦；密度 3.02～3.12g/cm^3；薄片有弹性；绝缘性较差。

成因产状：黑云母是云母族中分布最广泛的矿物。它主要产于中、酸性侵入岩和区域变质岩。

主要鉴定特征：形状、光泽、颜色、解理。

（5）高岭石 $[Al_4(Si_4O_{10})(OH)_8]$

高岭石是一种含水的铝硅酸盐矿物。它还包括地开石、珍珠石和埃洛石及成分类似但非晶质的水铝英石，它们均属黏土矿物。

形状：多呈隐晶质致密块状或上状集合体；电子显微镜下呈六方板状、半自形或它形片状晶体；集合体外形通常为片状、鳞片状及放射状等。

物理性质：白色，有时混有一些杂质而呈浅黄、浅灰、浅绿、浅红、黄褐等色；条痕白色；土状光泽；平坦状断口；硬度 2.0～2.5；密度 2.60～2.63g/cm^3；干燥时吸水性强（粘舌），干土块具粗糙感，易用手捏成粉末；潮湿时具可塑性，是制作陶瓷的原料。

成因产状：由长石、云母等铝硅酸盐矿物经风化或热液蚀变作用而形成。

主要鉴定特征：白色、土状光泽、易用手捏成粉末、吸水性强、加水可具塑性。

（6）蒙脱石 $[(Al_2,Mg_3)(Si_4O_{10})(OH)_2]$

形态：常呈土状、隐晶质块状。电镜下为细小鳞片状。

物理性质：白色，有时为浅灰、粉红、浅绿色；浅粉白色条痕；土状光泽；鳞片状解理完全；硬度 2.0～2.5；密度 2.0～2.7g/cm^3；其柔软，有滑感；加水膨胀，体积能增加几倍，并变成糊状物；它在膨润土中起主要作用，具有很强的吸附力及阳离子交换性能。

成因及产状：主要由基性岩浆岩在碱性环境中风化而成，也有的是海底沉积的火山灰分解后的产物。蒙脱石为膨润土的主要成分。

鉴定特征：颜色、滑感及加水膨胀为其特征，确切鉴定需结合 X 射线分析、热分析和化学分析等。

（7）绿泥石 $\{(Mg,Al,Fe)_6[(Si,Al)_4O_{10}](OH)_8\}$

形状：晶体呈假六方片状或板状，通常以鳞片状或玫瑰花形集合体或呈鲕状、致密块状集合体产出。

物理性质：绿色至暗绿色，绿色的深浅反映铁含量的多少，含铁多则色深；条痕无色；半透明～不透明；玻璃光泽至无光泽；解理面为珍珠光泽；硬度 6.5；一组完全解理；参差状断口；密度 $2.68\sim3.40g/cm^3$；薄片具有挠性。

成因产状：绿泥石是富含镁铁的矿物的蚀变产物，鲕状绿泥石主要产于沉积岩中。

主要鉴定特征：以其绿色、片状形态、低硬度、片状解理为特征。

(8) 普通角闪石　$\{CaNa(Mg,Fe)_4(Al,Fe^{3+})[(Si,Al)_4O_{11}]_2(OH)_2\}$

普通角闪石是闪石矿物中的一类，它并不是指一种矿物，如镁钙闪石、浅闪石、韭闪石等都属于普通角闪石。多产出于火成岩或变质岩中，是分布很广的主要造岩矿物之一。

形状：常呈柱状晶体，断面为近似菱形的六边形，接触双晶，或针状柱状晶体；集合体常为细柱状、针状、纤维状、粒状，其中纤维状角闪石称角闪石石棉。

物理性质：暗绿—黑色。氧化后呈褐色或深褐色；条痕浅灰绿色；近乎不透明；玻璃光泽；硬度 5～6；二组柱面解理完全；解理交角 124°或 56°；密度 $3.1\sim3.3g/cm^3$。

成因产状：是中酸性岩浆岩的主要造岩矿物之一，也是其中最主要的暗色矿物。在区域变质作用中，普通角闪石也有大量产出。

主要鉴定特征：绿黑色、柱状晶形、断面近似菱形的六边形、二组柱面完全解理。与普通辉石的区别主要是解理夹角 124°或 56°，以及断面为菱形或近菱形。

(9) 普通辉石　$\{Ca(Mg,Fe^{+2},Fe^{+3},Ti,Al)[(Si,Al)_2O_6]\}$

普通辉石是常见的主要造岩矿物之一，特别是基性、超基性岩石的主要造岩矿物，在月球的一些岩石和陨石中也常见有这种矿物。它的晶体粗大，甚至可用于磨制黑宝石。

形状：晶体常为短柱状，其横断面常近似正八边形；集合体常为粒状、放射状或块状。

物理性质：绿黑色、褐黑色或黑色；条痕浅绿色或黑色；玻璃光泽；不透明；硬度 5.5～6.0；二组柱面解理中等或完全；解理夹角为 87°或 93°；密度 $3.23\sim3.52g/cm^3$。

成因产状：主要是基性、超基性岩浆的侵入或喷出产生的矿物。有时也出现在中性岩或酸性岩及某些结晶岩中。

主要鉴定特征：颜色、短柱状晶形、横断面形状及解理交角为其主要鉴定特征。

(10) 橄榄石　$[(Mg,Fe),(SiO_4)]$

橄榄石是组成上地幔的主要矿物，也是月岩和陨石的主要矿物成分。它作为主要造岩矿物常见于基性和超基性火成岩中。透明且色泽鲜艳、无瑕疵的橄榄石晶体可作为宝石。

形状：晶体为短柱状或厚板状，常见单形有平行双面；集合体通常呈粒状或团块状。

物理性质：常为橄榄绿色，但随铁含量增多，颜色从浅黄色变到暗绿黑色；玻璃光泽；透明～半透明；硬度 6.5～7.0；解理不完全；贝壳状断口；断口油脂光泽；密度 $3.32\sim3.37g/cm^3$；性脆，韧性较差，极易出现裂纹。

成因产状：主要产于各种基性岩、超基性岩中，受热液作用后易蚀变为蛇纹石。

主要鉴定特征：以橄榄绿色、粒状、硬度较大、贝壳状断口等为主要鉴定特征。

6）氧化物矿物

石英（SiO₂）

石英是地球表面分布最广、用途最多的矿物之一。质地坚硬、耐磨，物理和化学性质十分稳定。当纯二氧化硅结晶时就是水晶，无色透明；当二氧化硅胶化脱水后就是玛瑙；当二氧化硅含水的胶体凝固后就成为蛋白石。

形状：晶体呈六方柱与菱面体组成的聚形；柱面具横纹；集合体呈粒状、致密块状、晶簇状等。

物理性质：乳白色、灰色或无色；条痕无色或浅白色；晶面具玻璃光泽，不透明、半透明～透明；性脆，无解理，贝壳状断口，断口呈油脂光泽；硬度 7；密度因晶型不同而为 $2.22\sim2.65g/cm^3$；热学和机械性能有明显的异向性，且具有压电性。

石英因含各种杂质而颜色各异；无杂质时为水晶，无色透明；含铁和锰元素而形成紫水晶（有二色性）；当晶型形成过程中或形成后，若周围岩块含有镭的放射物质则变为烟水晶，简称烟晶或茶晶；当含锰和钛元素时为蔷薇水晶，也称粉水晶或芙蓉石；还有其他各色水晶，如黄水晶、蓝水晶、绿水晶及墨晶等。水晶作为宝石被广泛接受，尤其带颜色的水晶更被人们喜爱。但绝大多数水晶属于低档宝石，或偏中档，高档水晶很少，如钛晶及黄色的天然水晶（黄晶）是较稀少和昂贵的。

成因产状：水晶主要产于花岗伟晶岩的晶洞中，块状和柱状石英产于热液矿脉中。

主要鉴定特征：晶形、硬度高、无解理、贝壳状断口、密度小为特征。

6. 实验内容

（1）根据矿物的形态及主要物理性质，用肉眼鉴定方法认识并描述下列矿物：

黄铁矿、磁铁矿、石英、方解石、白云石、方铅矿、萤石、石膏、黄铜矿、闪锌矿、赤铁矿、重晶石、石墨、铝土矿、磷灰石。

（2）认识并描述下列矿物：

橄榄石、普通辉石、普通角闪石、斜长石、正长石、黑云母、石榴石、高岭石、蓝晶石、红柱石、滑石、绿泥石、阳起石、蛇纹石及绿帘石。

7. 自我训练

（1）比较辉石和角闪石在形态上的区别；

（2）比较正长石、斜长石、石英在颜色上的区别；

（3）比较磁铁矿与赤铁矿在条痕上的区别；

（4）比较云母和纤维石膏、石英的晶面与断口在光泽上的区别；

（5）比较方解石、正长石、石英的解理发育情况。

8. 课后作业

将下列矿物加以鉴定，并填写矿物鉴定表：橄榄石、辉石、角闪石、斜长石、石英、正长石、黑云母、白云母、石榴子石、高岭石、石膏、方解石、白云石、绿泥石。

任务9.2　岩浆岩实验

1. 实验目的与要求

岩浆岩的认识和鉴定是野外地质工作的基本功之一。实验的目的是通过实验加强课程中有关内容的理解；全面地观察岩浆岩的矿物成分和结构构造；初步掌握肉眼鉴定岩浆岩的基本方法；学会常见岩浆岩的鉴定并能作出简单的鉴定报告。

2. 实验方法与步骤

肉眼描述和鉴定岩浆岩的基本内容为矿物成分和结构构造，这是岩石命名的基础。对岩浆岩，一般描述的顺序是：颜色→结构→矿物成分→构造→次生变化等，现将描述各种特征的方法及注意事项简述如下。

（1）颜色

这里所指的颜色就是岩石新鲜面整体颜色，观察岩石的颜色是指从深色到浅色这个变化范围的大体色调。岩浆岩常见的颜色，对超基性岩为黑色→黑灰色→暗绿色；对基性岩为灰黑色→灰绿色→灰褐色；对中性岩为灰色→灰白色；对酸性岩为肉红色→淡红色等。因此，可以根据颜色的深浅初步判断此种岩石是基性的，还是中性的，或是酸性的。

（2）结构与构造

岩浆岩的结构和构造取决于岩浆的侵入深度及围岩的岩性或岩浆的喷发及周围环境。岩浆岩的结构，是指组成岩石的矿物的结晶程度、晶粒大小、形状及其相互结合情况。通过观察岩浆岩的结构可以判断岩石是深成岩、浅成岩还是喷出岩。如果是结晶质的岩石，矿物颗粒一般较为粗大，肉眼可以清楚地分辨出各种矿物颗粒。一般有等粒结构、不等粒结构及似斑状结构等，这些均属于深成侵入岩类的结构特征。如果岩石中矿物颗粒细微致密不易辨认，只见到斑状结构、隐晶质结构及玻璃质结构，则不论颜色的深浅，一般均属于喷出岩的结构特征。而浅成岩的结构特征，介于深成岩与喷出岩之间，常为细粒状、微晶粒状及斑状结构。

岩浆岩的构造特征，大多数具有致密块状构造，尤以深成岩类最为普遍，但深成岩有时也有流线流面构造，一般出现于岩浆岩体边缘部分，反映岩浆岩形成时的相对流动方向。喷出岩常具有流纹状构造、气孔构造、杏仁构造，特别是流纹状构造是酸性喷出岩的显著标志。浅成岩的构造特征也介于两者之间。

（3）矿物成分

进一步观察组成岩石的矿物成分特征，这是最关键最本质的方面。应努力将岩石中的全部造岩矿物鉴定出来，可根据各种矿物的形态及其物理性质，利用简单工具如小刀、放大镜等进行鉴定，并且大致目测估计各种矿物的颗粒大小和百分含量。以分辨出哪些是主要矿物，哪些是次要矿物，逐一加以记录描述，作为岩石特征综合分析和定名的依据。

观察矿物成分时应首先鉴定浅色矿物，然后鉴定暗色矿物。对所观察的岩石如果已从岩石的结构上已确定为喷出岩，一般应先鉴定其基质，再看是否存在斑晶，并确定斑晶的矿物成分。

（4）综合分析及岩石定名

按照上述步骤鉴定所获得的全部特征，还必须做全面的综合分析。如果发现在各项特征中存在某些特征不协调的矛盾现象，则应对所出现的特殊矛盾现象进行仔细的复查工作。最后根据综合分析的结果，对被鉴定的岩石进行定名。

3. 常见岩浆岩的肉眼鉴定特征

9-2

岩浆岩欣赏

按超基性→基性→中性→酸性划分原则，对一些岩石样品进行特征描述。

1）超基性岩类

（1）橄榄岩：是岩石中常见的类型，为深成岩。主要由橄榄石、辉石组成，橄榄石占40%以上。有时可含少量角闪石、黑云母，铬铁矿等。岩石呈橄榄绿，淡黄绿及黑色。粒度自细粒到粗粒都有，主要为自形粒状结构，块状构造。

主要鉴定特征：颜色、矿物成分、结晶粒度、结构、构造。

（2）苦橄岩：为超基性喷出岩。深色。具粒状结构，块状构造；有时过渡为斑状结构。矿物成分以橄榄石（＞30%）、辉石（40%）为主；有时含少量基性斜长石（＜10%）及角闪石等。苦橄岩为基性熔岩在岩流底部的堆积，这种岩石在自然界分布较少。

主要鉴定特征：颜色、矿物成分、结构、构造。

（3）金伯利岩：是金刚石的母岩。是一种偏碱性的超基性浅成岩，岩石呈绿色、黄绿色。具粒状结构和斑状结构，块状构造及角砾状构造。矿物成分非常复杂。金伯利岩主要分布于稳定地区的深断裂带中，多呈岩管、岩筒、火山颈或岩墙、岩脉产出。

主要鉴定特征：颜色、结晶粒度、结构、构造。

2）基性岩类

（1）辉长岩：为深成基性侵入岩。主要矿物为单斜辉石和基性斜长石，二者含量近乎相等。次要矿物为斜方辉石、橄榄石、角闪石、黑云母，偶见正长石、石英。辉长岩典型的结构是辉长结构，即斜长石和辉石的晶形发育程度相近，均为半自形晶粒或其他晶粒，这是辉石和斜长石同时从岩浆中结晶的结果，多呈半自形中粒至粗粒结构。块状构造，有时浅色矿物与暗色矿物分别集中呈条带状构造。

主要鉴定特征：颜色、矿物成分、结晶粒度、结构、构造。

（2）辉绿岩：为浅成基性侵入岩。主要矿物成分与辉长岩相当，还可有少量橄榄石、黑云母、石英、磷灰石、磁铁矿、钛铁矿等；典型的辉绿结构；块状构造；岩石颜色为灰黑色，暗灰绿色；多呈岩床，岩墙，岩脉等产状产出。

主要鉴定特征：颜色、矿物成分、结构、产状。

（3）玄武岩：为基性喷出岩。矿物成分与辉长岩相当，岩石呈黑色、灰黑色、灰绿色等；常见斑状结构，斑晶为橄榄石、辉石、斜长石；基质为隐晶质，有时也呈细粒状结构；多为块状构造，但以气孔状和杏仁状构造为最主要特征。

主要鉴定特征：颜色、矿物成分、结构、构造。

3）中性岩类

（1）闪长岩：为深成中性侵入岩。主要矿物为普通角闪石，中性斜长石、部分为更长石。次要矿物为普通辉长石、透辉石、黑云母、石英和正长石。岩石常呈灰白色、灰绿色及肉红色。多为半自形粒状结构，也有似斑状结构。块状构造。

主要鉴定特征：颜色、结构、构造。

（2）安山岩：为中性喷出岩。矿物成分与闪长岩相当。岩石为红褐色、浅褐色、浅红色、灰绿色。具细粒斑状结构，斑晶以中性斜长石为主，有时还有灰石、角闪石、黑云母等，基质为隐晶质或玻璃质。常见气孔状及杏仁状构造。

主要鉴定特征：颜色、结构、构造。

（3）正长岩：为深成中性侵入岩。主要由碱性长石组成，并占长石总量的 65% 以上；次要矿物为斜长石、辉石、普通角闪石、黑云母，一般不含或少含石英和似长石。岩石呈肉红色、浅玫瑰色、灰色、灰白色、灰黄色和灰绿色等。常呈半自形粒状结构，也有似斑状结构。一般为块状构造，也有呈条带状构造。

主要鉴定特征：颜色、矿物成分、结晶粒度、结构、构造。

（4）正长斑岩：为浅成中性侵入岩。矿物成分与正长岩相当。岩石具斑状结构，斑晶主要为正长岩、角闪石；基质为隐晶质。块状构造，常呈脉状产出。

主要鉴定特征：矿物成分、基质、结构、构造。

（5）粗面岩：为中性喷出岩。矿物成分与正长岩相当。岩石为浅灰色、浅黄色、粉红色；具斑状结构，斑晶除碱性长石外，还有斜长石、黑云母、角闪石、辉石、石英等。基质致密，显微镜下可见碱性长石微晶在玻璃质中呈平行排列，若遇到斑晶时则微晶绕过斑晶平行排列而呈粗面结构；常有气孔状及杏仁状构造。

主要鉴定特征：颜色、矿物成分、基质、结构、构造。

4）酸性岩类

（1）花岗岩：为深成酸性侵入岩。主要矿物成分有石英（一般为 20%～40%）、长石（一般>60%），且碱性长石多于酸性斜长石。次要矿物为黑云母、角闪石及少量辉石，三者共占 5%～10%。花岗岩常呈灰白色、白色、浅红色、肉红色，中至粗粒等结构、似斑状结构或花岗结构。呈似斑状结构者，斑晶主要为碱性长石。常为块状构造。

主要鉴定特征：颜色、矿物成分、结构、构造。

（2）花岗斑岩：为浅成酸性侵入岩。矿物成分与花岗岩相当，颜色有浅红、灰白及黑灰色等。岩石为全晶质，斑状结构。斑晶主要为碱性斜长石、石英，有时也有黑云母、角闪石、辉石等。基质成分与斑晶相同，但一般为隐晶质至微晶结构，或微花岗结构。块状构造，花岗斑岩常以小岩株、岩瘤、岩盘及岩墙等产状产出，或作为同期晚阶段的侵入体穿插于大花岗岩的岩体中。

主要鉴定特征：颜色、矿物成分、结构、构造。

（3）流纹岩：为酸性喷出岩，矿物成分与花岗岩大致相当。岩石呈灰白色、灰色、灰红色、浅紫色；具斑状结构，斑晶为石英、斜长石、透长石、角闪石、黑云母等；基质为隐晶质或玻璃质；常具流纹构造，有时也有气孔构造。

主要鉴定特征：颜色、矿物成分、结构、构造。

5）碱性岩类

（1）霞石正长岩：为深成碱性侵入岩。主要矿物为碱性长石、似长石；次要矿物为碱性辉石、碱性角闪石及富铁黑云母等；岩石呈浅灰色、浅红色、浅绿色；具半自形，中至粗粒结构，也有似斑状结构，其中暗色矿物的自形程度较好；碱性长石多呈板条状的自形晶，而似长石常呈他形粒状充填；多为块状构造、蜂窝状构造。

霞石正长岩一般极易风化，岩石表面常形成小坑，而碱性长石、铁镁矿物则形成突起，因而使岩石呈蜂窝状。岩石常呈岩株、岩盖、环状或锥状岩体产出，并多与其他碱性岩组成杂岩体。

主要鉴定特征：颜色、结构、构造、产状、表面蜂窝状、杂岩体。

（2）霞石正长斑岩：为浅成碱性侵入岩。矿物成分与霞石正长岩相当，颜色为浅灰红、浅红及白灰色等。岩石为斑状结构，斑晶为碱性长石，基质由碱性长石、霞石及少量暗色矿物组成。块状构造。

主要鉴定特征：颜色、结构、基质。

（3）响岩：为碱性喷出岩。矿物成分与霞石正长岩相当。岩石呈浅灰色、灰白色、灰褐色、灰绿色、黑色。具斑状结构和无斑隐晶结构，斑晶为透长石、歪长石、霞石及少量的碱性暗色矿物；基质为隐晶质，主要由碱性长石及似长石组成。

主要鉴定特征：颜色、结构、基质。

4. 实验内容

（1）根据岩浆岩的形态及主要物理性质，用肉眼鉴定方法认识并描述下列岩浆岩：

辉长岩、闪长岩、玄武岩、安山岩、辉石岩、闪长粉岩、辉绿岩、正长岩、粗面岩、斑状花岗岩、流纹岩、细粒花岗岩、正长斑岩、花岗闪长岩、伟晶岩、煌斑岩、浮岩。

（2）认识并描述下列岩浆岩：

橄榄岩、辉绿岩、辉长岩、玄武岩、闪长岩、闪长玢岩、安山岩、花岗岩、流纹岩、黑曜岩。

5. 课后作业

将下列岩浆岩加以鉴定，并填写矿物鉴定表：闪长岩、花岗岩、玄武岩、玢岩、花岗斑岩、辉长岩、流纹岩。

任务 9.3 沉积岩实验

1. 实验目的与要求

沉积岩的认识和鉴定是野外地质工作的基本功之一。实验的目的是通过实验加强课程中有关内容的理解；帮助全面地观察沉积岩的矿物成分和结构、构造；初步掌握肉眼鉴定沉积岩的基本方法；学会常见沉积岩的鉴定并能作出简单的鉴定报告。

2. 实验方法与步骤

沉积岩分为碎屑岩、黏土岩和化学岩（包括生物化学岩）三类。在对沉积岩进行鉴定时，应着重注意其颜色、矿物成分、结构、胶结物、胶结类型及生物化石等。肉眼鉴定时，除了可借助放大镜、小刀、条痕板等用具外，对碳酸盐岩的鉴定还需用稀盐酸滴试。对沉积岩，一般描述的顺序是颜色→结构→矿物成分→构造→次生变化等。现将描述各种特征的方法及注意事项简述如下。

（1）颜色

颜色指岩石的整体颜色，取决于母岩、沉积环境及成岩作用。对成分复杂且又颜色多样的沉积岩，则应距离岩石 $0.5\sim1m$ 作整体观察，表示时用复合名称。次要的颜色放在前面，后面才是主要颜色，还常加上形容词说明颜色的深浅、浓淡、亮暗程度。

（2）结构

对于碎屑岩首先要观察碎屑的大小、形状和各碎屑的相对含量，其次要观察碎屑的分选性、磨圆度、排列是否规则及表面特征（粗糙、光滑、有无光泽、擦痕）等。结构还包括胶结物的成分和特征。碎屑岩的胶结物主要有钙质、铁质、泥质和硅质；火山碎屑岩的胶结物主要为火山灰。碎屑岩可分为角砾状结构、粒状结构、砂砾结构、粉砂结构等。

黏土岩多呈肉眼不易区分颗粒的显微结构，矿物成分为高岭石、蒙脱石、水云母（伊利石）、绿泥石等，一般为泥质结构。

化学岩和生物化学岩一般为晶体结构及生物结构。

（3）矿物成分

碎屑岩中碎屑物质是碎屑岩的特征组分，常作为划分类型的定名依据。碎屑成分主要为石英、长石、云母等矿物颗粒和各种岩屑。

（4）构造

对于沉积岩手标本，能观察到的构造几乎均是原生构造，即沉积构造。

碎屑岩中对能够观察到的层理，特别是薄层及微层状岩石要尽可能描述岩层的厚度、形态类型、含结核情况，还应注意层面有无波痕、泥裂等层面构造。

黏土岩构造观察除应注意层理类型、有无页状层理外，还应注意有无泥裂，雨痕、虫迹等层面构造。黏土岩还常有斑点构造及瘤状构造等。此外黏土岩中常含生物化石。

化学岩、生物化学岩种类多，但以硅质岩、碳酸岩较为常见，而且多为单矿物岩石，成分单一，具有致密块状构造。

3. 常见沉积岩的肉眼鉴定特征

按碎屑岩→黏土岩→碳酸盐岩→硅质岩→火山碎屑岩划分原则，对一些沉积岩样品进行特征描述。

沉积岩欣赏

1）常见碎屑岩类

（1）砾岩：是指含量在 50% 以上圆状、次圆状砾石经胶结而成的岩石。根据岩石中的砾石成分可分为单成分砾岩和复成分砾岩；根据岩石成因又可分为滨海砾岩、河成砾岩等。

（2）角砾岩：是指含量在 50% 以上的棱角状、次棱角状砾石经胶结而成的岩石。其中的砾石未经搬运或搬运距离很短。根据岩石的成因又可分为岩溶角砾岩和冰川角砾岩等。

（3）砂岩：是指直径为 $0.05\sim2mm$ 的颗粒，含量在 50% 以上，是中等碎屑物质组成的岩石。由于碎屑颗粒属于中等，故称为中碎屑岩。根据砂石中的碎屑颗粒大小又可分为巨粒砂岩；粗粒砂岩；中粒砂岩；细粒砂岩。

（4）石英砂岩：岩石中的碎屑物质90％以上为石英碎屑，可含少量的长石及其他岩屑。常为中至细粒结构，碎屑磨圆度高，分选性好；胶结物常为硅质，有时为钙质、铁质，很少含杂质；颜色常为黄白色；通常是在构造稳定、地形平坦、温暖、潮湿的气候条件下，由富含石英的母岩经强烈风化及长距离搬运而成，多形成于滨海、滨湖、河流等沉积环境。

（5）长石砂岩：长石碎屑含量大于25％的砂岩。长石多为钾长石及酸性斜长石，可含少量白云母，岩屑含量与长石碎屑含量的比值小于1∶3；岩石呈肉红色至灰色；一般为中至粗粒结构，分选性及磨圆度变化较大，由较好至极差；胶结物为钙质、铁质、硅质，含有较多的杂质，但其总含量不超过15％。

（6）岩屑砂岩：是一种岩屑含量大于25％的砂岩。岩屑多为隐晶质的岩石，如喷出岩、板岩、千枚岩、粉砂岩、页岩及隐晶质的碳酸盐等；长石含量小于10％，且以斜长石最为常见；岩屑与长石之间的比值通常大于1∶3；岩石通常呈灰色、灰绿色、灰黑色；多为钙质和硅质胶结；碎屑颗粒大小不一，分选性及磨圆度均较差。岩屑砂岩一般是快速堆积而成，常分布在山前冲积扇及山间盆地之间。

（7）粉砂岩：是指直径为0.05～0.005mm的颗粒含量在50％以上，属细碎屑物质组成的岩石。由于碎屑颗粒较细，故又称为细碎屑岩。

2）常见黏土岩类

（1）页岩：由黏土脱水胶结而成，以黏土矿物为主，大部分有明显的薄层理，呈页片状。按胶结方式不同又可分为硅质页岩、黏土质页岩、砂质页岩、钙质页岩及碳质页岩。遇水易软化。

（2）油页岩：是一种富含有机质的棕色至黑色的页岩。含油率一般为4％～20％，最高可在50％以上；岩石质轻，具有油腻感，用指甲刻划时，划痕可呈暗褐色；用小刀刮之，可呈刨花状的薄片；用火柴点燃时冒烟，并具沥青味。

（3）高岭石黏土岩：主要由高岭石组成，含量可达95％以上。其次有少量的多水高岭石、水云母等黏土矿物；一般为白色、浅灰色、浅黄色；具泥质结构，常呈致密块状，贝壳状断口，有滑感，硬度小，具可塑性。

（4）蒙脱石黏土岩：主要由蒙脱石组成，其次有少量的水云母，拜来石等黏土矿物。一般为白色、淡黄色、淡绿色。岩石呈土状，硬度低，有滑感，具良好的可塑性及粘结性，吸水后剧烈膨胀。

（5）水云母黏土岩：主要由水云母组成，常含有其他黏土矿物、碎屑矿物及有机质。颜色为黄色、灰色、绿色、红色等；常具粉砂泥质结构、鳞片构造、水平层理及波状层理。

3）常见碳酸盐岩类

（1）石灰岩：由50％以上的方解石组成的沉积岩。可含少量的白云石、黏土矿物、硅质、铁质、有机质等；二氧化硅常呈结核状或条带状产于石灰岩中；岩石呈灰色、浅灰色、灰黑色、黑色、褐色；常见结构有细晶至粗晶质、隐晶质、鲕状、竹叶状、贝壳状；有叠锥、叠层、缝合线、致密块状及层状等构造；根据岩石的结构，可将石灰岩分为隐晶质灰岩、结晶灰岩、鲕状灰岩、贝壳灰岩等。岩石加盐酸起泡。

（2）白云岩：由50％以上的白云石组成的沉积岩。可含少量的方解石、玉髓、石英、铁的氧化物及氢氧化物、石膏等；生物碎屑较石灰岩中少；岩石为灰白色、白色、黄色等；常见隐晶质、细至粗粒结构；常见层状、厚层块状、刀砍纹等构造。

（3）泥灰岩：是一种介于碳酸盐岩与黏土岩之间的过渡类型岩石。其中黏土矿物的含量在25％～50％之间，主要为高岭石、蒙脱石、水云母。岩石呈浅灰、浅黄、浅绿、褐色、红色；多为泥状或微粒结构，常呈薄层状或透镜状产出；常见层状、块状及透镜状等构造；岩石松软，加盐酸起泡后残留有土状斑痕。

4）常见硅质岩类

燧石岩：是硅质岩中最常见的一种重要类型。主要矿物成分有蛋白石、玉髓和自生石英，此外还有黏土矿物，碳酸盐矿物及有机质等；颜色常呈灰色、黑色等暗色，也有黄红等色；致密坚硬，贝壳状断口，隐晶质或微晶质结构；通常将呈结核状、透镜状产出的燧石称为燧石结核，呈条带状夹层者称为燧石条带。

5）常见火山碎屑岩类

（1）火山角砾岩：是粒径为2～64mm、火山碎屑物占50％以上的岩石。多数为熔岩角砾，也可含有其他岩石角砾及少量的石英、长石等，鉴别时指出角砾的主要矿物成分；其有火山角砾结构，斑杂构造；火山碎屑物常呈棱角状，分选性差，粒度变化较大；填隙物为火山灰及硅质、铁质沉积物，胶结物为火山物胶结；分布于火山口附近。

（2）凝灰岩：由粒径<2mm的晶屑、玻屑、岩屑占70％以上组成的岩石。填隙物为火山灰及火山尘；具典型凝灰结构。块状构造，有时可见层理构造；凝灰岩颜色很杂，疏松多孔，表面粗糙；常分布在离火山口较远的地方。

4. 实验内容与安排

（1）根据沉积岩的形态及主要物理性质，用肉眼鉴定方法认识并描述下列沉积岩：

砾岩、砂岩、粉砂岩、页岩、油页岩、高岭石黏土岩、石灰岩、白云岩、泥灰岩、燧石岩、火山角砾岩、凝灰岩。

（2）认识并描述下列沉积岩：

火山角砾岩、凝灰岩、砾岩、砂岩、石灰岩、白云岩、泥灰岩、泥岩、页岩。

5. 课后作业

将下列沉积岩加以鉴定，并填写矿物鉴定表：砾岩、粗砂岩、中砂岩、细砂岩、粉砂岩、黏土岩、石灰岩、白云岩。

任务9.4　变质岩实验

1. 实验目的与要求

变质岩的认识和鉴定是野外地质工作的基本功之一。实验目的是通过实验加强课程中有关内容的理解；帮助全面地观察变质岩的矿物成分和结构、构造；初步掌握肉眼鉴定变质岩的基本方法；学会常见变质岩的鉴定并能作出简单的鉴定报告。

2. 实验方法与步骤

变质岩是指已经形成的岩浆岩、沉积岩或变质岩经过变质作用使岩石的矿物成分和结构、构造等发生改变而形成的新的岩石。

变质岩同岩浆岩一样多为结晶质岩石，其描述和鉴定方法略同于岩浆岩的侵入岩。变质岩的结构、构造反映变质作用的类型、变质作用因素及作用方式、变质程度等；而变质岩的矿物成分可反映原岩的性质及变质时的物理化学条件，特别是那些新生成的变质矿物有特殊的指示意义。对变质岩，一般描述的顺序是：矿物成分→结构→构造→次生变化等。现将描述各种特征的方法及注意事项简述如下。

（1）矿物成分

变质岩的矿物成分，除保留有原来的矿物，如石英、长石、云母、角闪石、辉石、方解石、白云石等外，由于发生变质作用而产生了一些变质矿物。常见的变质矿物有：石榴子石、滑石、绿泥石、蛇纹石、红柱石、蓝晶石、硅线石、硅灰石、十字石、透闪石、阳起石、蓝闪石、透辉石、石墨等。根据变质岩特有的变质矿物，可把变质岩与其他岩石区别开来。

（2）结构

变质岩结构和岩浆岩类似，全部是结晶结构，但变质岩的结晶结构主要是经过重结晶作用形成的。一般在描述时称为变晶结构，如粗粒变晶结构、斑状变晶结构等。

如果变质作用进行得不彻底，原岩变质后仍保留有原来的结构特征，称变余结构。命名时一般仍以原岩名称加上"变质"二字即可，再进一步可加上主要的新生成矿物名称作为补充，如：变质砾岩，变质流纹岩，变质石英砂岩等。

（3）构造

变质岩的构造主要是片理状构造和块状构造，其中片理状构造又可细分为片麻状构造、片状构造、千枚状构造和板状构造。

一般具有定向构造的，可按岩石构造进行命名，如千枚岩为千枚状构造，片岩为片状构造。不具有定向构造的，可再按结构和矿物成分进行命名，如大理岩、石英岩等。

3. 常见变质岩的肉眼鉴定特征

变质岩欣赏

（1）板岩：具有板状构造或变余构造，其原岩为黏土岩、黏土质粉砂岩及酸性凝灰岩，属浅变质的岩石。岩石重结晶极轻微，故残留有大量原岩矿物；其中出现的少量结晶质矿物，如绢云母、绿泥石、石英等，多为隐晶质结构和变余泥质结构。

（2）千枚岩：为千枚状构造的低级变质岩石。原岩成分与板岩类似。岩石重结晶程度高，原岩中的泥质组分已消失；组成岩石的矿物成分有绢云母、绿泥石、石英、钠长石等；常为细粒（粒度小于0.1mm）鳞片变晶结构。

（3）片岩：具片理构造，是常见的区域变质岩石。原岩为黏土岩、砂岩、泥灰岩或超基性～中酸性火山岩等。重新组成的岩石由片状、柱状矿物（如：云母、绿泥石、滑石、角闪石、阳起石）及粒状矿物（如：石英、长石）等组成，而原岩已全部重结晶；其中，石英含量大于长石，长石含量小于 25%；特征矿物有十字石、石榴石、蓝晶石等；具鳞片变晶结构、千枚状变晶结构、斑状变晶结构。常见的片岩有十字石云母片岩、角闪石片岩、绿泥石片岩等。

(4) 片麻岩：指具有片麻状构造的长石、石英为主的变质岩石，变质程度较深，为中~高级变质作用的产物。原岩为黏土岩、粉砂岩、砂岩、酸性和中性的岩浆岩等。这种变质岩的类型较复杂，主要矿物为石英和长石，二者含量大于 50%，且长石多于石英（若长石少于石英则为片岩）；其次有数量不等的黑云母、白云母、角闪石、辉石等；常为中、粗粒鳞片粒状变晶结构。片状矿物与石英相间呈断续的条带状排列而组成片麻状构造。

(5) 石英岩：石英含量大于 85% 的区域变质岩。原岩为砂岩、硅质岩经区域变质作用，重结晶后形成。结晶颗粒小，即使受到高级变质作用，矿物颗粒也很少大于 0.2mm；岩石呈浅色；粒状变晶结构；块状构造。

(6) 麻粒岩：又称粒变岩，为一种颗粒比较粗、具粒状变晶结构的变质程度较深的岩石，属中~高级变质作用的产物。矿物成分特点是岩石中不含或少含黑云母、角闪石等含水矿物，经常有辉石、斜长石、石英等；有时有石榴子石、堇青石、夕线石等矿物；具不明显的片麻状或块状构造。

(7) 大理岩：又称大理石，是由含量在 50% 以上的碳酸盐类矿物组成的变质岩。原岩为碳酸盐岩，经区域变质作用或接触变质作用而形成，结晶的矿物主要为方解石和白云石。由于原岩中所含的杂质和变质的条件不同，岩石中可含少量的蛇纹石、透辉石、斜长石、方镁石、透闪石、金云母、石英、硅灰石、滑石等特征变质矿物；粒状变晶结构；块状及条带状构造。

(8) 钙质矽卡岩：是矽卡岩的一种，是火成岩体与石灰岩接触交代而变质的矽卡岩，为富钙的硅酸盐矿物组成的变质岩。主要矿物有石榴子石、辉石，有时还有符山石、硅灰石、方柱石、绿帘石、磁铁矿、碳酸盐矿物、石英等，但钙质矽卡岩常由一种或二、三种矿物组成。颜色取决于矿物成分和粒度，常呈暗绿色、暗棕色及浅灰色。呈细粒至中、粗粒不等粒结构，条带状、斑杂状或块状构造。

(9) 千糜岩：是在较强的定向压力下形成的。隐晶质结构；千枚状构造；重结晶作用较强；主要矿物为石英、长石，石英常呈定向排列；有大量变质的新生矿物，如绢云母、绿泥石、绿帘石、透闪石、阳起石、黑云母、角闪石等；沿新生矿物的片理可见强丝绢光泽。

(10) 蛇纹岩：由超基性岩在气液影响下，使原岩中的橄榄石和部分辉石转变成蛇纹石而形成的岩石。蛇纹岩为灰绿色、黑绿色、黄绿色；主要矿物成分是蛇纹石，次要矿物有磁铁矿、钛铁矿、铬铁矿、尖晶石、菱镁矿等；岩石具显微鳞片变晶结构；致密块状构造。

(11) 云英岩：酸性侵入岩及其他类似岩石在高温气或水热液作用下，原岩中的碱性长石大量分解为白云母和石英，形成一种富含 SiO_2、Na_2O、K_2O、挥发组分、FeO、MgO 的岩石，称为云英岩。主要矿物是白云母和石英，也常含锂云母、黄玉、电气石、萤石等矿物；岩石多为浅灰色、浅灰绿色；致密坚硬；粒状变晶结构；块状构造。

4. 实验内容与安排

(1) 根据变质岩的形态及主要物理性质，用肉眼鉴定方法认识并描述下列变质岩：板岩、千枚岩、黑云母片岩、绿泥石片岩、花岗片麻岩、大理岩、石英岩。

（2）认识并描述下列变质岩：

板岩、千枚岩、片岩、片麻岩、石英岩、麻粒岩、大理岩、千糜岩、蛇纹岩、云英岩。

5. 课后作业

将下列变质岩加以鉴定，并填写矿物鉴定表：板岩、千枚岩、片岩、片麻岩、大理岩、石英岩。

思政故事

中国近代矿物学和岩石学奠基人——何作霖

何作霖1900年出身于河北省蠡县书香门第。1918年中学毕业时，何作霖报考了天津北洋大学采矿系，后来何作霖转入北京大学地质系，师从李四光、丁西林等著名学者。大学毕业后，他随即在保定河北大学农学系任教，讲授测量学和地质学。1928年，何作霖南下到上海投奔李四光，入职地质研究所。1932年晋升为研究员，并在北京大学地质系兼任讲师，开设光性矿物学。1937年，何作霖前往奥地利攻读岩组学，获得博士学位。

何先生一生勤奋，终生致力于科研与教育工作，成绩突出，贡献很大。他是我国稀土矿物及稀土矿床的首先发现者，是我国稀土矿物研究的领军人，是我国现代岩浆岩岩石学及工艺岩石学研究的开拓者，是我国矿物光性研究的奠基者，是我国岩组学研究的奠基人、世界最早的X射线岩组相机设计制造者，是我国结晶体构造学研究的先驱。纵观何先生一生，他的治学精神与教育思想以及一以贯之的自强不息精神，非常值得我们认真学习。他勇于探索，敢于创新，在中华人民共和国成立前中国贫穷落后的条件下，他不因贫困而无所作为，不以科技落后而不思进取，他以对科学的执着态度自己动手设计出经济实用的新仪器、新方法技术，以保证他的研究工作顺利进行。

模块小结

岩矿及岩石矿物，也被称为自然聚合体。是经过长时间的自然影响及作用而形成的天然矿物，一般情况下不存在于普通岩石中，它存在于地壳内，往往由单一或复杂的化学元素构成。世界上的岩矿种类繁多，目前发现的就已经超过3000多种，但是我们现实所利用到的种类还不到50%。地质工作的重要组成部分之一就是岩石矿物的鉴定，岩石矿物分析对整个地质工作有着基础性和指导性意义。对岩矿物质进行鉴定，对岩石在工程施工建设、合理规划地质资源利用、科学规避自然灾害、改善不良地质等各方面均具有重要作用，能为相关地质勘探部门提供有价值的参考资料，为我国地质工作健康开展奠定基础。本模块内容对常见矿物岩石、岩浆岩、沉积岩和变质岩的肉眼鉴定进行讲授。通过教学，达到野外识别常见岩石矿物的目的，为今后工作打下一定的基础。

思考题

1. 矿物具有哪些形态？试举例说明。

2. 矿物的光学性质包括哪些?

3. 试对 10 种常见矿物的鉴定特征进行说明。

4. 岩浆岩是如何分类的? 分别举例说明。

5. 岩浆岩有哪些构造? 试举例说明。

6. 试对 10 种常见岩浆岩的鉴定特征进行说明。

7. 沉积岩是如何分类的? 分别举例说明。

8. 沉积岩有哪些构造? 试举例说明。

9. 试对 10 种常见沉积岩的鉴定特征进行说明。

10. 变质岩是如何分类的? 分别举例说明。

11. 变质岩有哪些构造? 试举例说明。

12. 试对 10 种常见变质岩的鉴定特征进行说明。

参考文献

［1］石振明，黄雨．工程地质学［M］．3 版．北京：中国建筑工业出版社，2018.

［2］杨连生．水利水电工程地质［M］．武汉：武汉大学出版社，2004.

［3］李隽蓬．铁路工程地质［M］．北京：中国铁道出版社，2001.

［4］胡厚田，白志勇．土木工程地质［M］．4 版．北京：高等教育出版社，2022.

［5］杨仲元．工程地质与水文［M］．北京：人民交通出版社，2010.

［6］李隽蓬，谢强．土木工程地质［M］．2 版．成都：西南交通大学出版社，2009.

［7］甄精莲，贾瑞晨，王璐．工程地质［M］．西安：西北工业大学出版社，2020.

［8］窦明健．公路工程地质［M］．4 版．北京：人民交通出版社，2016.

［9］中华人民共和国住房和城乡建设部．岩土工程勘察规范：GB 50021—2001［S］．北京：中国建筑工业出版社，2009.

［10］中华人民共和国交通运输部．公路工程地质勘察规范：JTG C20—2011［S］．北京：人民交通出版社，2011.

［11］胡厚田，韩会增，吕小平，等．边坡地质灾害的预测预报［M］．成都：西南交通大学出版社，2001.

［12］杨创奇，付玉华．工程地质［M］．武汉：华中科技大学出版社，2014.

［13］中华人民共和国住房和城乡建设部．工程岩体分级标准：GB/T 50218—2014［S］．北京：中国建筑工业出版社，2015.

［14］中华人民共和国国土资源部．滑坡防治工程勘查规范：GB/T 32864—2016［S］．北京：中国标准出版社，2017.

［15］中华人民共和国国土资源部．滑坡防治工程设计与施工技术规范：DZ/T 0219—2006［S］．北京：中国标准出版社，2006.

［16］童建军，马德芹．土木工程地质实习指导书［M］．成都：西南交通大学出版社，2011.

［17］叶真华，刘琦．矿物和岩石实验鉴定指导［M］．上海：同济大学出版社，2015.

［18］王少东．水利工程中的工程地质综述［J］．大观周刊，2010（46）：2.

［19］Subinoy Gangopadhyay. ENGINEERING GEOLOGY［M］. India：OXFORD UNIVERSITY PRESS，2013.